AIRRO

최고의 공기압축기 시스템

효율·에너지절약·환경보호·안전관리

김왕환 • 박진성 지음

JN427218

공감북스

머리말

공기압축기는 인류역사에 있어서 기원전부터 현재까지 다양하게 사용되어 왔고, 이 시간에도 그 사용 용도가 확산되고 있습니다. 압축공기는 전기, 물, 증기, 가스 등과 함께 모든 산업분야에서 필수 불가결하게 사용되고 있음에도 그 기술의 발전이 완만하고 에너지 절약과 환경 보호 및 관리비용 절감 등의 관련 기술도 발전에 따른 보급이 매우 완만한 것이 현실입니다.

공기압축기는 필수 불가결하게 구동에 필요한 에너지를 사용하여야 하고, 우리나라 일반 공장 평균 전기 요금의 21%이상을 지불하고 있습니다. 또한 유지비용은 물론 가동에 따른 환경오염을 일으켜서 지구촌 가족들을 불편하게 합니다. 이에 공기압축기의 효율, 에너지 절약, 환경보호, 비용의 절감, 안전관리 등의 지식과 기술이 현장에 반영되어 공장의 생산성을 향상시키고 산업 안전을 유지하며 지구환경을 보호 해야만 할 것입니다.

당사는 1백여년 역사의 일본 MITSUI SEIKI사와 협력하여 30년 동안 공기압축기 사업을 영위하면서 축적된 지식 기술을 이 책에 담아 보급하고자 합니다. 이에 따라 사업적 신장의 목표보다도 관련 기술을 보급함에 우선을 두고 편집 하였으며 군소업체의 공기 압축기 사업에도 많은 참고가 되기를 희망 합니다.

기계는 정직합니다. 설계한 대로의 성능을 나타내고 제조 능력에 따라 다소의 차이가 있는 것이 현실입니다. 여기에 실제 산업 현장의 적용 능력은 같은 공기압축기를 사용하여도 엄청난 차이를 발생시킵니다. 일부 사업자의 관행에 의한 선택에서 나아가 공기 압축 기계에 대한 올바른 지식 기술의 이해를 통하여 산업현상에 적용 되어야 할 것입니다.

공기압축기 시스템의 효율과 에너지 절약 및 환경보호, 그리고 안전한 사용에 따른 인류 발전에 기여하고자 하는 것이 본서의 발생 의도입니다. 공기를 잘 다루는 기술이 점점 더 발전하여 인류가 행복하기를 바라면서 일본 MITSUI SEIKI사의 기술진과 한국에어로(주)의 E-TECH 연구소 연구원 그리고 콤푸레샤 아카데미를 꾸준히

발전시켜 오도록 지원해주신 대표이사 김왕환 사장님과 기술 영업부 직원들에게 감사드립니다.

한국에어로(주) 부설
E-Teck 연구소
연구소장 박진성

한국에어로(주)
HANGUK AIRRO CO.,LTD.

본사 : 대전광역시 대덕구 생산5길 27 (대화동 237)
TEL : 042-626-5152 FAX : 042-626-5155
대덕밸리공장 : 대전광역시 유성구 테크노2로 281 (탑립동 842)
TEL : 042-626-5151~4 FAX : 042-671-2325
E-MAIL : airro@chol.com
홈페이지 : www.airro.co.kr

목차

PART I

공기압축기 시스템 일반

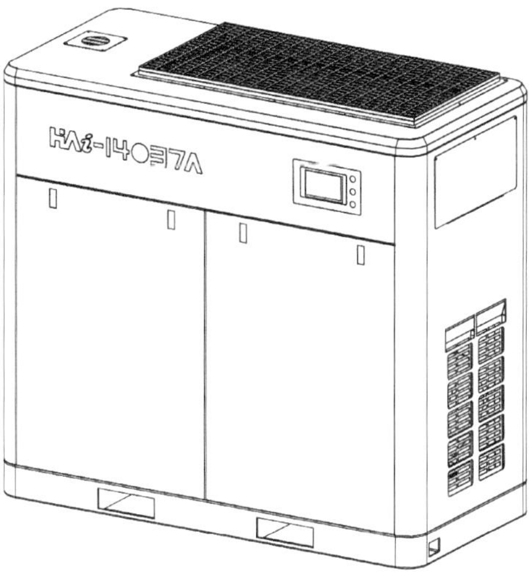

1 공기압 기술의 역사

공기압의 이용은 오랜 옛날의 사람들이 불을 일으킬 때 입으로 공기를 불어넣거나 대나무 관으로 공기를 불어 불을 지피거나 했을 때부터 시작되었을 것이다. 인류가 금속을 발견하고 이것을 이용하기 위해 용해시키게 되자 인간 폐의 공기 압력은 0.02 ~ 0.08kgf/㎠로 품어내는 공기량은 100 ㎜L 정도이기 때문에 인간의 입으로는 강력한 화력을 얻기에 곤란해졌다. 이집트에서는 기원전 1500년경부터 [그림1.1]에서 나타내듯이 동물의 위장을 이용한 발로 밟는 풀무를 이용했고 그 후 장기간, 수차, 동물 등을 동력으로 한 풀무 방식이 이용되었다.1762년에 John Smealton이 처음 수차 구동에 의한 실린더식 송풍기를 발명하였고, 1776년에 John Wilkinson이 1kgf/㎠의 압력을 발생시키는 압축기를 발명하여 공기압 시대를 열었다.

▌그림 1.1▐ 기원전 1500년경의 이집트의 발로 밟는 풀무

1830년에 리버풀과 맨체스터 사에 처음 증기 기관차에 의한 철도가 개통되었지만 신뢰할 만한 브레이크 장치가 없어 곤란을 겪었다. 1848년에 Samuel C.Lister가 공기 브레이크를 발명하여 1880년에는 Westinghouse社에서 공기압 실린더를 이용한 공기 브레이크가 출현하기에 이르러 브레이크 문제가 해결되어 공기압 이용의 기초를 구축했다.[그림1.2]

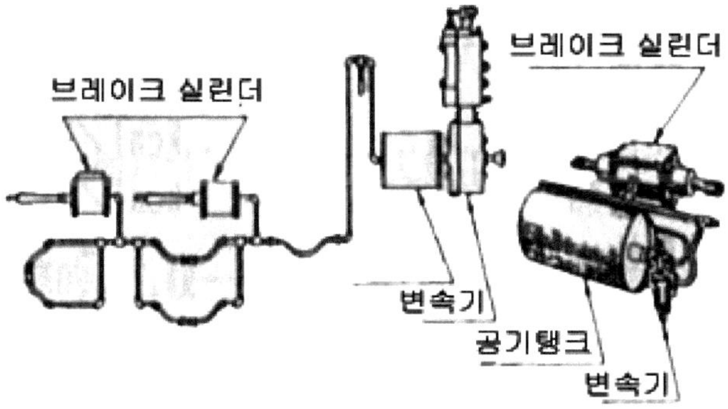

【그림 1.2】 웨스팅 하우스의 차량용 브레이크

지금의 공기압 기술은 비약적으로 발전하여 유압, 전기 제어 기술과 함께 광범위한 분야에서 단순한 수동 공기압 회로에서 고도의 산업용 로봇과 의료기기, 전자력까지 넓고 깊게 이용되어 오고 있다.

2 공기압 기술의 역사

■ 공기란? 지구를 포함하는 대기(AIR)

지구를 포함하는 대기의 하층 부분을 구성하는 기체를 공기라 한다. 주로 질소와 산소로 구성된 혼합 기체로 해면(海面) 수준의 지상에서의 수증기를 제외한 공기의 조성을 아래 표에 나타냈다.

〈표 2.1〉 공기의 조성

구성기체	질소	산소	아르곤	이산화탄소	네온
질량비 %	75.52	23.15	1.28	0.04	0.001
체적비 %	78.03	20.95	0.94	0.03	0.0018

각 성분 기체는 꽤 광범위한 온도와 압력에 걸쳐 불활성이고, 화학 변화를 일으키지 않는다. 이 경우, 공기는 단일 완전 기체로서 취급할 수 있다.

〈표 2.2〉 공기의 물리적 성질

분자량	28.96	-	
가스 정수	287.10	J/kg · K	
밀도	1.293	kg/㎥	기준상태(0℃,760mmllg)
정압비열	6.95	kcal/kmol · K	기준상태(0℃,760mmllg)
정적비열	4.96	kcal/kmol · K	기준상태(0℃,760mmllg)
비열비	1.402	-	

기준상태의 공기 air at normal state

공기의 밀도 또는 비중량은 온도, 압력 및 절대 온도에 의해 변화되지만, 온도 0℃, 절대압 1기압(760mmHg)의 건조 공기를 기준 상태의 공기라 불린다. 그 밀도는 1.293kg/㎥(따라서 비중량은 1.293kgf/㎥)이다.

습한 공기 moist air(humid air)

건조 공기는 체적이 백분율로 약 21%의 산소와 78%의 질소 외에, 소량의 탄산가스, 아르곤, 헬륨 등의 기체가 혼합된 것인데, 이 건조공기에 수증기가 더혼합된 것을 습한 공기라 한다.습한 공기의 성질은 공기 조화 분야 등에서 특히 중요하고, 습한 공기의 온돌, 포화 증기압, 절대온도, 엔탈피(enthalpy), 대비 용적(對比 容積)등의 관계를 숫자표와 선, 그림으로 정리한 것으로 습한공기표,습한 공기 선, 등의 그림이 있으니 필요에 따라 참조한다.

(1) 대기압력(기압)

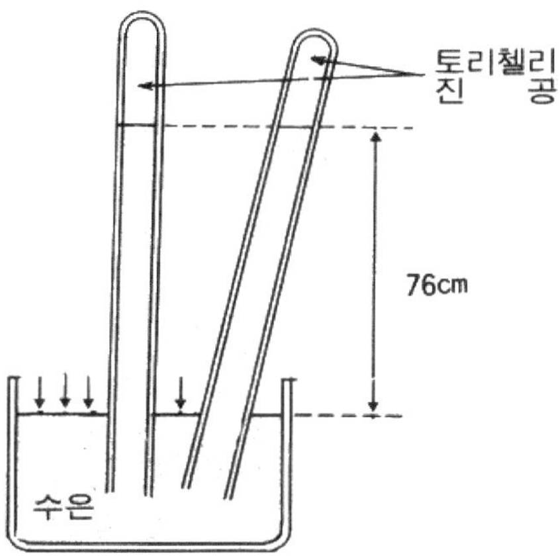

기압의 영향으로 수은은 시험관의 760mm 높이에서 멈춘다. 이 높이는 두꺼운 관에서 관을 기울여도 변함이 없다. 수은주의 무게에 의한 압력과 대기가 같기 때문이다.

대기압 = 13.6(g/㎤)× 76(㎝)=1033.6(g/㎠) 〈13.6g/㎤는 수은의 밀도〉

즉, 1㎠당 약 1kg의 기압이 지상에 작용하는 셈이다.

(2) 압력과 SI단위

- 게이지 압력 : 대기압을 0 기준으로 하여 단위 면적당의 힘으로 나타낸다.
- 절대 압력 : 대기압은 항상 1.033kgf/㎠의 힘이 가해지기 때문에 완전 진공을 기준으로 한 절대압력이 있다.

절대압력(kgf/㎠ abs) = 게이지압력 + 대기압

■ SI 단 위 : 각국의 단위는 국제적으로도 통일되지 않았는데 1960년 국제 도량형 총회에서 "국제 단위계 = SI"를 도입하게 되어 일본에서도 1974년부터 채택하고 있다. SI단위는 만유인력 법칙의 영국의 뉴턴을 의미하는 단위 기호(N)를 기준으로, 압력의 단위는 파스칼(Pa)로 했다.

중량 = 질량 × 표준중력가속도

$1kgf = 1kg \times 9.8m/sec^2 = 9.8\ [N]$

압력으로는 10kgf/㎠ = 0.98MPa = 98N/㎠ 가 된다.

㈜ kg과 kgf에 대하여

중량이나 하중이란 용어를 사용하는 경우 그 힘의 단위로서 중량킬로그램(kgf)을 사용하지 않고 단순히 킬로그램(kg)을 사용하는 일이 많았다. 그 때문에 질량의 단위인 킬로그램(kg)과 혼동하여 혼란을 발생시켰다. 이러한 점에서 이후에는 중력 단위계로 힘의 개념을 나타내는 중량, 무게, 하중 등의 단위로는 반드시 kgf(중량킬로그램)를 사용하고, SI로 대체하는 경우에는 그 단위를 뉴턴(N)으로 개선한다.

중력 가속도				
표준	한국	동경	남극	헬싱키
$9.8m/sec^2$	$9.79860m/sec^2$	$9.79707m/sec^2$	$9.82526m/sec^2$	$9.81901m/sec^2$

3 토출 공기량과 표준 공기량

▣ 단위 시간에 압축기에서 토출되는 공기의 체적은 온도와 습도에 밀접하게 관련

압축기가 단위 시간당 흡입하는 공기의 유량을 공기량(air volume, air quantity)라 하고, Q [m3/min] 으로 표시한다. 일반적으로는 가스량이라 하는데, 특히 공기를 빨아들이는 경우에 한해 공기량이라 한다. 팬의 경우는 풍량(capacity)이라고도 한다.

압축기의 경우 토출 측의 압력 하에서 공기가 이용되는 경우라도 토출하는 공기량으로 나타내지 않고, 반드시 압축기의 흡입구의 온도, 압력, 습도를 환산한 공기량으로 나타내게 되어 있다. 일일이 흡입 공기량이라고 밝히지 않아도 공기량이라고 하는 경우에는 흡입 공기량을 말하는 것이다.(JIS-B-8341, JIS-B-0142의 번호2008)

기체는 그 압력과 온도에 의해 체적이 상당히 변하기 때문에 토출 공기량을 말하는 경우에는 반드시 그 장소의 압력과 온도를 같이 기록하지 않으면 안되는 번거로움이 있기 때문에 흡입 공기량을 말하는 것이다.

이상과 같이 압축기의 흡입 상태로 환산해 나타내지만 때에 따라, 기준 상태(0℃, 760mmHg, 건조상태)로 환산해 나타내는 경우가 있다. 이 경우는 N㎥/min으로서 나타낸다. 이 N은 Normal condition의 N을 딴 것이다.

따라서, N㎥/min으로 표현된 경우, 압축기 선정을 하거나, 동력을 계산하는 경우에 흡입상태 ㎥/min으로 환산해야 한다.

예를 들면, 1000N㎥/min으로 표현된 공기량을 흡입상태, 온도 20℃, 대기압 750mmHg, 50% 습도의 공기량으로 환산한다.

우선, 20℃, 750mmHg, 50% 습도의 공기 비중량을 다음 식으로 구한다.

$$\gamma = 0.465 \times \frac{750-0.378\times 0.5\times 17.5}{273 + 20} = 1.185\text{kg/m}^3$$

기준상태의 γ = 1.293이므로 구하는 흡입공기량 Q는

$$Q = 1000 \times \frac{1.293}{1.185} = 1{,}090\text{m}^3\text{/min}$$

약 10%의 증가이므로 N을 간과하지 않도록 주의해야 한다. 이러한 의미에서 흡입 공기량 ㎥/min을 B㎥/min라고 써서 주의를 환기하는 경우가 있다.

또한, 단위로서 ㎥/h, ㎥/s 또는 중량으로 kg/s로 나타내기도 한다.

흡입상태 공기량이란,

"온도 20℃, 절대압력 760mmHg, 습도 65%에서의 습한공기의 상태(JIS-B0142)"를 말하며,

기준상태 공기량이란,

"온도 0℃, 절대압력 760mmHg, 습도 0%에서의 건조공기의 상태(JIS-B0142)"를 말한다.

〈표 3.1〉 대기압 하에서의 포화 수증기량

온도(℃)	포화 수증기량((g/㎥)	포화 수증기압(mmHg)
0	4.9	4.58
5	6.8	6.54
10	9.4	9.21
15	12.9	12.79
20	17.3	17.54
25	23.0	23.76
30	30.4	31.82
35	39.6	42.18
40	52	55.32
45	65	71.88
50	83	92.5
55	104	118.0
60	132	149.5
65	161	187.5
70	198	233.7
75	240	289.1
80	293	355.1
85	350	433.6
90	423	525.8
100	597	760.0

흡입상태 공기량에 의한 계산은, 흡입상태에 있어서의 온도, 기압, 수증기압력 및 습도를 이용하여 다음의 식으로 구한다.

$$Qs = Qn \times \frac{T_s}{273} \times \frac{1.033}{P_s - \text{¢} \times Pv}$$

여기에,

Qs : 흡입상태 공기량 (㎥/min)

Qn : 기준상태 공기량 (N㎥/min)

Ts : 흡입온도(°K) = (273+ts℃)

Ps : 흡입압력(kgf/㎠ abs)

1.033kgf/㎠(abs) = 760mmHg

¢ : 상대습도(%)

Pv : 흡입온도의 경우의 수증기 압력(kgf/㎠ abs)

○ 계산 예

흡입상태 공기량(㎥/min)		기준상태 공기량(N㎥/mm)				
			사용조건			
흡입온도	℃	20	40	40	35	
기압	mmHg	760	760	760	760	
상대온도	%	65	65	100	80	
10 (사양치)		9.2	8.3	8.1	8.5	
9.5 (kS허용치)						

※ 토출 공기량의 허용치는 흡입상태 공기량에 대해 ± 5%이다.(KS 기호 기입)

설명

계산 예를 봐도 알 수 있듯이 흡입상태에서 기준상태로의 계산에서는 온도, 압력, 습도의 영향이 있다. 흡입공기 온도가 기온보다 높아지는 경우는 기준상태 공기량은 더 내려간다. 운전시의 토출압력을 바꾼 경우, 공기량은 변하하지 않고 소비 마력이 변화한다.

4 에어 컴프레셔에 대하여

기체를 압축시켜 압력을 높이는 기계적 장치로, 압력기 라고도 한다.

컴프레서는 유체를 압축하여 유체에 기계적 에너지를 가한다는 점에서 펌프의 원리와 기본적으로 같지만, 펌프는 액체를 압축하는 것이고 컴프레서는 기체에 압력을 가하여 압력과 속도를 변화 시킨다는 점에서 펌프와 구별된다.

컴프레서의 형식

- 디스플레이스먼트 형

디스플레이스먼트형 컴프레서의 대표적인예로는 왕복 피스톤식 컴프레서가 있으며, 공장용 압축 공기의 공급에 사용된다. 이 컴프레서는 실린더 내 피스톤의 왕복운동과 밸브의 개폐에 따라 공기를 흡입하여 압축 한 후 배출하는 사이클로 이루어져 있다.

- 다이내믹형

일반적으로 유량보다는 높은 압력이 필요할 때 사용되며 다이내믹형 컴프레서는 회전자를 아주 빠른 속도로 회전시켜 얻어지는 큰 유동 속도로 인한 운동량을 기체의 압력을 상승시키는 장치인데, 큰 유량이 필요할 때 많이 사용된다.

컴프레서의 종류

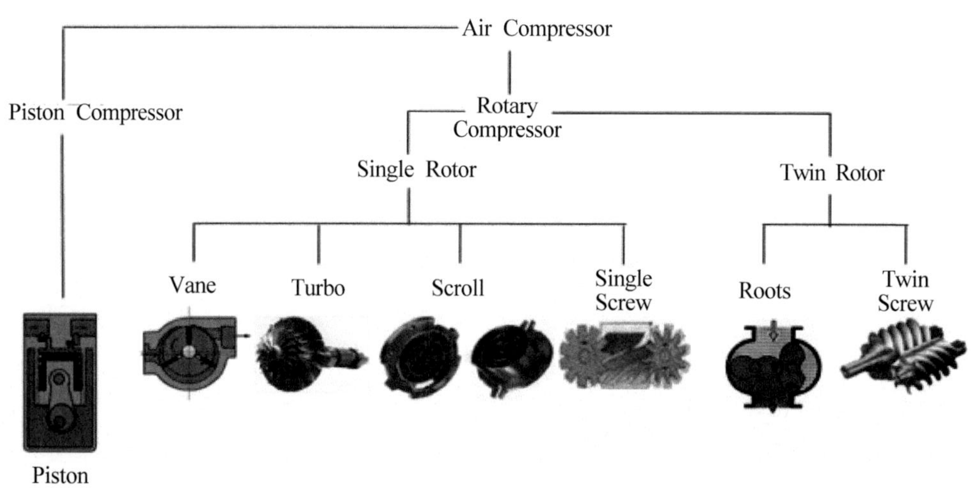

| 그림 4.1 | 압축기의 형식

싱글-스크류 (공업적으로는 모노 스크류 또는 기술적으로 글로보이드 웜 스크류)는 MITSUI SEIKI社가 프랑스의 오펠社와 함께 공동 개발한 것이다. 그 구조의 역사는 오래전 레오나르도 다빈치의 아이디어로 존재한 기록이 있다.

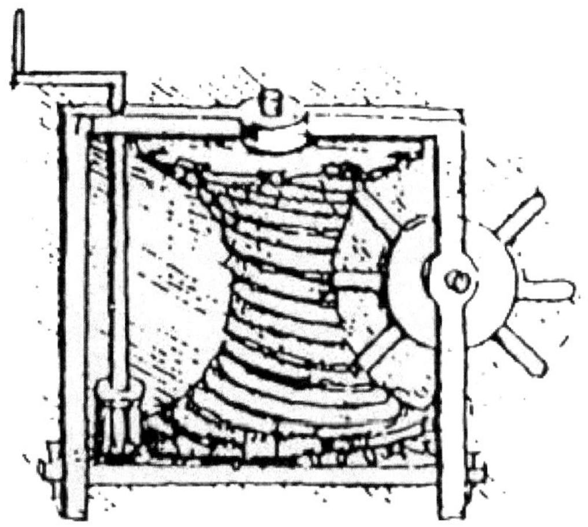

| 그림 4.2 | 레오나르도 다빈치가 디자인한 글로보이드 웜 기어

압축기의 기구는 [그림4-1]처럼 다양한 것이 있어 폐사에서도 일찍부터 피스톤식(P형식), 로터리 밴식(RV 형식), 트윈 스크류식(RS 형식), Z스크류식(Z, ZU 형식), 스크롤식(ZS 형식)등 각 방식을 취급해 왔지만, 일본에 있어서의 P, RV, RS는 외국제 압축기의 모방 생산이고, 개발에도 한계가 있기 때문에 현재로서는 MITSUI SEIKI에서 Z, ZV, ZS, ZU, i-14000, u -14000 시리즈, 한국에어로(주)에서 HAi-14000, HAu-14000, HAiD, HAIO, HAUO 시리즈로 기술을 집약하여 생산하고 있다.

MITSUI SEIKI 제품은 최신 설계기술의 집약은 물론 정밀 공작기계 제조기술로 생산하고, 숙련된 풍부한 정밀가공 기술에 근거하고 있으며, 최신 설비를 도입하여 전문 공장에서 리시버 탱크 ,IOT 기반 컨트롤 등의 시스템으로 일괄 구성하고 있기 때문에 기술지도, 서비스 체제도 충실하고, 안전하게 이용 받을 수 있는 점 또한 강점으로 볼 수 있다.

많은 수요 고객의 애호를 받아 일반 산업용은 물론, 농업에서의 식품, 의료에서부터 나아가 원자력에까지 폭넓게 활용되고 있고, 국내는 물론 인근 국가를 비롯한 해외에도 수많은 제품을 수출하면서 완벽한 일본 MITSUI SEIKI 회사와 한1국에어로(주)만의 네트워크를 통하여 A/S에 만전을 기하고 있으며 한국에어로(주) 와의 4차산업 대응기술의 협력관계에 의한 차세대 기술개발에 만전을 다하고 있다

5 압축기의 원리 (압축공기의 압축 과정)

(1) 싱글 스크류 압축기의 원리와 특징

○ 압축의 원리와 구조

[그림5.1]에서 나타내듯이 중앙에 크게 비틀린 6구획의 나사 구조를 갖고 있는 스크류 로터와 각각 11개의 톱니를 갖고 있는 2개의 게이트로터가 축을 대상으로 맞물린 구조를 하고 있다.

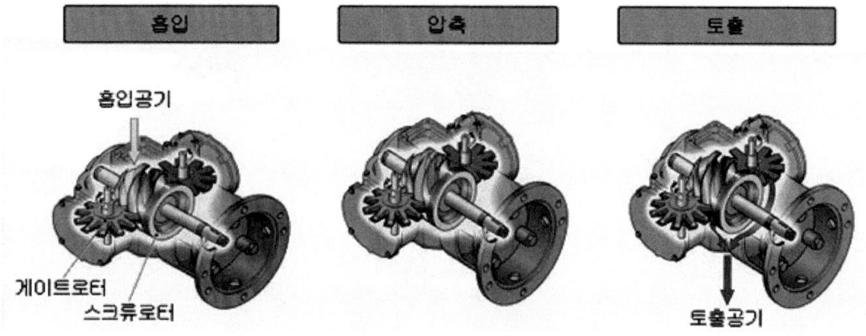

▌그림 5.1▐ 공기의 흐름

① 중앙의 스크류 로터가 회전하면 스크류 로터의 벌어진 홈의 공간에 바깥 공기가 빨려 들어가 실린더와 게이트 로터에 의해 1개의 압축실이 형성된다.
② 스크류 로터의 회전에 따라 게이트 로터의 톱니가 이동하고, 벌어진 홈의 공간에 용적이 축소되어 갇힌 공기는 압축되어 압력이 상승한다.
③ 회전이 더 진행되어 내부의 압력이 소정의 압력으로 높아질 때, 파이프 바깥쪽에 마련된 토출구 에서 압축공기가 토출된다. 이 흡입, 압축, 토출의 각 공정은 축 대칭의 위치에 있는 반대 측 에서도 동시에 일어난다.

이것이 싱글 스크류형의 특이할 만한 장점으로 1개의 스크류 로터의 상하 대칭 위치에서 같은 공정을 진행하기 때문에 공기의 압축 압력에 의한 큰 힘은 완전히 밸런스를 유지하면서 회전하고, 스크류 로터를 지지하는 회전축에 대하여 압축에 의한 힘은 레이디얼(radial), 트러스트(thrust) 방향 모두 이론상 완전히 작용하지 않는다.

[그림6.1] 또한 게이트 로터는 스크류 로터로부터의 진동 전달력을 거의 받지 않고 내마모성의 엔지니어링 플라스틱으로 되어 있는 게이트 로터의 맞물림 부분은 거의 마모되지 않고 회전축 이외의 금속 접속 부분이 없기 때문에 고착되는 등의 사고 염려는 없다.

6 압축기의 특성

○ 싱글 스크류 압축기의 특징(장점)

① 공기를 가둬둔 후 토출까지 스크류 로터의 회전각으로 약 163.5도 정도로 압축 속도가 빠르다, 즉 압축선이 짧기 때문에 압축 중의 공기가 틈 사이에서 누출되는 시간이 짧게 되어 체적 효율이 높다.

② 압축 공정이 상하 대칭으로 이루어지기 때문에 스크류 로터에 걸리는 압축 공기에 의한 레이디얼 하중은 서로 상쇄되어 균형을 유지한다. 또한, 압축 공기는 스크류 로터의 반지름 방향으로 토출되어 스크류 로터의 단면에 작용하는 압력은 흡입측의 압력과 균형을 유지하므로 밀리는 방향의 하중도 막을 수 있다.

③ 게이트 로터에는 면의 수직 방향으로 압축 하중이 작용하지만, 그 회전 방향에는 작용하지 않는다. 게이트 로터 맞물림 부분에서 톱니의 측면에 걸리는 힘은 게이트 로터의 회전축의 미미한 마찰 저항 뿐이다.

④ 스크류 로터의 1회전으로 12회(6회×2)의 토출이 이루어져 유량이 상대적으로 많고, 압축 공기의 맥동이 적어 그에 따르는 진동, 소음이 적다.

⑤ 스크류 로터에 맞물려 있는 게이트 로터는 내마모 고강도 엔지니어링 플라스틱제로 금속 접촉부가 없고, 압축부의 하중 밸런스와 상호 작용하여 진동, 소음이 적다.

⑥ 비교적 중속(3,000~4,000rpm)에서 높은 효율을 얻을 수 있어, 기어 벨트 등에 의한 배속의 필요가 없다. (모터축 직접 연결이 가능)

압축공정 상·하 대칭 레이디얼 하중은 서로 상쇄되어 밸런스 유지

흡입과 압축실이 거의 같은 압력이므로 로터는 밸런스 유지

▎그림 6.1 ▎ SINGLE SCREW(Z-SCREW)

7 압축기의 차이 (single & twine screw)

SINGLE SCREW 컴프레셔는 60년대에 고안되어 70년대에 상품화되었다. 1개의 스크류 로터와 이것에 직행하는 1쌍의 대칭적으로 배치된 게이트 로터로 되어 있다. 압축공정 중 스크류 로터에 밀리는 하중이나 레이디얼 하중이 걸리지 않고 다이나믹 밸런스가 좋기 때문에 오버 홀 시간이 길다. 소음·진동도 낮아 효율이 좋다.

TWIN-SCREW는 50년대에 개발되었는데, 압축실의 브로워 홀에 의한 누출 대책으로 어쩔 수 없이 고속 운전을 해야만 했다.

60년대에는 비대칭 톱니형이 되어 어느 정도 성능이 향상되었다. 진동·소음이 레시프로 엔진과 비교하면 (싱글 스크류보다 크다) 적다. 압축공정 중의 압력에 의해 암·수 로터에 밀리는 하중과 레이디얼 하중이 걸리기 때문에 축이 큰 부담을 갖기에 정기적 수리 보수를 받는다.

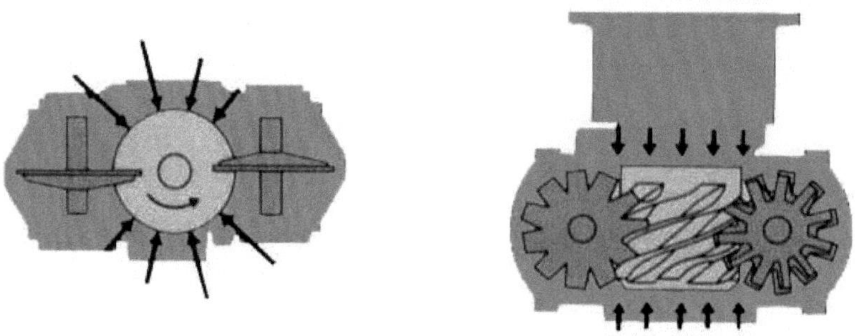

▲ SINGLE SCREW

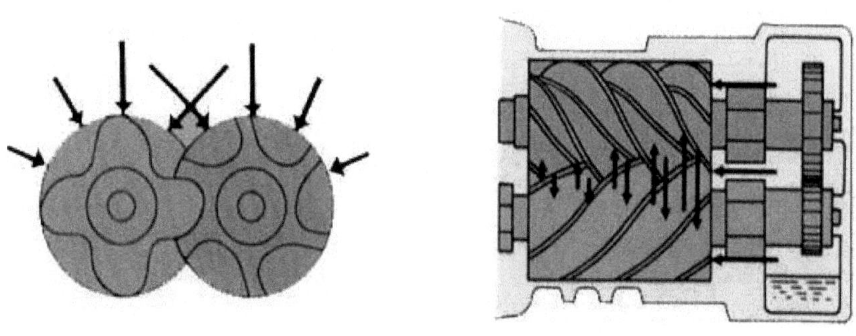

▲ TWIN-SCREW

| 그림 7.1 | SINGLE SCREW 와 TWIN SCREW

■ SINGLE – SCREW 컴프레셔와 TWIN – SCREW 컴프레셔의 차이

① 동작 밸런스 : 압축공기에 의해 생기는 힘의 밸런스 [그림7.2] SINGLE SCREW에서는 1개의 스크류 로터에 두 개의 날이 서로 꼭 맞춰져 있어 각각의 톱니날이 위 절반 부분에서 압축하고 있기 때문에 압축공기에 의해 생기는 반지름 방향의 로터를 누르는 힘은 서로 상쇄되어 이론적으로 제로가 된다. 내압실 안에서는 축 방향의 두 힘이 조화를 이룬다.

위와 같이, 로터를 지탱하는 양끝의 베어링에 반지름 방향의 힘이나 축 방향의 힘이 전혀 걸리지 않는 것이 SINGLE SCREW의 최대 장점이다. 베어링의 계산상의 수명은 20만 시간 이상이다.

TWIN SCREW의 경우는 [그림7.3] 압축실이 2개의 로터, 실린더 및 엔드 플레이트에 의해 형성되어 있기 때문에 압축공기에 의해 아래 그림과 같이 반지름 방향의 힘과 축 방향의 힘이 로터에 작용한다. 이 힘들은 회전함에 따라 그 지점이 이동하기 때문에 연속하여 반복되는 하중을 받는다.

힘의 크기는 75kw 클래스의 컴프레셔에서 반지름 방향은 약 260kg, 축 방향은 134kg 정도가 된다. 이 반복 하중 때문에 베어링 수명은 큰 폭으로 줄어들어 수명을 연장하기 위해서 베어링을 크게 하는 것은, 2개의 로터가 평행해 있기 때문에 그 축간 거리에 의해 제한된다. 계산 수명은 2~3만 시간 정도가 된다. 위와 같이 베어링의 크기에도 제한이 생기게 된다. 또한, 엔드 플레이트(싱글 스크류에는 없다)가 존재하기 때문에 베어링 등이 마찰되거나 느슨해지거나 하면 축 방향의 힘에 의해 로터가 엔드 플레이트에 눌려 고착현상이 발생하게 된다.

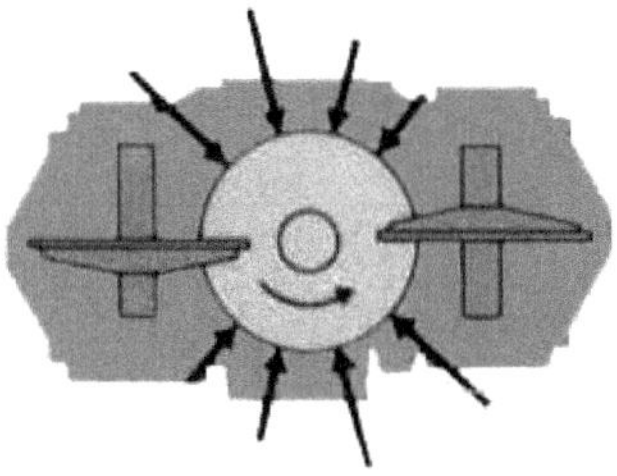

반지름 방향의 로터를 누르는 힘은 서로 상쇄되어 이론적으로 제로

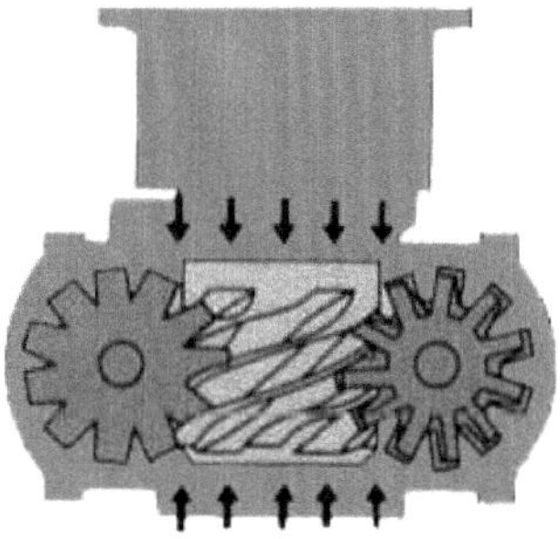

축 방향의 힘은 압축실이 1개의 로터 안에서 형성되기 때문에, 서로 상쇄되어 이론적으로 제로

┃그림 7.2┃ SINGLE SCREW(Z-SCREW)

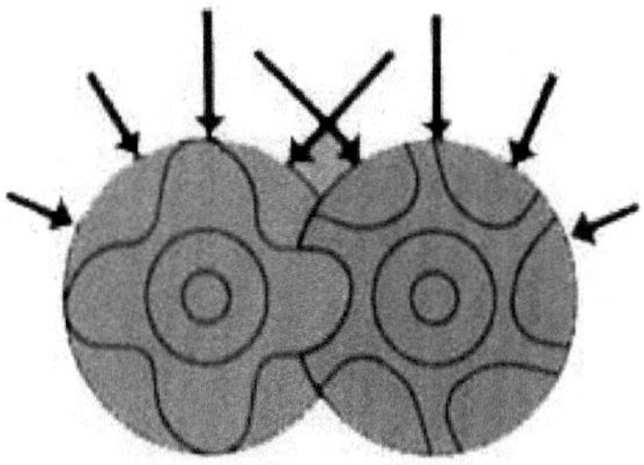

75kW 클래스에서 반지름 방향은 약 260kg 축 방향은 134kg 정도, 이 반복 하중 때문에 베어링 수명이 짧다.75kW 클래스에서 반지름 방향은 약 260kg 축 방향은 134kg 정도, 이 반복 하중 때문에 베어링수명이 짧다.

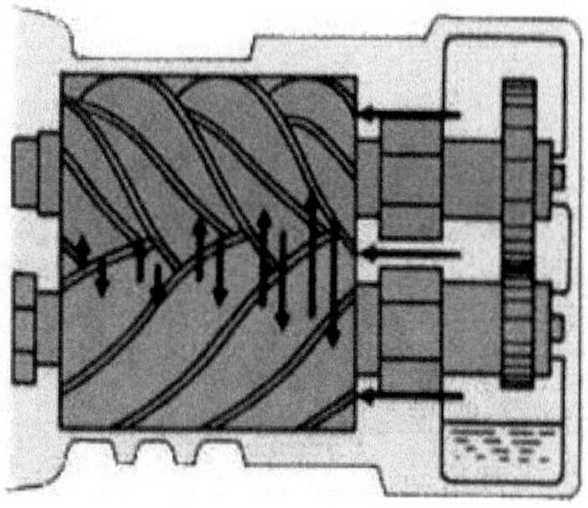

반지름 방향의 힘과 축방향의 힘이 로터에 작용한다. 이 힘들은 회전함에 따라 지점이 이동하기 때문에 연속 반복 하중이 된다.

▌그림 7.3▐ TWIN SCREW

② 소음·진동 방식

- SINGLE 스크류 : 직결
- TWIN 스크류 : 일반적으로 기어 배속이라 기어 소음을 피할 수 없다.

③ 애프터서비스

- SINGLE 스크류 : 현장 작업 가능
- TWIN 스크류 : 현장 작업 곤란

④ 공기의 맥동

1회전 당의 토출 회수가 SINGLE 스크류는 12회, TWIN 스크류는 8회이기 때문에 SINGLE 스크류가 공기 맥동이 적다.

⑤ 소음

SINGLE 스크류는 마찰 동작 부분이 금속과 엔지니어링 플라스틱인데 반해 TWIN 스크류는 금속과 금속이므로 기어 배속에 의한 고주파의 금속음이 발생한다.

⑥ 내온도성

SINGLE 스크류에 비해 TWIN 스크류는 공기 누출 길이가 길기 때문에 같은 효율을 내기 위해서는 각 부분의 틈을 보다 적게 해야만 한다. 열 팽창에 의해 틈이 없어지면 TWIN의 경우, 로터 재질이 동종 금속이기 때문에 녹아 달라붙기 쉬워 온도 제한을 받는다. 보통 토출 공기 온도를 95℃, SINGLE 스크류의 경우는 110℃에서 각각 비상정지용 온도 스위치를 설정하고 있다.

⑦ 회전수에 의한 효율

회전수에 의한 효율은 로터 지름에 의해서도 변하기 때문에 한마디로 단정 지을 수는 없지만, 100HP 이하의 클래스라면, SINGLE 스크류의 경우 3,000rpm~

4,000rpm의 범위에서 가장 높은 효율을 보인다. 한편 TWIN 스크류의 경우는, 동 클래스의 컴프레셔에서 7,000rpm~8,000rpm 정도 된다. 고속이 됨에 따라 베어링 강도, 마찰열 등의 문제가 발생한다.

8 압축기의 비교(SINGLE-스크류와 TWIN-스크류의 비교)

구 분	SINGLE 스크류	TWIN 스크류
형 상	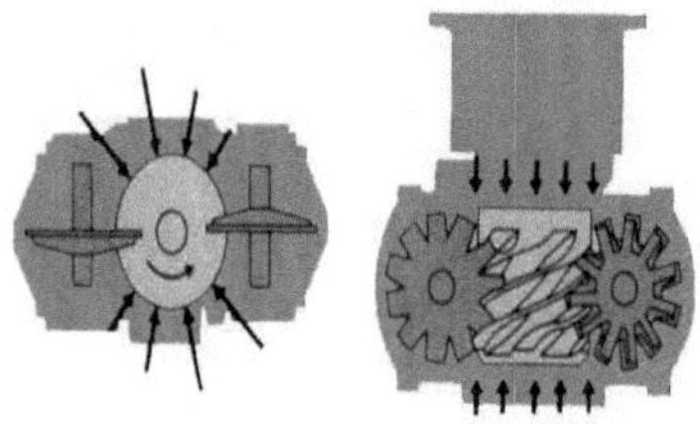	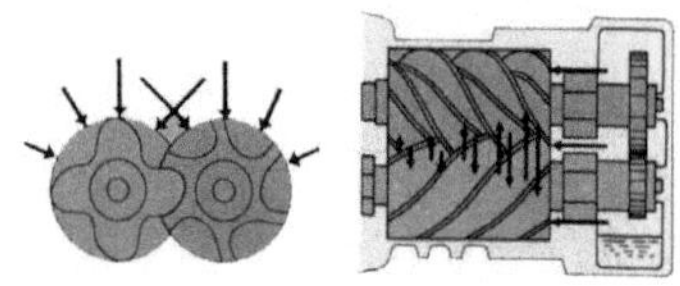
운전방식	회전하는 1개의 원통형 스크류 로터와 맞물리는 원반형 게이트 로터(수지계열)로 칸막이된 공간의 용적변화로 압축이 작동된다.	암・수 대칭의 2개의 스크류 로터(금속류)의 나사 홈에 생긴 공간의 회전에 의한 용적 변화로 압축이 작동된다.
운전에 의한 동적 밸런스	압축 사이클이 스크류 로터의 상하 대칭으로 작동되고, 고압측의 트러스트 하중을 받지 않기 때문에 상하좌우 모두 완전한 밸런스.	대칭된 로터는 공기의 압축응력으로 상호간에 외측에 하중이 가하여 진다. 토출구측에 트러스트 하중을 받아 편중된 하중이 걸리면서 회전하기 때문에 밸런스는 SINGLE-스크류 보다 뒤 떨어진다.
구동방식	전동기 직결, V-벨트 설치(소형)	전동기 직결, 증속기어, V-벨트 설치
효 율	중간속도로 좋은 효율을 얻을 수 있기 때문에 기계효율이 좋고, 2단 DRY TYPE에 비해 약10% 이상의 생산량이 향상된다.	고속운용에서 좋은 효율을 얻을 수 있지만, 생산량이 1단 압축방식에 비해 상대적으로 적다.
소음・진동	밸런스의 움직임이 좋아 진동, 소음 모두 적다. (60~68dB(A))	2축에 금속 로터가 맞물려 소음, 진동이 SINGLE-스크류보다 크며 귀가 따갑다. (75dB(A) 이상)
BEARING 수명	50,000hr (이론수명 200,000hr)	32,000hr

9 SINGLE SCREW의 소음과 진동

SINGLE 스크류는 왕복식은 물론, 트윈 스크류에 비교하여 원리적으로 소음, 진동에 모두 조용한 저공해 컴프레셔이다.

● 일반적인 컴프레셔 소음원인은,

① 컴프레셔 기체의 동적 불균형으로부터 오는 진동음.
② 흡입, 토출시 공기의 규칙적인 이동에 의한 유체음.
③ 회전식에서는 스크류의 회전에 따른 맞물린 음과 베어링의 회전음.
왕복식에서는 피스톤등 왕복움직임과 밸브의 개폐에 의한 기계 적인 작동음.
④ 전동기의 회전 음이나 구동장치의 커플링 음.
⑤ 쿨러 팬의 바람 가르는 소리(공냉식)나 모터 및 오일펌프 등의 보충기자재로부터 발생하는 잡음 등으로 분석할 수 있다.

● SINGLE 스크류의 무공해 대책 비밀은?

① 역학직 움직임의 밸런스가 좋은 점.
② 스크류 로터에 맞물리는 게이트로터는 수지제품으로 운전 중 압축시는 자전 작용이 작동되어 맞물리는 면에 분사되는 오일(물)에 의하여 경쾌하게 회전하는 점.
③ 흡입공기는 사이렌서로부터 필터를 통하여 실린더로 흡입되는 점.
④ 공랭식 팬은 수지제품의 다익 사이렌서 형을 채용하고 있고, 오일(물)은 공기압에 의한 자기 순환식이기 때문에 오일펌프가 필요 없는 점.
⑤ 그리고, 모든 기기들은 방음케이스로 패키지 되어 있는 점. 특히, 전동기와 컴프레서를 방진 고무로 몸체 위에 장착한 점등, 방음과 방진에 기여할 수 있는 최대한의 기술에 전력을 다한 결과 탄생된 것이다. SINGLE 스크류 컴프레서 각 기종의 소음레벨과 거리에 의한 감소치를 도표에 게재한다. 더욱 JIS에 의한 시험방법(KS규격)에서는 기계의 측면 1.5미터에 있어서 소음 레벨을 A 특성으로 측정하도록 정해저 있다.

10 컴프레셔 안전성에 대하여

(1) 머리말

압축 공기는 전기나 유압과 함께 기계 산업뿐만 아니라 모든 분야에 걸쳐 그 에너지가 이용되어지며, 그 중에서도 압축 공기 속에 아주 적은 양의 유분 혼입도 허용 되지 않는 산업의 확대로 오일프리(OIL FREE) 타입의 컴프레셔의 수요가 매년 높아지고 있으며, 특히 식품, 계측 장비, 반도체, 의료, 화학, 바이오, 섬유, 도장, 인쇄, 세정 등의 분야에서 수요가 확대되고 있다.

오일프리 타입의 컴프레셔는 압축 공기중에 윤활제를 일체 사용하지 않는 드라이(건식)과, 싱글스크류 시리즈 물 윤활식 오일프리 컴프레셔처럼 오일 대신에 물을 분사하는 습식이 있다. 효율 면에 있어서는 습식이 드라이 식에 비해 25 ~ 30% 많은 공기량을 얻을 수 있는 것도 특징이다.

장점으로는,

가) 초 청정 압축공기를 얻을 수 있다.	→	압축공기용도의 다양화
나) 보수 관리의 용이화	→	소모부품이 적다. 배수 처리가 간단하다.
다) 환경관리 대응의 용이화	→	ISO1400시리즈의 대응

라) 유지보수 비용 : 보수기간 및 비용은 건식 2단 압축기의 절반 이하이다.

(2) 컴프레셔의 배수에 관한 안전성에 대하여

수질항목 기준치 일람의 환경청 배수 기준 항목에 의하여 탱크내부 윤활수를 모아 환경관리센터에서의 계량의 결과 어느 것이나 기준치 이하이기 때문에 배수 처리에 관하여는 문제가 없다.

(3) 컴프레셔의 토출 공기에 관한 안전성에 대하여

토출 공기의 가스분석의 결과는 안전하다. 특히 일반세균에 대하여는 0개/m^3와 급수 윤활에 의한 세균번식의 문제는 없다.

(4) 기 타

특히, 급수측의 수질, 환기의 조건에 의하여 결과는 다르기 때문에 수질관리와 청정한 공기에 대하여는 충분히 유의하기 바란다.

11 공기 압축기의 기본 시스템

▣ 공기압 회로의 기본 구성 요소는

① 공기 압축기
② 공기 압축기에서 공급되는 압축 공기를 저장하는 압축 공기탱크 (리시버탱크)
③ DUST 및 수분을 분리하여 청정한 공기로 만드는 공기압 필터
④ 필요에 따라서 기능을 관장하는 제어 밸브류, 제어부, 조작회로를 추가한다.
⑤ 수분제거용 DRYER (냉동식 / 흡착식)

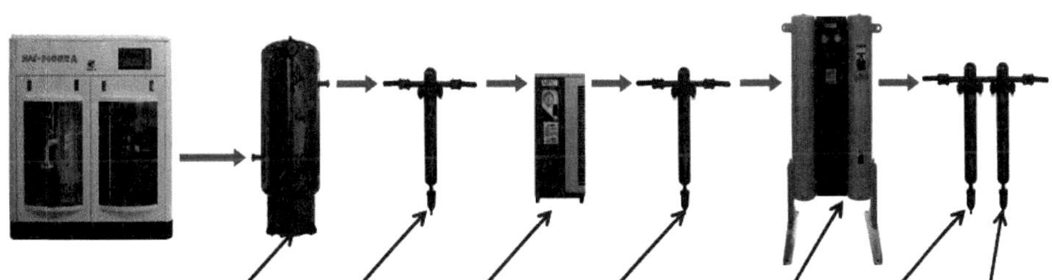

OIL TYPE AIR COMPRESSOR (HAIO 1400 A/W)	RECIVER TANK	PRE FILTER	냉동식 드라이어	LINE FILTER	흡착식 드라이어	AFTER FILTER	탈취필터 (선택설치)
		5㎛	4℃	1㎛	-40℃	1㎛	0.01ppm

압축공기의 질과 사용용도에 따라 청정기기는 선택하여 운영하게 된다.

청정기기가 필요이상으로 설치되면 차압에 의한 동력 손실과 유지보수에 따르는 비용이 수반되기 때문에 필요한 최소기기의 설치가 절대적으로 유리하다.

주: 기기 부착시에는 별도의 각 기기 외관도 등을 참고하여 주십시오.

- 흡입상태의 공기량과 기준상태의 공기량(표준상태의 공기량)의 환산
- 압축공기에 포함되는 오일량과 수분의 응축
- 리시버탱크에 의한 에너지 절약에 대하여
- 공기압배관의 치수의 선정조건
- 공기압배관(호스)의 치수 선정조건
- 압축공기의 공기정화 시스템
- 공기압장치의 기본 시스템

12 공기압 장치의 기본 시스템

공기 압축기는, 「압축기나 송풍기 등에 따라서 기계적 에너지를 공기(또는 기체)의 압력에너지로 변환하여, 이 압축공기를 제어밸브 등에 의하여 적당히 제어하고, 액츄에이터에 공급하는 것으로, 그 출력을 부하의 요구에 적합한 기계적 에너지로 활용해 내는 모든 기기 및 응용기기」라고 정의 할 수 있다.

구체적으로 말하면 전동기 등으로 공기압축기를 구동하여 압축공기를 만들고, 이 공기압력을 제어하여 이것을 공급함으로 다양한 일을 할 수 있는 것이다. 이러한 모든 기기요소를 공기압축기라 부르고, 그 결합체를 '공기압 장치'라고 한다.

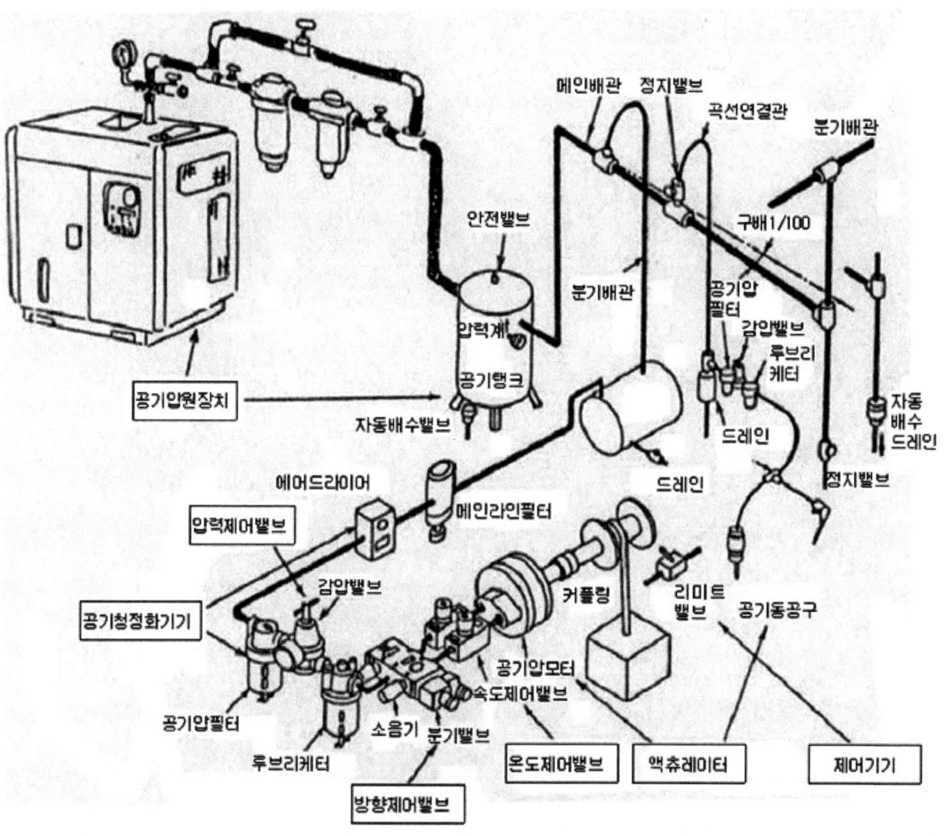

▌그림 12.1▐ 공기압장치의 기본시스템

※ 말단기기의 공기 소비량은 각각의 카다로그를 참고.

※ 배관선정에 있어서는 공기압배관의 치수선정조건 참고

- 레이아웃 그림 사례 : 규모가 큰 사무기 공장
- 공기 압축기 : 50 HP(37KW) 6대
- 배관 : 3인치(80A) (루프 배관)
- 압축공기 탱크 : 3㎥

보수・관리 공간을 확보하고 배관은 유량에 맞춘 지름을 채용, 요소에 밸브를 설치했다. 라인 필터로는 메인터넌스(maintenance)용의 바이패스 배관을 설치, 후방에 리시버 탱크를 설치. 하수 배관은 기계보다 밑면으로 하고, 가능한 측면 하수 쪽에 묻어 처리조로 인도한다.

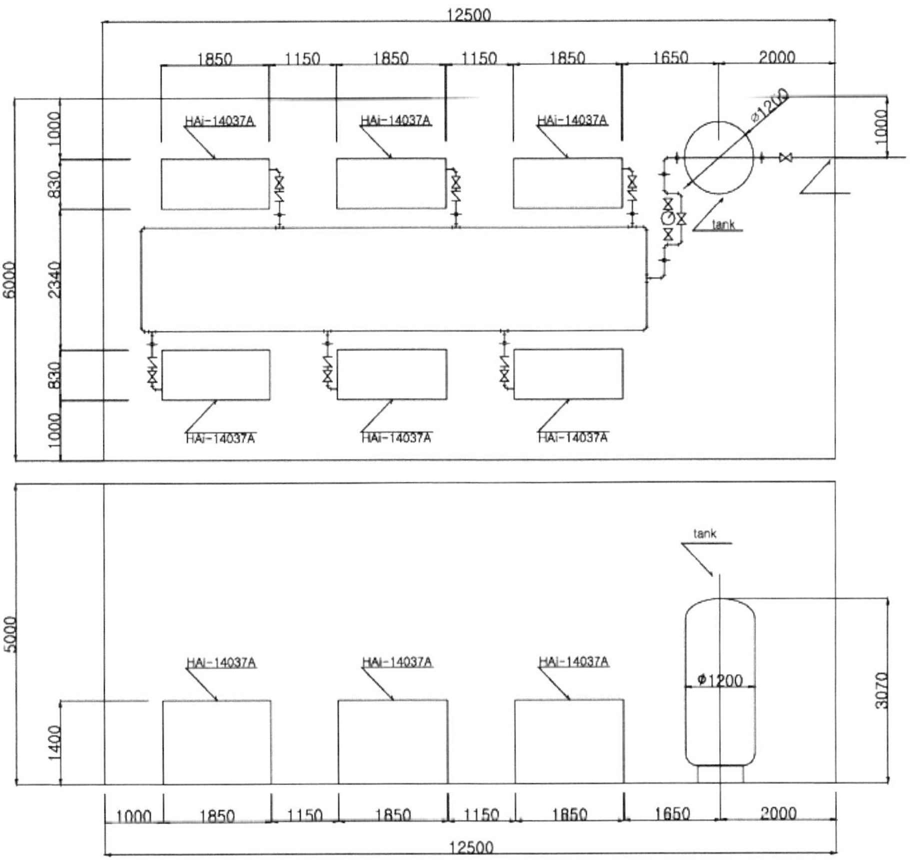

┃그림 12.2┃ 6대의 레이아웃 예

13 압축공기의 공기청정화 시스템

압축공기의 질은 사용하는 기기나 용도에 적합한 것의 선택에 의해 결정된다.

공기 배관은 크게 나누어 주 관로와 각 사용말단 배관으로 나누어지며, 주 관로에는 주관로 필터를 장착하고, 각 사용말단에는 요구되어지는 공기의 질에 따라서 마이크로 미스트 필터 등을 장착한다. 본 그림에 나타난 압축공기의 공기 청정화 시스템은 일반적인 기준이기 때문에 실제로 사용 할 때는 주위의 환경, 기기의 특성, 요구수준, 경제적 조건 등을 고려하여 최적의 시스템을 갖추는 것이 중요하다.

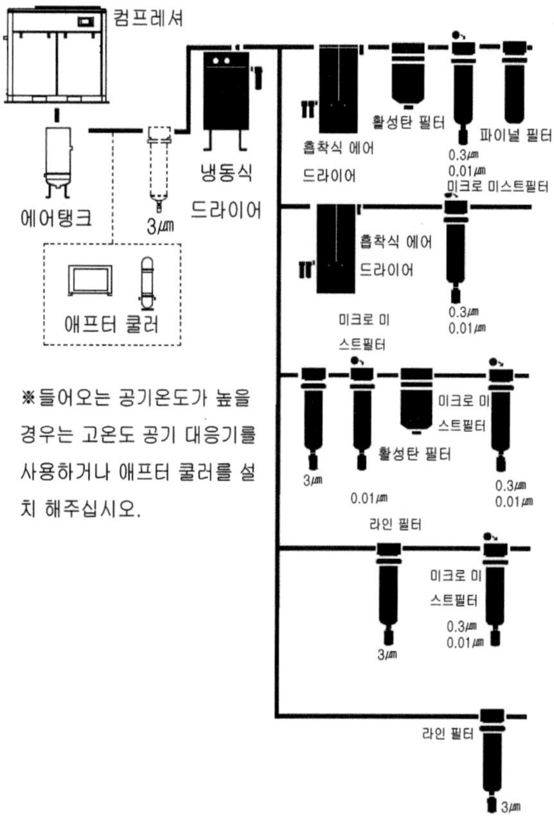

대기압 이슬점	여과도	잔유량	청정도	악취 균제거	용도 예
낮은 이슬점 고청정 크린에어					
-70˚C	0.01㎛	0.01ppm 이하	클래스 10,100 ※클래스 10은 옵션	제거	●반도체 관련 ●의료품 관련 ●본체우송
※-58℃(냉동식드라이어를 사용하지 않는 경우)					
낮은 이슬점 크린에어					
-70˚C	0.01㎛	0.05ppm 이하	-	-	●공기 계측기 ●시퀀스 제어 ●계장용 ●계측용
※-58℃(냉동식드라이어를 사용하지 않는 경우)					
크린에어					
-17˚C	0.01㎛	0.01ppm 이하	-	제거	●의료기 ●의약품 ●식품공업 ●호흡기
일반 공기압 에어					
-17˚C	0.01㎛	0.05ppm 이하	-	-	●운반도장 ●일반 공기압기기
일반 공기압 에어					
-17˚C	3㎛	-	-	-	●일반 공기압기기

각 필터의 선정은 공기 소비량에 따라서 각각의 카다로그 등을 참고하여 주십시오.

14 여름철, 힘이 나지 않는 것은 왜일까?

▣ 컴프레셔는 열을 발산하기도 하고 물도 만든다.

공기 중에는 수증기가 포함되어 있으며 공기에 함유되어 있는 수증기의 최대량은 온도와 압력에 의해 정해져 있고, 이것을 포화 수증기량(수증기의 분압으로 표시할 경우는 포화 수증기압)이라고 한다.

포화 수증기량은 온도가 높아지면 증가하고 압력의 상승에 동반하여 감소한다. 대기를 압축하면 수증기가 응축되고(응축수라 한다), 압축된 공기를 냉각함에 따라 응축수가 불어나는 것은 그 때문이다. 압축기를 운전하면 어느 정도의 응축수가 생성될까? 응축수의 생성량은 흡입 공기량에 거의 비례한다.

〈표 14.1〉 대기압 하에서의 포화수증기량

온도(℃)	포화 수증기량((g/㎥)	포화 수증기압(mmHg)
0	4.9	4.58
5	6.8	6.54
10	9.4	9.21
15	12.9	12.79
20	17.3	17.54
25	23.0	23.76
30	30.4	31.82
35	39.6	42.18
40	52.0	55.32
45	65.0	71.88
50	83.0	92.5
55	104.0	118.0
60	132.0	149.5
:	:	:
100	597.0	760.0

[계산 예]

10㎥/min인 공기를 7kgf/㎠로까지 압축하면

① 여름

흡입공기 온도 30℃, 흡입공기 습도 80%의 경우, 흡입공기중의 수분량은 243cc/min이 된다.

$$30.4(g/m^3) \times \frac{80}{100} \times 10(m^3/min) = 243(g/min)$$

7kgf/㎠로까지 압축된 배출 공기중의 수분량은 컴프레셔 출구에서 30℃라 하면 38cc/min이 된다.

$$3.8(g/m^3) \times \frac{100}{100} \times 10(m^3/min) = 38(g/min)$$

응축수의 발생량은 243 - 38 = 205cc/min

② 가을

흡입공기 온도 20℃, 흡입공기 습도 60%의 경우, 응축수량은 99cc/min이 된다.

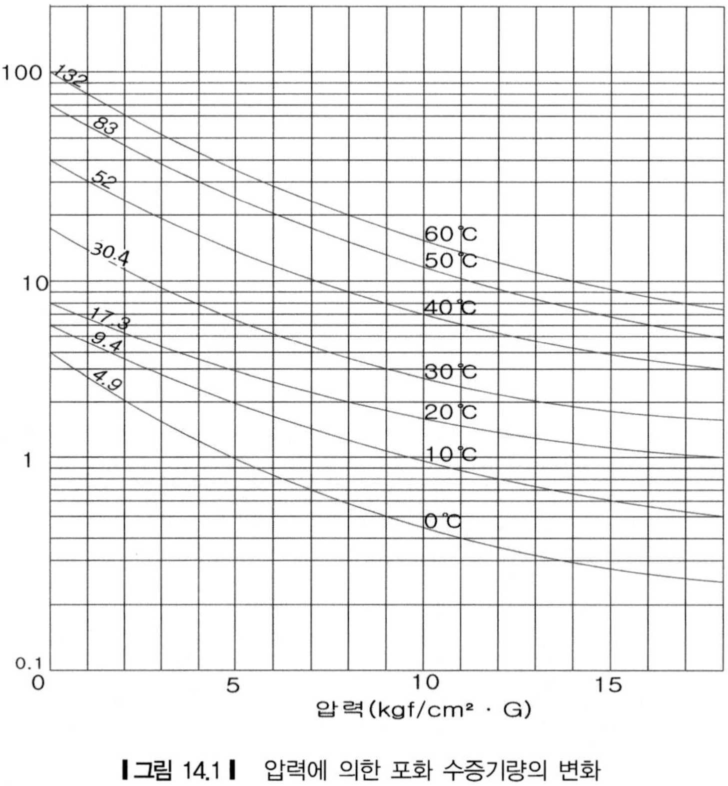

| 그림 14.1 | 압력에 의한 포화 수증기량의 변화

③ 겨울

흡입공기 온도 10℃, 흡입공기 습도 50% 의 경우, 응축수량은 42cc/min이 된다. 연간 발생하는 하수는 기기의 윤활을 방해해 윤활유의 노화를 앞당기고, 공기압 회로의 부식을 진행시켜 압축기의 안전한 운전에 지장을 주는 원인이 되기 때문에 충분한 관리가 필요하다.

공기 압축시에 공기와 함께 흡입되는 수증기는 압축에 의해 물방울이 되어 드레인으로서 제거해야 한다. 드레인 발생량은 흡입공기의 온도, 습도 및 토출압력에 의해 변화한다. 표준 대기압의 공기를 7kgf/㎠ · G까지 압축했을 때 발생하는 드레인 양을, 흡입 상태에서의 습한 공기 1㎥에 대해 계산하면 [그림 14.2]와 같이 된다.

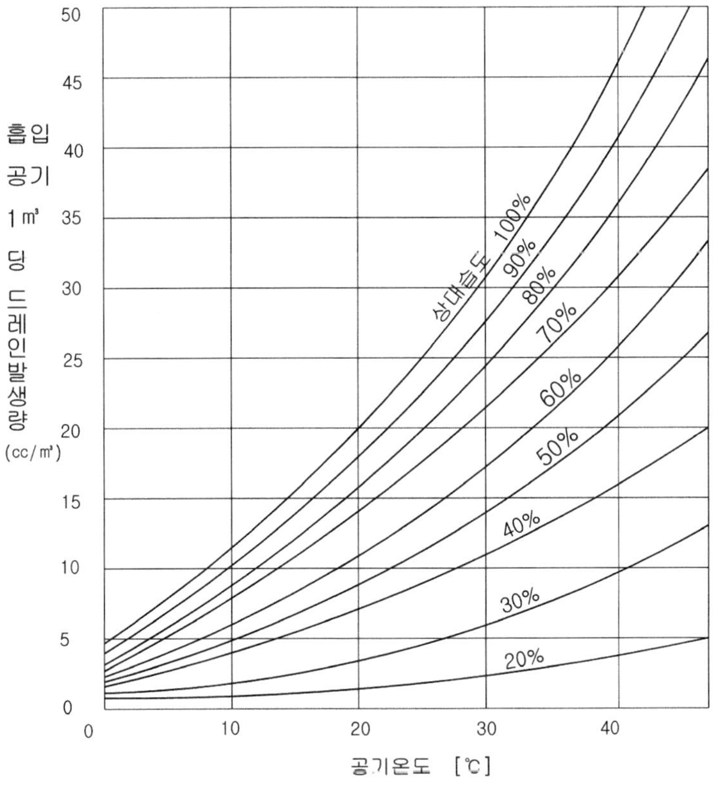

▎그림 14.2 ▎ 공기 압축시의 드레인 발생량(토출 압력 7kgf/㎠ · G)

공기압축기가 열이 많이 나는 이유

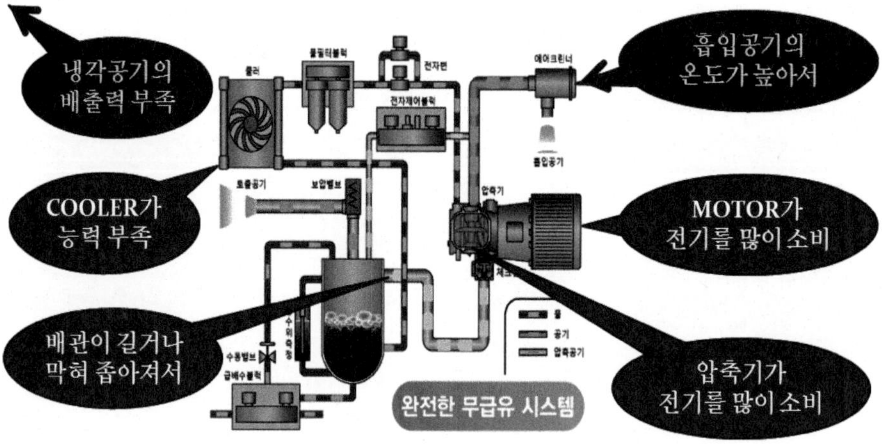

여름철에 공기압축기가 힘(압력)이 부족한 이유는 대기온도가 높아짐에 따라 공기의 단위 체적이 늘어나고 습도가 높아지는 원인이 가장 크다고 할수 있다.

급유식 공기압축기에 있어서 오일의 역할은 윤활, 밀봉, 냉각에 있다. 공기압축기가 전력이나 엔진 등으로 일을 하면, 그에 따른 열과 기계적 마찰열 등을 비롯한 각종 열이 증가하여 한계점에 이르면 가동을 못하게 되는 경우를 초래한다.

그에 따라 공기압축기에는 쿨러가 장착되게 되고, 쿨러의 성능에 따라 공기압축기 효율 및 안정 운전을 좌우하게 된다.

물 윤활식 오일프리 공기압축기도 같은 이유로 물이 윤활, 밀봉, 냉각 역할을 수행하기 위해 쿨러를 설치하게 된다. 오일이나 물을 전혀 사용하지 않는 드라이 오일프리 공기압축기에서의 열 발생은 더욱 심각하여 대형 사양의 쿨러를 이중으로 설치하여 운전하게 된다.

이러한 쿨러의 적정 사양과 성능이 공기압축기의 효율과 안정 운전에 절대적인 영향을 미치게 되는 한편, 공기압축기의 운전 환경 조건에 따라 열이 나기 때문에 정기적 유지 관리를 통하여 기계 배관, 필터 등의 막힘을 관리해야 한다.

따라서 공기압축기에 있어서 온도 관리, 먼지 관리, 윤활유, 냉각수, 윤활수 관리가 정기적으로 이루어져야 한다.

15 공기중의 오염물질 양과 크기

▣ 보이지 않는 미세먼지에 요주의

공장 지대에서는 33,000㎡(약 1만평)당 1년 동안 약 20~25톤 정도의 먼지가 하강한다고 여겨지며, 모래 먼지는 오염물질의 40% 정도라고 여겨지기 때문에 33,000㎡의 공장이라면 10톤 가까운 모래가 1년 동안 하강하고 있다고 생각해도 된다. 지역이나 도시에 따라 이 양에는 변화가 있고 이것이 기계의 보수·유지에 많은 영향을 미친다.

(1) 공기중의 오염물질

2~3층이나 5층의 빌딩 유리창에 비가 내린 흔적이 있고 마침 흙탕물이 튄 것처럼 모래 같은 것이 달라붙어 있는 것을 보기도 한다. 또, 일반 가정집 2층의 유리창을 닦을 때도 같은 현상을 볼 수 있다. 도대체 왜 이렇게 높은 곳까지 진흙이 튄 것인가 하고 의아해 할 때가 있다. 사실은 공기 중에는 육안으로는 보이지 않는 정도의 크기인 미세 먼지가 매우 많이 섞여 있는데, 빗방울 속에 포함되어 내려와 창에 묻어 수분이 증발하여 미세 먼지만 남기 때문에 일어난 현상이다.

(2) 공기중의 오염물질의 양과 크기

〈표 15.1〉는 각지의 공기중의 오염물질이 하강하는 양을 나타낸 것이다.

〈표 15.1〉 공기중의 오염물질이 하강하는 양

집진량	공업도시(시카고, 디트로이트 등)깨끗한 도시	1600~1000톤/1평방리, 1년600 톤/1평방리, 1년

도 시 명		월평균/㎢ 당 ton	1년 33,000㎡당 ton
도 쿄	기쿠노마치	26.2	9.5
	아라카와	33.8	12.2
	스키나미	10.1	3.7
오 사 카	다이쇼구(공업)	49.2	18.0
요 코 하 마	공업	22.3	8.1
가 와 사 키	공업	68.0	24.7
	상업	16	5.8
	주택	11	4.0
우 즈	철공업	81.7	29.5
삿 포 로	중앙부	39.3	14.3

뉴 욕			
맨 하 탄	상업 · 주택(근린공업)	48.6	17.6
퀸	공업	85.7	13.1
피 츠 버 그	상업 · 주택	26.6	9.6
런 던			
스카치워크	상업 · 공업	42.4	15.5
웨스트민스터	주택 · 상업 · 공업	11.4	4.1

〈표 15.2〉 오염물질의 크기와 비율

크기	비율
10μ 이상	15%
10μ 이하	85%

〈표 15.3〉 오염물질의 성분과 비율

성분	비율
탄진	45~47%
모래 먼지	40~43%
섬유 기타	나머지

미국의 공업 지대에 대해 조사한 결과에 의한 오염물질의 크기와 양의 관계는 〈표 15.2〉와 같다.

이 표에서 오염물질은 육안으로 분별하기에는 너무 작은 0.01mm 이하의 것이 대부분을 차지한다.

바꿔 말하면 눈에 보이는 큰 오염물질은 별 문제 없으나, 보이지 않는 오염물질이 대량으로 공기중에 부유하고 있는 것을 알 수 있다.

공업 지대에서는 33,000㎡(약 1만평)당 1년 동안에 약 20~15톤 정도의 오염물질이 하강한다고 생각할 수 있다.

(〈표15.3〉 오염물질의 성분과 비율)

16 권장할 수 있는 배관 방법

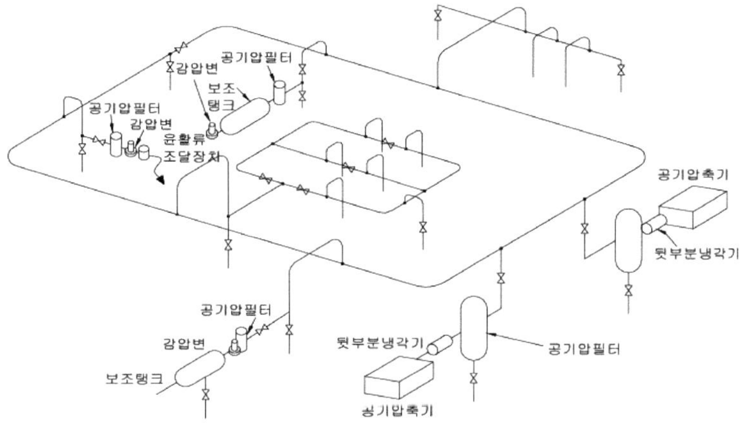

|그림 16.1| 루프형 배관

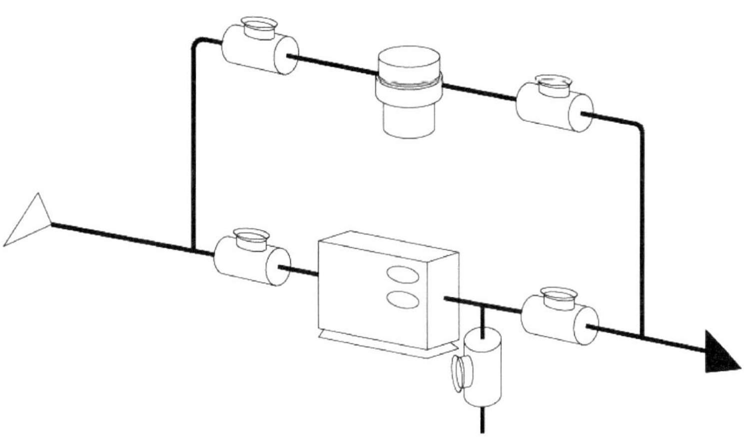

|그림 16.2| 루프형 배관

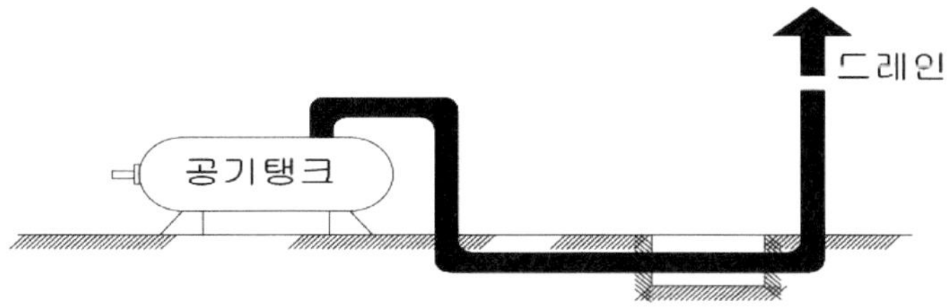

|그림 16.3| 지하관로의 드레인 배관

배관방법

다수의 공기 압축기를 사용하고 있는 공장의 공기압 배관은 [그림16.2]에 나타난 것처럼, 루프(loop)형 배관을 한다. 이것은 BCAS(The British Compressed Air Society)에 의하여 권장되고 있으며, 루프(loop)형 배관을 함에 따라서 압력강하를 적어도 평균적인 압력으로 이용할 수 있다. 예를 들면, 같은 공기소비량의 공기구동 공구(空氣動工具)를 2개 사용할 때에는 [그림16.4] (a)에서는 공기구동 공구 하나의 경우와 둘의 경우에서는 4배의 압력강하가 된다. [그림16.4] (b)의 예는 [그림16.4] (a)에 비하여 1/4의 압력 강하로 끝난다.

① 주 관로에서 분기관로를 취할 때는 반드시 상부에서 역U자 관식으로 취하여 직접 배수가 유출되지 않도록 한다.

② 주 관로에는 1/100정도의 구배를 주어 최저부 바닥에는 드레인 자동 배수밸브를 설치한다. 공장의 지하 관로에도 [그림16.3]에 나타난 것처럼 드레인을 설치한다.

③ 주 관로의 입구나 분기관로와 기기 사이에는 반드시 공기압 필터를 설치하여 폐수, 녹, 카본의 유출을 막는다.

④ 송기관로는 용접이나 열을 가하여 구부려서 시공하지 않는다. 어쩔 수 없을 때는 가열에 의한 산화 스케일 등을 떨어트려 방청처리를 한다.

⑤ 긴 직선 배관은 기온변화에 의한 팽창, 수축으로부터의 이탈방지를 만들어 둔다.

⑥ 주 관로에서 분기관로를 할 경우에는 반드시 정지밸브를 설치한다. 또, 부분적으로 배관을 점검할 수 있도록 곳곳에 정지밸브를 설치하여 두면 좋다.

⑦ 중요한 공기압 장치의 배관의 입구 측과 출구 측에는 [그림16.4] 에 나타낸 것처럼 정지 밸브와 우회회로를 설치한다. 우회회로 관로에 의하여 주 관로를 멈추지 않고 공기압장치의 보수·점검이 가능하다.

⑧ 공기 압축기–배관 계가 2개 이상 있을 때는 여기에 접속하여 긴급 시에는 정지밸브를 개·폐하여 보급할 수 있도록 한다.

⑨ 이어지는 부분은 합리적으로 배치하여 필요한 최소한도로 한다. 더욱, 분해가 필요한 이어지는 부분은 플랜지(flange) 이음이나, 유니언(union) 이음으로 처리 가능한 공간으로 한다.

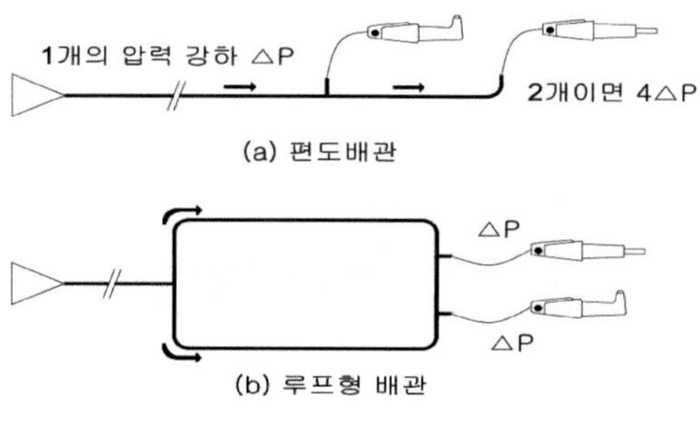

그림 16.4 편도 배관과 루프형 배관의 압력 강하 비교

17 공기압 배관의 치수 선정 조건

배관치수 선정은 공기압 유량뿐만 아니라 전달하는 거리에도 관계가 있다.

압축공기 배관으로 컴프레셔로부터 떨어진 곳에서 사용하거나, 여러 대의 컴프레셔를 합하여 압축공기를 이용할 때에 배관이 가늘거나, 밸브의 수, 보호대(elbow pad), T형 등의 수에 의하여 압력손실을 발생시킨다. 이것은 컴프레셔의 능력을 모두 전달하지 못하게 하기 때문에 적절한 규격을 선정할 필요가 있다.

〈표 17.1〉 공기압배관의 마찰에 의한 압력 손실표

압력kgf/㎠(700kpa),관장100m 에 대한 압력강하 (kgf/㎠)

자유공기 m³/min	압축공기 m³/min	A	20	25	32	38	50	65	80	90	100	115	125	150	175	200	250
		B	$\frac{3}{4}$	1	$1\frac{1}{4}$	$1\frac{1}{2}$	2	$2\frac{1}{2}$	3	$3\frac{1}{2}$	4	$4\frac{1}{2}$	5	6	7	8	10
		내경 (mm)	21.6	27.6	35.7	41.6	52.9	67.9	80.7	93.2	105.3	118.1	130.8	155.2	180.1	204.7	254.2
1	0.13		0.290	0.081	0.018	0.008											
2	0.26			0.324	0.077	0.0320	0.009										
3	0.38				0.170	.072	0.020										
4	0.51				0.300	0.134	0.036	0.013									
5	0.64					0.204	0.055	0.021									
6	0.77						0.079	0.030	0.010								
7	0.90						0.108	0.041	0.013								
8	1.02						0.142	0.055	0.017								
9	1.15						0.180	0.069	0.022								
10	1.28						0.222	0.085	0.027	0.013							
12	1.54							0.112	0.039	0.018	0.009						
14	1.79							0.167	0.053	0.025	0.012						
16	2.05							0.218	0.069	0.032	0.016	0.009					
18	2.31								0.087	0.041	0.021	0.012					
20	2.56								0.107	0.051	0.025	0.014	0.008				
25	3.16								0.168	0.080	0.040	0.022	0.012				
30	3.84									0.115	0.051	0.032	0.015				
35	4.48									0.159	0.078	0.044	0.018				
40	5.12										0.102	0.057	0.031	0.012			
45	5.76										0.129	0.072	0.039	0.015			
50	6.32										0.160	0.089	0.048	0.018	0.008		
60	7.68											0.129	0.079	0.027	0.012		
70	8.96												0.095	0.036	0.016	0.008	
80	10.25												0.123	0.047	0.021	0.011	
90	11.53													0.060	0.026	0.014	
100	12.8													0.074	0.033	0.017	
150	19.2															0.038	0.011
200	25.6															0.067	0.020

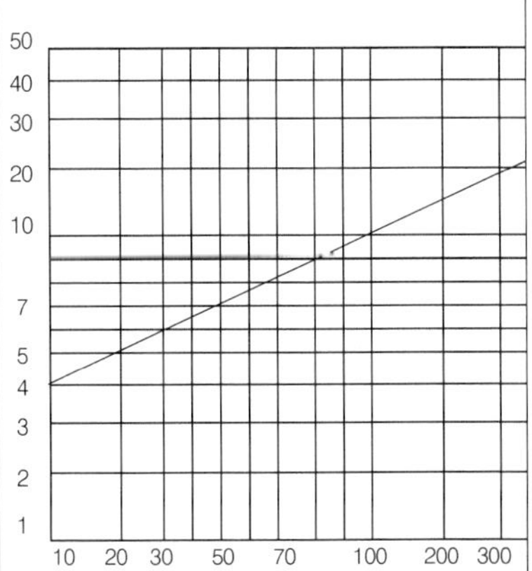

예제 37kw(Z37) 3대와 55kw(Z55) 2대로 신 공장의 컴프레셔실로 부터 각 공장의 메인 배관의 두께를 어느 정로 하면 좋을까?

$(6.1\text{m}^3/\text{min} \times 3) + (9.1\text{m}^3/\text{min} \times 2) = 36.5\text{m}^3/\text{min}$

∴ 압력손실 표에 의해 $3\frac{1}{2}$ B(90A)이상을 선정한다.

〈표 17.2〉 파이프 부속물에 맞는 직관 길이

			구경(B)															
			$\frac{1}{4}$	$\frac{3}{8}$	$\frac{1}{2}$	$\frac{3}{4}$	1	$1\frac{1}{4}$	$1\frac{1}{2}$	2	$2\frac{1}{2}$	3	4	5	6	8	10	12
 90°엘보	나사식	SS	0.7	0.9	1.1	1.3	1.6	2.0	2.3	2.6	2.9	3.4	4.0					
		FC										2.7	3.4					
	플랜지식	SS			0.3	0.4	0.5	0.6	0.7	0.9	1.1	1.3	1.8	2.2	2.7	3.7	4.3	5.2
		FC										1.1	1.5		2.2	3.0	3.7	4.6
 90°롱엘보	나사식	SS	0.5	0.6	0.7	0.8	1.0	1.0	1.1	1.1	1.2	1.4						
		FC									1.0	1.1						
	플랜지식	SS			0.3	0.4	0.5	0.6	0.7	0.8	0.9	1.0	1.3	1.5	1.7	2.1	2.4	2.7
		FC										0.0	1.0		1.4	1.7	2.1	2.4
 45°엘보	나사식	SS	0.1	0.2	0.2	0.3	0.4	0.5	0.7	0.8	1.0	1.2	1.7					
		FC										1.0	1.4					
	플랜지식	SS			0.1	0.2	0.3	0.4	0.4	0.5	0.6	0.8	1.1	1.4	1.7	2.4	2.7	3.3
		FC										0.6	0.9		1.4	1.9	2.5	3.0
 티	나사식	SS	0.2	0.4	0.5	0.7	1.0	1.4	1.7	2.4	2.8	3.7	5.0					
		FC										3.0	4.2					
	플랜지식	SS			0.2	0.3	0.3	0.4	0.5	0.6	0.6	0.7	0.9	1.0	1.2	1.4	1.6	1.8
		FC																
 티	나사식	SS	0.7	1.1	1.3	1.6	2.0	2.8	3.0	3.7	4.0	5.2	6.4					
		FC										4.2	5.2					
	플랜지식	SS			0.6	0.8	1.0	1.3	1.6	2.0	2.3	2.9	3.7	4.6	5.5	7.3	9.1	10.3
		FC										2.4	3.0		4.6	6.1	7.6	9.1
 180°밴드	나사식	SS	0.7	0.9	1.1	1.3	1.6	2.0	2.3	2.2	2.8	3.4	4.0					
		FC										2.7	3.4					
	플랜지식	SS			0.3	0.4	0.5	0.6	0.7	0.9	1.1	1.3	1.8	2.2	2.7	3.8	4.3	5.2
		FC										1.1	1.5		2.2	3.0	3.7	4.6
	긴플랜지식	SS			0.3	0.4	0.5	0.6	0.7	0.8	0.9	1.0	1.3	1.5	1.7	2.2	2.5	2.8
		FC										0.9	1.0		1.4	1.7	2.1	2.4
 GLOBE 밸브	나사식	SS	6.4	6.7	6.7	7.3	8.8	11.3	12.8	16.5	18.9	24.1	33.5					
		FC										19.8	26.2					
	플랜지식	SS			11.6	12.2	13.7	16.5	18.0	21.3	23.5	28.6	36.5	45.6	57.8	79.1	94.5	11.9
		FC										23.5	30.2		45.7	64.0	82.2	10.0
 GATE 밸브	나사식	SS	0.1	0.1	0.2	0.2	0.3	0.3	0.4	0.5	0.5	0.6	0.8					
		FC										0.5	0.6					
	플랜지식	SS								0.8	0.8	0.9	0.9	1.0	1.0	1.0	1.0	1.0
		FC										0.7	0.7		0.8	0.8	0.9	0.9
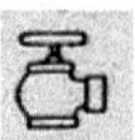 앵글 밸브	나사식	SS	3.9	4.6	4.6	4.6	5.2	5.5	5.5	5.5	5.5	5.5	5.5					
		FC										4.6	4.6					
	플랜지식	SS			4.6	4.6	5.2	5.5	5.5	6.4	6.7	8.5	11.6	15.2	19.2	27.4	36.6	42.6
		FC										7.0	9.4		15.8	22.6	29.9	36.5
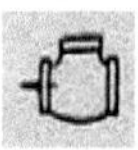 체크밸브	나사식	SS	2.2	2.2	2.4	2.7	3.4	4.0	4.6	5.8	6.7	8.2	11.6					
		FC										6.7	9.5					
	플랜지식	SS			1.2	1.6	2.2	3.1	3.7	5.2	6.4	8.2	11.6	15.2	19.2	27.4	36.6	42.7
		FC										6.7	9.5		15.8	22.6	29.9	36.5
커플링	나사식	SS	0.04	0.06	0.06	0.07	0.09	0.1	0.1	0.1	0.1	0.1	0.2					
		FC										0.1	0.3					

■ 파이프 치수의 선정조건

파이프 치수의 선정은 공기압의 유량뿐만 아니라 전달하는 거리에도 관계가 있다. 사용유량을 계산하는 것은 실제로는 굉장히 어려운 일이다. 그것은 용도가 다양하고, 용도에 따른 분기관이나 회로가 많기 때문인 것이다. 계산상의 유량은 용도에 대하여 일정하지만, 실제로 변화되는 것도 생각하지 않으면 안되고, 또 어느 용도에서는 배관의 말단에 급격히 유량을 변화시키는 경우도 있다.

더욱이, 컴프레셔의 마력은 필요 유량에 따라 간단히 바꿀 수 없고, 토출 압력은 항상 일정하게 하지 않으면, 유량에 관한 제약 조건은 많고, 이 유량에 가장 적당한 파이프의 칫수는 물리적으로는 내경 치수에 의하여 결정된다.

〈표 17.3〉 길이 10m의 에어 호스내의 압력저하

호스내경 [mm]		0.5	1.0	1.5	2.0	2.5	3.0	4.0
9	4	0.15	0.710					
	5	0.11	0.555					
	6	0.10	0.505					
	7	0.092	0.43					
12	4	0.072	0.436	1.291				
	5	0.052	0.361	1.034				
	6	0.050	0.333	0.996	1.918			
	7	0.042	0.283	0.766	1.597			
19	4	0.017	0.066	0.155	0.287	0.471		
	5	0.011	0.046	0.119	0.211	0.367	0.568	
	6	0.010	0.044	0.092	0.200	0.322	0.487	
	7	0.010	0.037	0.084	0.162	0.262	0.393	
25	4	0.006	0.017	0.033	0.066	0.110	0.082	0.266
	5		0.010	0.026	0.052	0.080	0.129	0.174
	6		0.010	0.024	0.044	0.078	0.111	0.133
	7		0.010	0.021	0.037	0.063	0.089	0.110

18 공기압 배관(호스)의 치수 선정 조건

배관치수 선정은 공기압 유량뿐만 아니라 전달하는 거리에도 관계가 있다.

○ **압축공기와 배관용 파이프와의 관계**

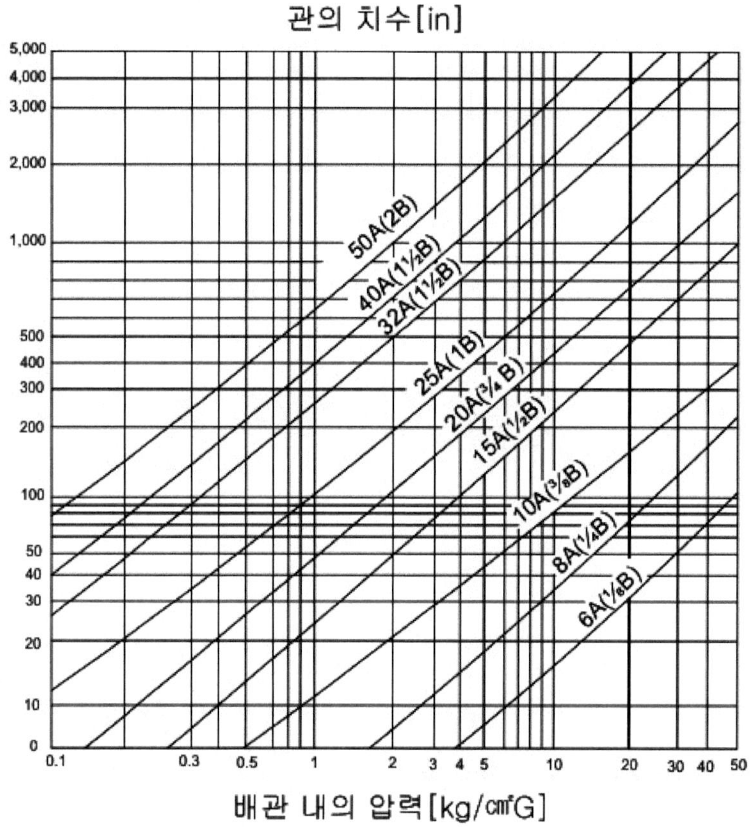

▌그림 18.1▐ 가장 바람직한 최대유량을 구하는 챠트

[비고]

이 차트는 일본 공기압 공업회에서 작성한 것으로 압력 강하율을 30.5m당 15%, 1/2까지의 파이프와 더 큰 사이즈의 경우는 10%의 압력 강하로 한 최대 유량을 기준으로 한 것이다.

19 배관의 저항과 압력 손실

▣ 어떤 압력에서 흐르는 양은 재질, 구멍의 지름, 길이, 접합의 수에 관계함

배관 거리가 길어지는 메인 라인에 있어서는 공기 유량이 흐를 때 메인 라인의 말단에서 어느 정도의 압력 강하가 발생 하는지를 고려해 둘 필요가 있다.

실제 사용상 판단하여 배관 길이에 대한 유속, 유량, 압력 강하를 허용할 수 있는 추천 유량의 범위에서 선택한다. 추천 범위를 넘은 범위에서 유량이 흐를 수 없다는 것이 아니라, 이 이상 흐르면 압력 강하가 커져 에너지 절약 상에도 바람직하지 않다는 것이다.

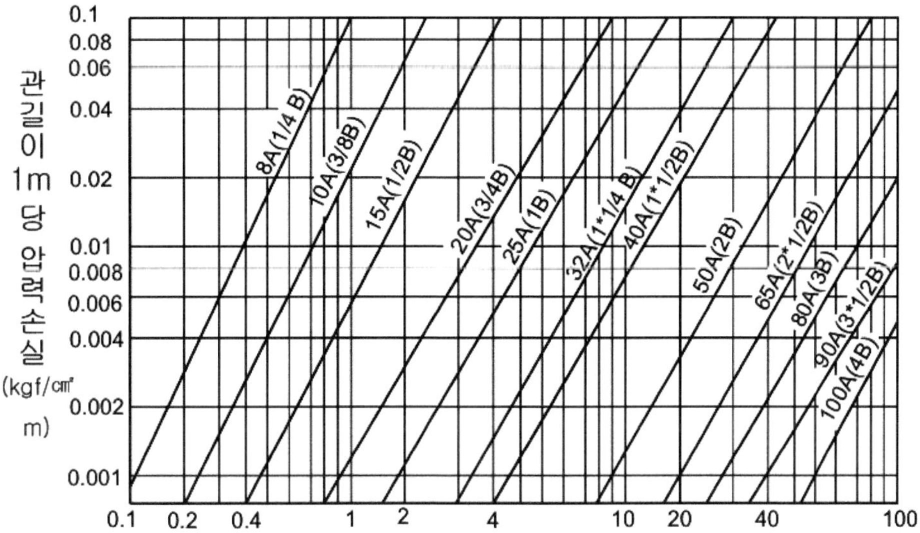

▌그림 19.1▐ 압축 공기 관로에서의 압력 손실 (7kgf/㎠G, 20℃), SGP관

○ 압력 강하의 산출식(참고)

$$\triangle P = \frac{0.00237 Q^{2} \cdot L}{d^{5.31} \times (P + 0.1013)} \quad d = \sqrt[5.31]{\frac{0.00237 Q^{2} \cdot L}{\triangle P \times (P + 0.1013)}}$$

△P : 배관내 압력 손실(MPa)

L : 배관의 길이(m)

Q : 유량(L/min)

d : 배관 원 지름(mm) 10 kgf/㎠ = 0.98MPa = 98 N/㎠

P : 압력(MPa)

20 공기압 배관의 압력 손실의 의미

▣ 압력 손실은 왜 일어나는 것일까?

이 현상은 [그림20.1]에서 보여 주듯이 밸브를 잠가 흐름이 없는 한 압력계의 눈금은 같다. 이처럼 밸브를 잠가 공기압을 사용하지 않으면 관속의 조절 장치도 파이프 자체에도 아무런 저항이 발생하지 않기 때문에 압력 손실은 전혀 일어나지 않는다.

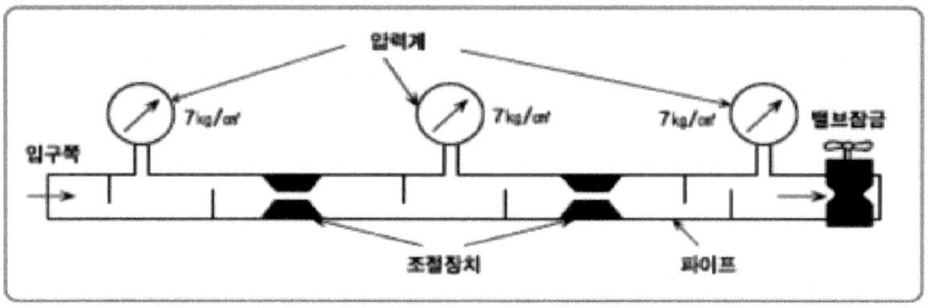

▎그림 20.1▐ 공기압을 동력으로서 이용하지 않는 경우의 압력 손실(게이지압의 변화에 주의)

그러나, 밸브를 열어 공기압을 전달 동력으로서 사용하면, [그림20.2]에서 보여 주듯이 조절장치 ⓐ, ⓑ에서 압력 저하가 일어나 압력계의 눈금에 변화가 나타난다. 이 조절 장치 ⓐ, ⓑ에서는 파스칼의 원리에 의해 관속의 흐름이 제한되는 것이다.

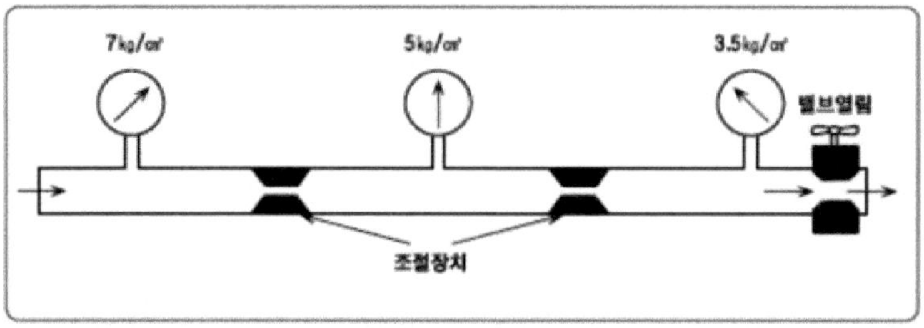

▎그림 20.2▐ 공기압을 동력으로서 이용한 경우의 압력 손실(게이지압의 변화에 주의)

즉, 이 조절 장치가 관속의 공기압의 흐름의 속도를 제한하는 유량제어 밸브의 역할을 하는 것이다. 따라서 그림에서 나타내듯이 입력측에 7kgf/㎠의 공기압이 가해지면 조절 장치에 의해 압력이 저하하고 출구에서는 3.5kgf/㎠가 되어 이 압력이 사용할 수 있는 압력이 되는 것이다. 큰 압력 손실을 일으키지 않는 배관이 필요하다.

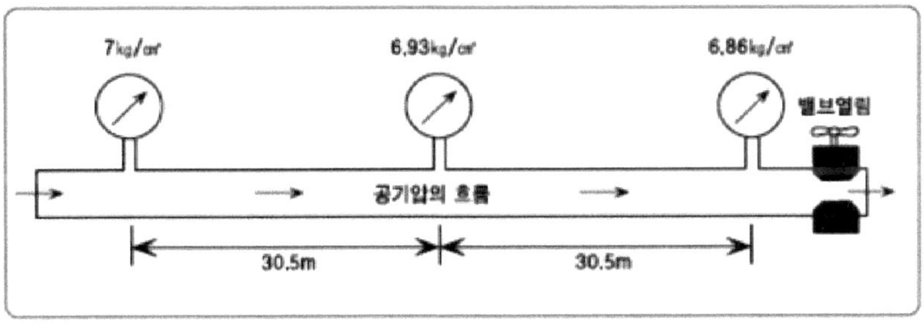

| 그림 20.3 | 공기압의 관 속 흐름을 나쁘게 하는 조절 장치 저항(압력 손실)

21 컴프레셔 에너지절감 운전 포인트

점검 항목	내용
배관등으로 부터의 공기 누출은 없는가?	예를 들면 5mm 직경의 구멍은 7kg/㎠의 압력에서 1.5㎥/min의 자유 공기가 누설되어 그 공기를 압축하는데 필요한 전력은 약 10kW
배관, 필터의 압력 손실이 크지 않은가?	1kg/㎠의 압력 손실로 약 8%의 동력 손실
흡입 저항이 크지 않은가?	650mmAq의 흡입 저항에서 약 6%의 공기량 감소
컴프레셔실의 실온은 높지 않은가?	10℃와 40℃에서는 10% 공기량의 손실
운전 시간에 낭비는 없는가?	컴프레셔를 무부하에서 운전하면 약 65~70%의 전력을 손실. · 적절한 공기 탱크의 설치 · 인버터와 대수 제어의 도입
효율 높은 컴프레셔로 변경할 수 없을까?	·신형기의 도입 낡은 기계는 유지비가 많이 든다
부하의 변동이 커지지 않는가?	회전수 제어(인버터기)의 도입

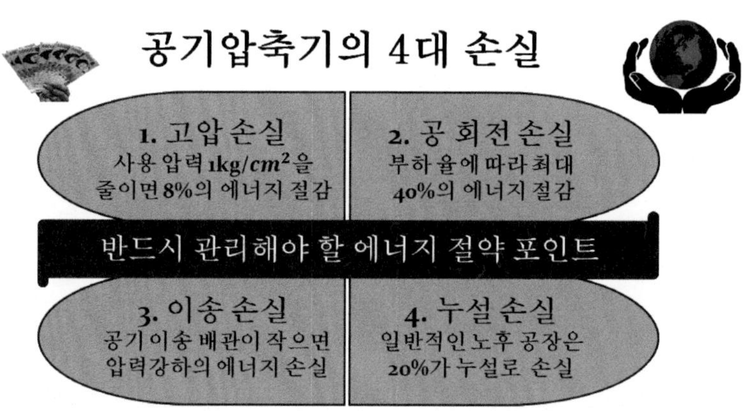

22 리시버탱크에 의한 에너지절약에 대하여

에어 컴프레셔를 효율적으로 활용하려면 공기 공급 시스템의 충분한 검토가 필요하다. 에너지절약의 관점에서는 리시버 탱크는 압축공기를 저장 에너지로서 보존 할 수 있는 것이라고 간주할 수 있고, 대용량의 리시버 탱크는 유효한 에너지 절약의 대책이 된다.

예를 들면, 순간적으로 단시간에 공기를 소비하게 될 용도의 경우 대형 컴프레셔를 설치하지 말고, 소용량의 컴프레셔로 리시버 탱크에 저장하여 두는 편이 설비비, 운전 경비의 양쪽으로 유리하다.

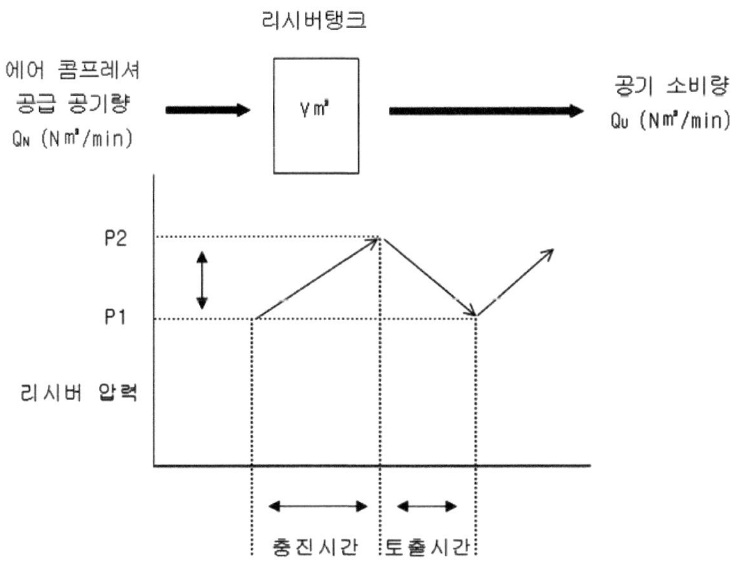

리시버탱크의 충진, 토출시의 관계식은

t시간에 (QN−QU)xt㎥의 공기가 (P2−P1)압력을 상승(토출의 경우는 감소)시킴에 따라서

$$t = \frac{Vx\ (P2-P1)\times 10^4}{(QN-QU)\times \gamma\times RT} - \frac{Vx\ (P2-P1)}{(QN-QU)\times 1.18}$$

여기에,

V : 리시버탱크 용적 ㎥

QN : 컴프레셔 용량 N㎥/min

QU : 공기 소비량 N㎥/min

P1 : 리시버탱크 충진(또는 토출) 전의 압력 kgf/㎠

P2 : 리시버탱크 충진(또는 토출) 후의 압력 kgf/㎠
t : 충진 또는 토출의 시간 min
γ : 표준상태에서의 공기 비중량 = 1.29 kg/㎥
R : 공기의 가스정수 = 29.27 m/°K
T : 공기온도 = 약40℃ = 313 °K

예)

진행중의 공기 소비량 450L/min × 3대
진행중의 최저 필요압력 5kgf/㎠
공기의 사용조건 1분30초 소비, 1분30초 정지

이 조건에 대한 컴프레셔의 기종과 리시버 탱크의 용적은 어느 정도인가?

① 진행중의 공기 소비량은 1350L/min으로 기종은 Z085A (1.1㎥/min)를 선정한다.

② 공기의 사용조건에서 리시버 탱크의 용적을 산정한다.
(컴프레셔의 공기량은 정격 × 0.9, 탱크의 압력은 6kgf/㎠로 계산)

$$V = \frac{T\times(QN-QU)\times 1.18}{P2-P1} = \frac{1.5\times(1.35-1.1\times 0.9)\times 1.18}{8.5-6}$$

$$= 0.254m^3 \rightarrow 0.26m^3$$

③ 다음에 0.26㎥의 탱크에 6kgf/㎠에서 8.5kgf/㎠까지 충진 하는데 필요한 시간은

$$t = \frac{0.26\times(8.5-6)}{0.99\times 1.18}$$

$$= 0.56min \rightarrow 34sec$$

④ 따라서, 1분 30초 진행의 정지중에 리시버 탱크의 압력을 6kgf/㎠에서 8.5kgf/㎠까지 충진 가능하다.
압축기형식 Z085A
압축 탱크 0.26㎥

리시버 탱크를 설치하는 목적

- 급격한 소비량 변동시에도 공급 능력을 일정하게 유지한다.
- 컴프레셔의 긴급 정지시에도 일정 시간 공급압력을 유지시켜 준다.
- 피스톤식 컴프레셔의 경우 맥동감소(순간순간의 정지감소)를 시켜준다.
- ON / OFF 제어 컴프레셔의 경우 ON / OFF 반복 빈도를 완화시켜 준다.

23 에너지 절감 컴프레셔에 대하여

▣ AUCS(Auto Unloader Control System) 전력 절감 언로더

이 장치는 컴프레셔가 운전중에 사용자측에서 공기를 소비하지 않는, 이른바 언로딩 상태에 들어가면 컴프레셔 흡입구를 폐쇄함과 동시에 오일 챔버 내의 공기압을 대기중으로 방출시키는 것에 의해 고압측의 배압을 가볍게 하는 것으로 전동기의 부하를 경감시켜 소비 전력의 절약을 꾀한다.

일반적으로 컴프레셔의 공기 사용 방법은 항상 능력의 100%의 공기를 사용하는 경우는 매우 낮고, 공기의 사용량은 끊임없이 변화하는 것이 보통이다.

그러나, 종전의 컴프레셔는 공기를 전혀 소비하지 않는 경우에도 60~70%의 동력을 수비하였다. 이점은 공기를 사용하지 않는 경우에도 컴프레셔이 고압측에는 항상 배압이 걸려 있어 전동기에 부하로 작용하기 때문이다.

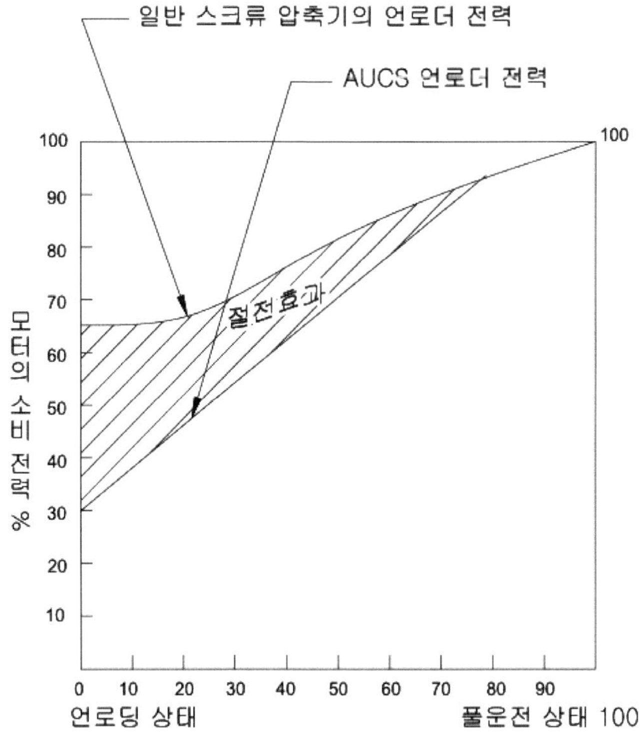

┃그림 23.1┃ AUCS의 효율

SINGLE SCREW 컴프레셔에는 종전의 흡입 조절밸브에 의한 언로더 뿐 아니라, 컴프레셔의 가벼운 부하 시에는 오일챔버 내의 압축 공기를 필요에 따라 대기로 방출시킴으로써 동력의 경감을 꾀하는 **AUCS 장치**를 내장한 것이 있다.

이에 따라, 언로딩 시의 소비 전력은 모든 부하시의 약 30%까지 절약할 수 있다.

공기의 사용 조건에 맞춰 AUCS를 작동시켜 경제적인 에너지 절감 운전을 실현하는 것이 가능하다.

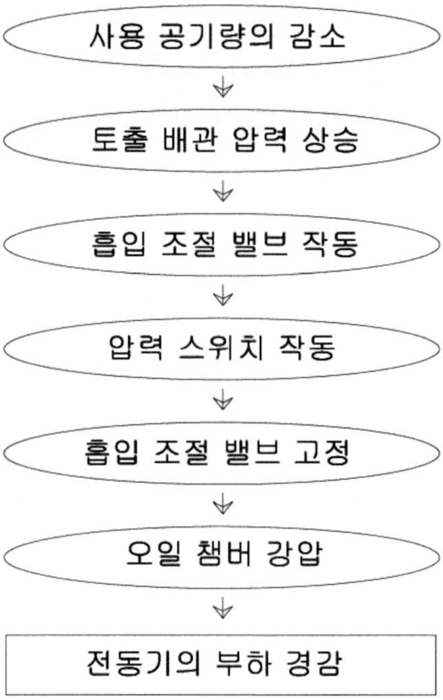

▌그림 23.2▐ AUCS의 계통도

MITSUI SEIKI社의 전력절감 언로더 AUCS란?

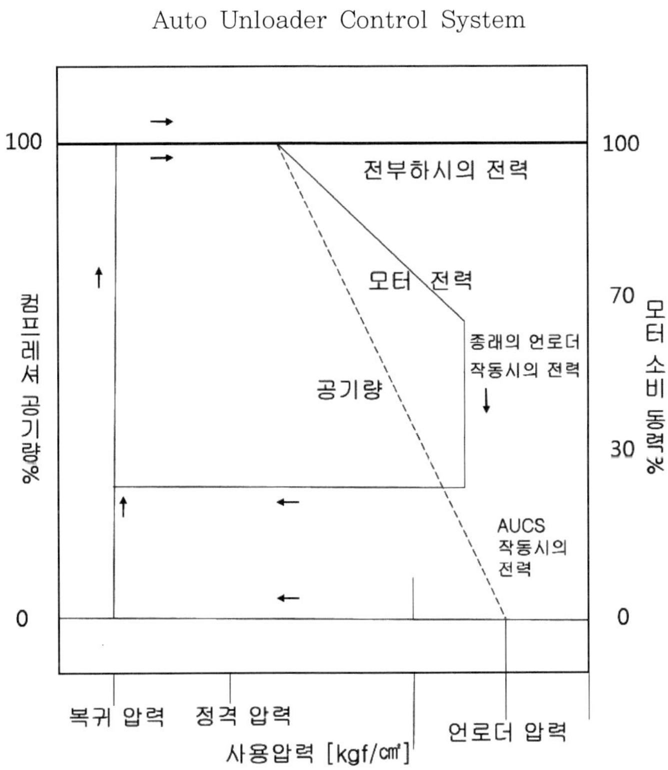

| 그림 23.3 | AUCS 란?

▣ 스크류 컴프레셔 인버터 제어

○ 컴프레셔로 보는 전력 절감 실천편

최근 설비 투자를 할 때의 큰 흐름은 초기비용의 비교에서 유지비용의 비교로 포인트를 옮겨 수년 단위의 TOTAL Coast로는 어느 기종이 가장 경비 절감으로 이어지는지를 확인하려하는 움직임이 일고 있다. MITSUI SEIKI社가 개발한 「인버터 제어」 컴프레셔는 인버터가 탑재되어 있지 않은 종래의 기기와 비교해도 유지비용에서 크게 앞서 있고, 이 격차가 수년 지나면 초기비용의 격차를 없애고 거꾸로 세월이 흐를수록 인버터 제어 쪽이 매우 좋은 계산이 나온다.

인버터를 적용함으로써 공기량이 적은 때는 회전수가 떨어져 토출량이 줄고, 큰 모터임에도 불구하고 공기량의 변동에 따라 작은 동력으로 충분한 셈이다. 즉, 사용량에 따라 에너지 절감을 할 수 있는 스타일을 확립한 것이 「인버터 제어」인 것이다. (DATA 참조)

인버터가 일반에게 이용되고 있는 예로는, 대부분의 에어컨이 인버터 제어로 되어 있어 가정에서 인원이 많은 때와 적은 때 바람의 세기가 달라진다. 이전의 에어컨은 인원이 많은 때나 적은 때나 같은 양의 바람이 불었다.

즉 필요에 따른 바람의 조정이 가능해진 것이다. 컴프레셔도 에어컨과 마찬가지로 사용량에 따라 자동적으로 조정할 수 있게 되었다.

컴프레셔에는 정격 운전 상태라는 것이 있는데, 이것은 어느 일정 압력을 가한 경우에 어느 정도의 공기량을 소비하는가 하는 기본 성능이라고 말할 수 있는 것이다.

설비 기기를 포함한 공장 전체의 최대 사용 공기량에서 컴프레셔의 전력량이 정해지는데, 실제 현장에서는 공기 사용량이 많은 날과 적은 날이 있다.

종래 타입의 모터에서는 일정한 회전을 하기 때문에 공기량이 변동되어 적어지는 경우에도 모터의 동력은 같은 정도 사용하여 공기량을 소비하는 것이 실정이었다.

그래서, 흡입 조정 등 다양한 에너지 절감 기능을 채용하여 에너지 절감 기기의 인정 등을 받아, 에너지 절감 타입 의 컴프레셔가 개발된 것이다. 더 나아가, 공기량이 적은 경우는 작은 모터로 돌아가고 있는 것과 같이 하면 사용량이 적은 때 큰 모터를 돌리지 않아도 되어 에너지를 절감하게 된다. 이처럼 성능 면 에서 큰 개량이 MITSUI SEIKI社가 채용한「인버터 제어」에 의해 실현된 것이다.

▣ 급유식 스크류 컴프레셔 인버터 제어

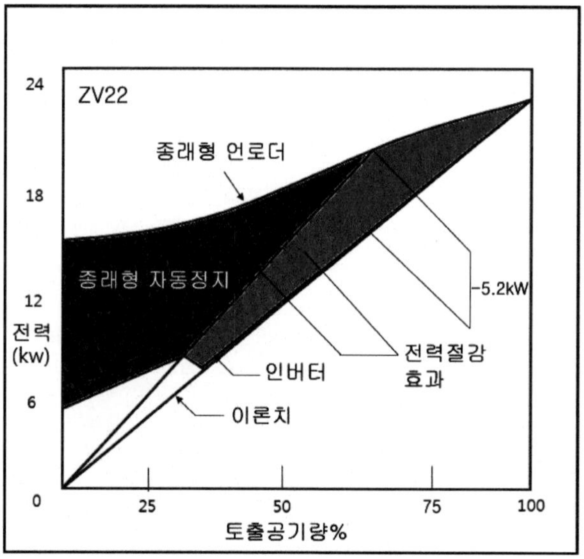

▌그림 23.4▐ 인버터 제어 SINGLE 스크류 컴프레셔의 전력절감 특성 [DATA]

인버터 제어는 30~95% 부근의 중간 부하에서 예민하고 확실하게 전력비를 삭감시킵니다.

토출 압력은 0.49~0.88MPa (5.0~9.0kg/㎠)의 범위라면 0.01MPa(0.1kg/㎠)의 폭에서 임의로 설정할 수 있습니다. (디지털식 입력)

○ **절약전력 사례**

운전시간 6,000h/연, 전기요금 110원/kwh 토출 공기량 64%(10h 운전 실측치) 에어드라이어, 냉각팬 동력을 포함하지 않음

- 15kw 종래 기기 대비 에너지 절감전력 4.5kwh, 15kw 에너지절감전력비 약 54만원
- 22kw 종래 기기 대비 에너지 절감전력 5.2kwh, 22kw 에너지절감전력비 약 62만원

○ **정비비 절감예**

- 운전시간 6,000h/연
- 저속 메인터넌스 효과, 울트라 슈퍼 Z오일 사용, 커플링 접속(beltless)
- 15kw 정비비 절감액 약 80만원 ·22kw 정비비 절감액 약 100만원 인버터

▣ 전력 측정 결과 사례

ZV22(3.7㎥/min)와 Z15(2.5㎥/min)를 동일 부하 조건에서 비교하니 Z15보다 ZV22의 전력이 적다는 바람직한 결과가 나왔다. 또한, 토출 공기량을 비교하니 여유가 더 생겨 전력 비율에서 종래의 50%를 미달하는 때도 있다.

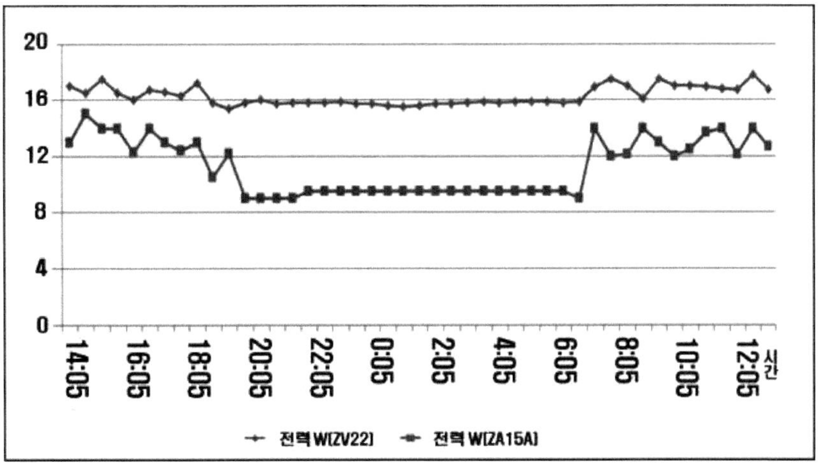

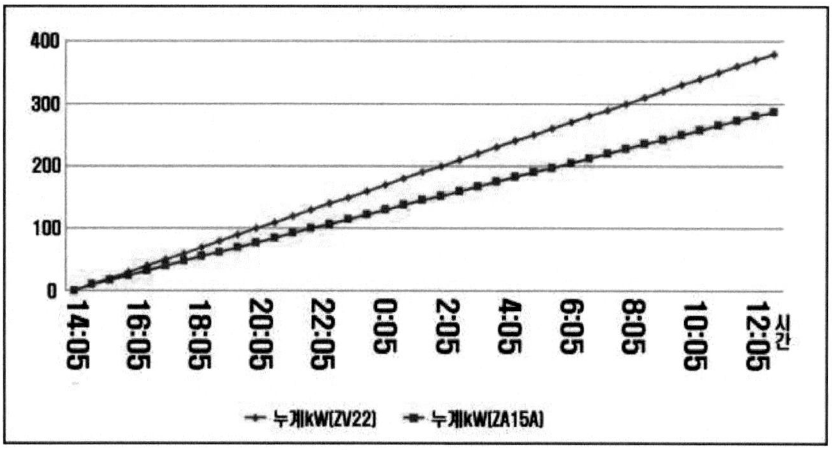

▎그림 23.5▎ ZV22(인버터) 와 Z15의 전력비교

24 압축공기와 소요 동력(토출 압력과 동력의 관계)

▣ 컴프레셔의 설정 압력을 낮추면 에너지가 절약된다.

압축기의 소요 동력은 다음의 식에 의한다.

운전 조건이 동일하다면, 토출 압력이 낮은 편이 동력은 적다

$$L = \frac{K}{K-1} \quad \frac{Ps \times Qs}{0.612} \times \{ \frac{Pd}{Ps} - 1 \} \times \frac{¢}{\eta}$$

여기에서

L	: 축 동력	(KW)	~
K	: 단열 압축 지수	(-)	1.25
PS	: 흡입 압력(절대 압력)	(kgf/㎠ abs)	1.033
QS	: 토출 공기량(흡입 상태)	(㎥/mm)	종류에 따름
Pd	: 토출 압력(절대 압력)	(kgf/㎠ abs)	게이지 압력+1.033

η : 효율

효율이란 압축기의 모든 단열 효율 및 전달 효율이다. (메이커 표시 값)

ø : 여유율

급유식 스크류 압축기	(-)	1.10
무급유식 스크류 압축기	(-)	1.15

설명

토출 공기량이 동일하다면, 토출 압력 7kgf/㎠(게이지압)에 대해 압력이 0.5kgf/㎠(게이지압) 변화하면 소요 동력은 약 4% 변화한다.

또한, 정격 압력 하한인 5.5kgf/㎠(게이지압)까지 내리면 소요 동력은 약 13% 저하하게 된다. 모든 공기압축기의 사용압력 낮추기는 에너지 절약의 중요한 수단이다.

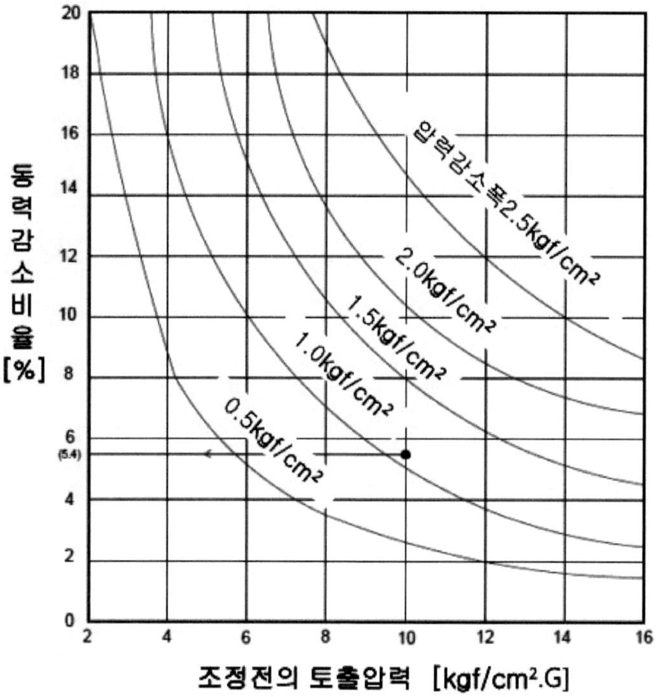

▌그림 24.1▐ 토출 압력 감소에 의한 효과

25 에너지 절약 진단 항목과 개선에 의한 장점

▣ 에너지 절약을 고려한 요소의 선정이 중요

기본적으로는 기기의 소비 공기량으로 선택하게 되지만, 주의할 점은 압축기의 출력은 전동기에 맞춰 제작되고 있다는 점이다. 즉, 소비량과 압축기의 정격 토출량이 근사치로 선정할 수 있다면 괜찮지만, 정격 토출량의 60%정도를 선정하지 않을 수 없는 일도 있는 현실에서 볼 때 복수 대의 검토도 필요하다. 복수 대란, 압축기의 정격 토출량과 소비 공기량을 같아지도록 압축기의 조합을 하는 것이다.

1. 토출 압력의 적정화 · ·

필요 최저한의 압력을 공급

토출 압력을 낮추는 장점은, 소비 동력의 관계에서 압력이 0.5kgf/㎠ 변화하면 동력은 4~5% 변화한다. 압력을 낮추면 압축기의 수명도 연장된다.

2. 배관의 에어 누출 제거 · ·

배관 에어 누출은 불필요한 동력소비, 압력저하 야기

토출 압력 7kgf/㎠의 공기가 ø0.5mm의 구멍에서 1년 동안 새는 양은 약 5000㎥로 일컬어지고, 전기요금은 20￥/kwh라 하면 ￥10000을 넘는다. 여러 개소에서 누출된다고 한다면….

3. 압축기의 운전 상태 공기 소비량과 사용 대수 · ·

필요 운전 대수의 파악

공기소비의 경향을 체크하고 현재의 소비 전력의 파악과 불필요에 대한 세밀한 분석에 의해 개선책을 검토해야 한다. 적정한 사용 대수로 에너지를 절약하고 정기 정비 등으로 정지에 의한 고장 부담을 경감시켜야 한다.

4. 설치 방식의 재검토 · ·

공기 소비량, 필요 압력의 검토

에어 누출, 압력 손실 배제로 효율 높은 송기 방법을 실현하고 집중설치와 분산설치를 해야한다.

5. 기종 선정의 중요성 · ·

현재의 사용 기종과 운전 상태의 파악

변동이 많은 경우는 인버터 제어 등도 유효 공기 소비량이 많은 경우는 엔진 구동 컴프레셔로 전기 요금을 삭감.

6. 정기정비의 안전 실시 · ·

정기 정비와 예방 보전

급작스런 고장의 방지, 안정된 공기의 공급.

불필요한 듯해도 이것이 가장 중요한 것, 고장난 후에는 늦다는 것을 명심!

○ 에너지 절약 효율 향상 대책(참고)

흡입 공기의 제습, 냉각

흡입 공기의 상대 온도, 습도와 소비 전력의 관계를 [그림25.1], [그림25.2]에 나타낸다. 건조한 낮은 온도의 공기일수록 밀도가 높아 드레인의 발생량도 적어져 효율이 높다

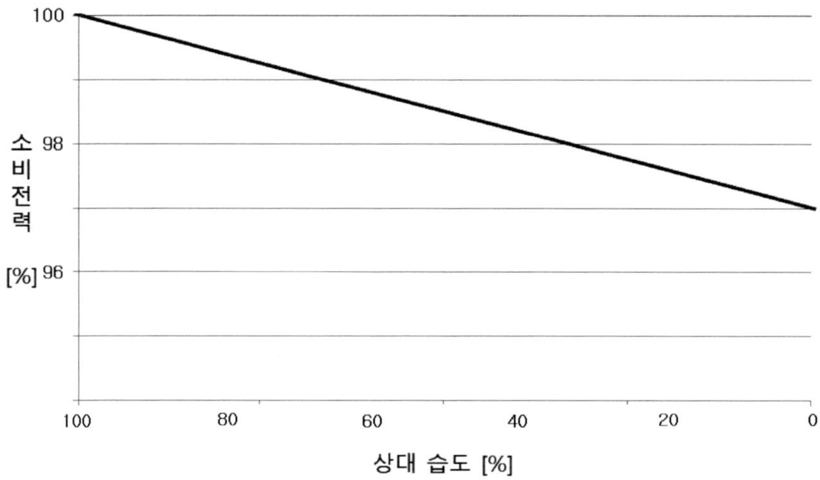

▌그림 25.1▐ 상대습도와 소비전력

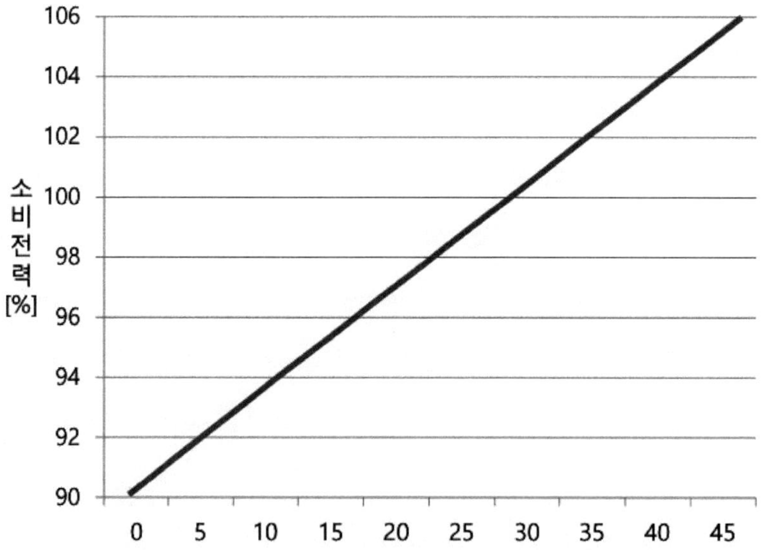

▌그림 25.2▐ 흡입압력과 소비전력

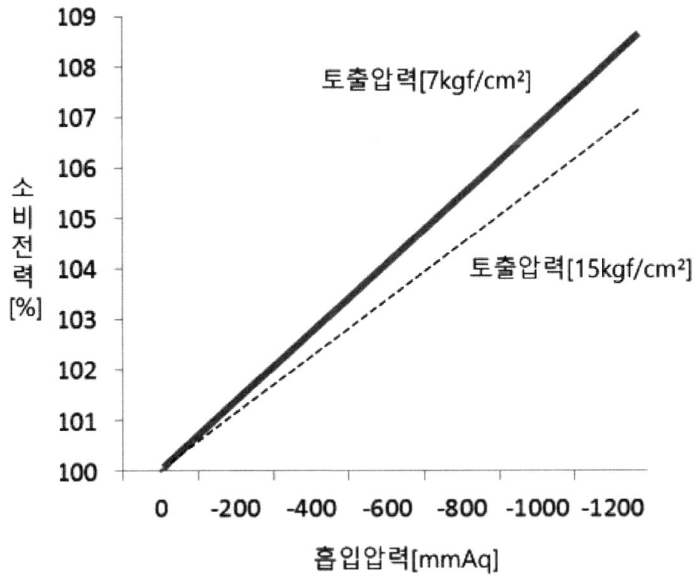

▌그림 25.3▐ 흡입압력과 소비전력

흡입측(에어크리너, 방진 필터 등)의 압력 손실의 절감

[그림25.3]에서 흡입 압력과 소비 전력의 관계를 나타낸다. 흡입 압력을 낮추면 소비 전력도 감소하지만, 전력에 따라 토출하는 공기도 감소하므로 효율이 좋아진다. 흡입 부하를 되도록 신경 써야만 한다.

26 공기 사용량과 사용 대수

공기 소비량에 대해 사용대수는 몇 대가 이상적인지에 관한 사항은 정해진 것은 없지만, 1대만 사용하다가 만일의 경우에 시스템의 가동불량을 초래할 수 있다.

○ 사용 대수를 정하는 요소

① 공기 사용량의 변동에 대해 경제적인 운전이 가능한가?
② 정지했을 경우 생산에 막대한 영향을 끼치는가?
③ 정기 정비 비용을 계획적으로 실행할 수 있는가?
④ 전체 설비비가 매우 많지 않은가?

○ 공기 사용량의 변동에 대하여 압축기의 토출 공기량과의 관계에 관해(참고)

공기 소비량을 조사하여 압축기의 정지 부하를 생각하는 경우의 예.

공기 소비량의 조사는 유량계로 측정하는 것이 정확하지만, 간단한 방법은 압축기의 부하율을 산출하여 파악하는 것이 가능하다.

$$\text{부하율} = \frac{L}{L+NL} \times 100$$

L : 부하 운전시간
NL : 무부하 운전시간

압축기의 토출 공기량 × 부하율로 소비량을 확인할 수 있게 된다. 이 부하율이 50% 이하, 거꾸로 말하면, 무부하율 50% 이상에서는 압축기는 정지해 있는 편이 에너지 절약이 된다고 할 수 있다.

이러한 경우는 2대로 교대 운전의 자동 제어라도 한다면 효율이 좋아진다.

공기 사용량의 부하가 변동하고 공기 사용량에 대해 압축기의 토출 공기량을 3대 이상으로 나눌 수 있다면 대수 제어에 의한 자동 운전으로 보다 나은 에너지 절감 효과를 기대할 수 있다.

공기 사용량에 여유가 있을 경우는 부하율의 재검토나 대수 제어 등의 여러 대 사용으로 에너지 절감을 꾀할 수 있다 해도, 부족할 경우는 어떻게 할까?

공기량이 부족한 경우나 설비가 증가했을 때 등, 몇 ㎥/min이 더 필요한지 효율이

좋은 라인 압력을 증가시키는 방법, 용량을 늘리기 위한 기종 선정 방법(참고)

$$Q2 = Q1 \times \left(\frac{P2 + 1.033}{P1 + 1.033} - 1 \right)$$

P1 : 현재 라인의 압력 kgf/㎠ 7kgf/㎠ = 0.69 MPa
P2 : 필요한 라인의 압력 kgf/㎠
Q1 : 현재 컴프레셔 토출 공기량 ㎥/min
Q2 : 필요한 컴프레셔 토출 공기량 ㎥/min

예) 현재 37 KW급을 사용하고 있는데 라인 압력이 5.5kgf/㎠밖에 올라가지 않는다.
7kgf/㎠까지 올리고 싶으면 몇 ㎥/min을 더 늘리면 좋을까?

$$Q2 = 6.1 \times \left(\frac{7.0 + 1.033}{5.5 + 1.033} - 1 \right) = 1.4 \text{ ㎥/min}$$

따라서, 11 KW급 이상의 컴프레셔를 선정하면 됩니다.

동일 용량을 만족시키는 1대의 신규 용량은 45 –55KW급의 유량을 참고하여 INVERTER형으로 구입하는 것이 타당하다.

27 자동 운전대 사용의 장점

▣ 교대 운전과 대수 제어

대수 제어란 여러 대의 압축기가 공통의 토출 배관에서 병렬 운전을 할 때, 공기 사용량에 따라 압축기를 자동적으로 운전 또는 정지하여 무부하 운전 시의 동력을 절약하는 것이다.

그 방식에는 아래의 2가지 방식이 주로 적용된다.

① 로테이션 방식
운전 대수를 증가시킬 때는 정지중의 압축기 중 정지한 것을 운전시키고, 감소시킬 때는 운전중의 압축기 중 제일 처음 운전된 것을 정지시킨다. 압축기의 운전 시간의 평균화를 꾀할 수 있다. 대수 제어에서 2대인 것은 교대 운전 제어라 불린다.

② 고정식
운전 순서를 정해 두어 제일 나중에 운전된 것부터 정지시킨다. 이 방식은 형식, 용량이 다른 조합에는 좋다.
현재는, ①의 방법이 일반적이다.

▣ 대수 제어의 장점은

① 무부하 또는 부분 부하 운전에 힘이 매우 줄어들게 되므로 전체적으로 운전 효율이 좋게 되고, 소비 동력이 절감된다.

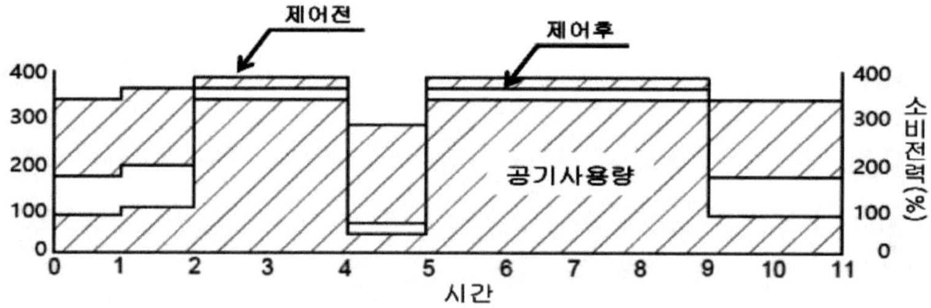

| 그림 27.1 | 4대의 대수제어 예

② 공기 소비량에 맞춰 사람 손에 의한 압축기의 운전, 정지의 조작이 일체 필요없게 되어 무인화를 꾀할 수 있다.

③ 압축기의 운전 시간이 평균화되어 합리적인 보존 관리가 가능하고 불필요한 압축기는 정지하기 때문에 기계의 소모, 윤활유의 소비가 절감되어 기계의 수명도 연장된다.

○ 전력절감 계산 사례(멀티 컴프레서 + 대수제어반 사용)

[A사 섬유 가공업]

가동 시간 24시간/일 720Hr/월
사용 기기 37KW× 6대 (수냉식)

[도입 전]

전력계량으로 측정 : 가동시간 각 기기 720시간
NO.1 : 24,336 KWh NO.2 : 23,544 KWh NO.3 : 15,120 KWh
NO.4 : 25,560 KWh NO.5 : 19,296 KWh NO.6 : 17,280 KWh
합계 사용 전력량 : 125,136 KWh 가동시간 합계 : 4,320 hr

[도입 후]

전력계량으로 측정 : 가동 시간 아래와 같음
NO.1 : 17,516 KWh / 526 hr NO.2 : 17,316 KWh / 520 hr
NO.3 : 17,716 KWh / 532 hr NO.4 : 17,047 KWh / 512 hr
NO.5 : 17,948 KWh / 539 hr NO.6 : 17,480 KWh / 525 hr
합계 사용 전력량 : 105,023 KWh 가동시간 합계 : 3,154 hr

- 전력절감 요금 20￥/KWh로 하면,
  (125,136 − 105,023) × 20 = 442,442/월
- 설비비 1) 기존 컴프레셔 개조비
  2) 기존 배관 개조비
  3) 자동제어대
  4) 전기 공사 (단 제어 배선 공사만)
  5) 시운진 조징 공비
  6) 수송 교통 제 경비

  합 계 ￥3,285,000-
- 상환 월수 3,285,000 ÷ 402,260 = 8.2개월

기타 실 가동 시간의 단축에 의해 보수 상태의 연장 등에 의한 비용 삭감도 동시에 꾀할 수 있다.

28 설치 방식에 의한 장점·단점

▣ 집중 설치인가, 분산 설치인가?

① 집중 설치 방식

집중 압축기실에 모든 공기 압축기와 관련 기기를 설치하여 공장 설비의 요소에 배관을 경유시켜 필요량을 공급한다.

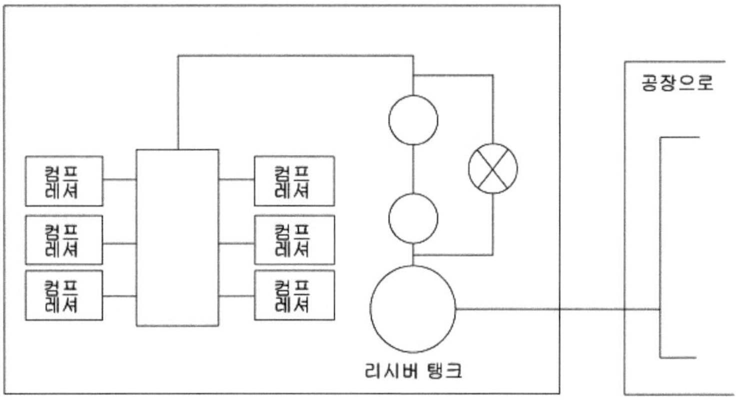

② 분산 설치 방식 - 루프 배관으로 연결

압축기를 공장내의 배관의 몇개소에 접속해 필요량을 공급한다.

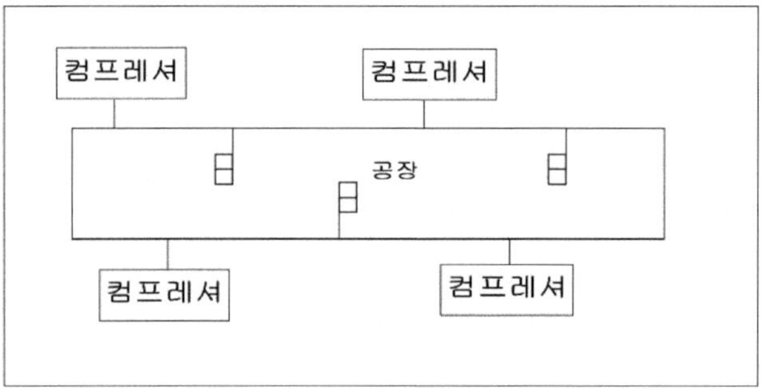

③ 분산 설치 방식 - 각각 단독으로 설치한다.
압축기를 공장 내의 라인마다, 설비마다 설치하여 전용 압축기로서 필요량을 공급한다.

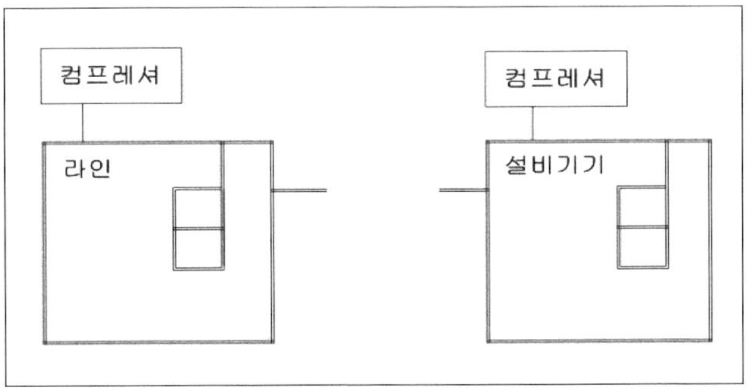

■ 장·단점 비교

항목	집중설치	분산설치(배관연결)	분산설치(단독설치)
일상 점검과 운전관리	한번에 모아 가능	각각의 설치장소로 가서 하기 때문에 넓으면 어려움	
대수 제어	간단히 가능	신호연결이 어려움	의미 없음
공해처리 하수관리	대응용이 집중배관	기기마다 고가가 됨	기기마다 고가가 됨
공해처리 소음, 진동, 환기	대응용이 공간 확보용이	기기마다 고가가 됨	기기마다 고가가 됨
설비비용	한꺼번에 효율적으로 가능. 배선, 하수처리, 환기, 환경대책	기기마다	기기마다
관련기기 보조기기류	한꺼번에 효율적으로 가능.	용량마다 설정 가능하지만 고가가 됨	
보존	한꺼번에 효율적으로 가능.	분산되어 있기 때문에 힘듬.	
공급압력	전 공장에 같은 수준으로 공급하게 됨 요구압력 차가 있는 경우 조정 어려움		기기별로 대응 가능
소비공기량에 대한 대응	변동에 대해 대수 제어로 용이하게 대응		변동에 대해 각 기기마다 대응하기 때문에 여유 없음
배관의 영향 에어누출, 압력손실	배관이 길어지므로 정확한 계획 필요		라인별이므로 관리는 비교적 용이

※ 용이한 관리를 선택할 것인가? 비용 및 에너지의 절감을 선택할 것인가? 의 관점에서 선택하고 평가해야한다.

29 예방보전(Preventive Maintenance)·TPM

▣ 점검 정비 불량에 관한 폐해

예방 보전은 "설비의 예방 의학"이다. 인간의 건강을 유지하기 위한 예방 의학에서는 병에 걸리지 않도록 위생에 주의하거나 이상 징후를 빨리 알아차리는 일상예방과 전문의에 의한 정기적인 건강 진단, 조기 치료가 이루어진다.

이 예방 의학과 예방 보전을 대비하면 아래 그림과 같이 설비의 건강 상태를 유지하고, 병(고장)이 되지 않도록 노화를 막는 일상보전(청소·점검·급유·조이기 등), 노화를 측정하기 위한 정기검사 또는 설비진단, 노화를 조기에 복원하기 위한 정비 등을 하는 것이 예방보전이다.

일상 점검, 스케줄 메인터넌스 표에 의한 계획적인 정비를 하면 기계는 계속 충분한 성능을 발휘할 수 있다.

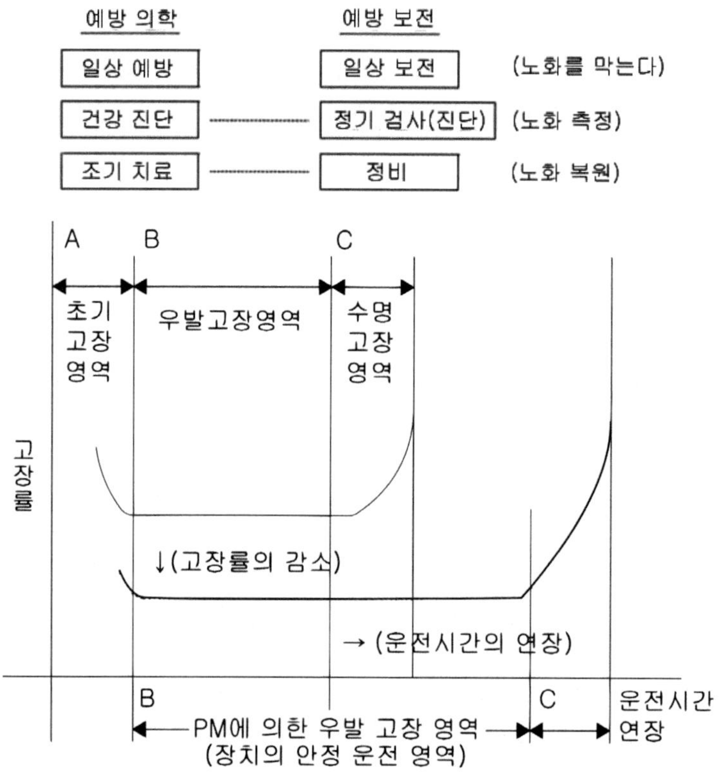

(주) 두꺼운 실선은, 부품의 고장률 또는 장치 고유의 고장률, 파손을 PM으로 고장 자체를 감소시킴과 동시에 안정시간을 연장할 수 있음을 표시

〈표 29.1〉 예방 보전(PM)의 작업 항목과 목적

<table>
<tr><th colspan="2">항 목</th><th>작 업 목 적</th></tr>
<tr><td rowspan="2">1) 점검</td><td>일상 점검</td><td>동작 상태의 확인</td></tr>
<tr><td>정기적 점검</td><td rowspan="2">정밀 점검에 의해 우발 고장의 제거. 정기적 점검은 보통 유한 수명 부품의 교환도 해야 하고 정기적 수리·정기 점검으로서 일괄적으로 동일 시기에 한다.</td></tr>
<tr><td colspan="2">2) 정기적 수리 및 정기 점검</td></tr>
<tr><td colspan="2">3) 예비품의 정비</td><td>예비품 자체의 보관상태에 기인하는 노화의 방지 및 현재 사용품에 만일 이상이 발생했을 때, 예비품이 확실하게 동작할 수 있는지 확인해 두고 MTTR의 단축에 기여시킨다.</td></tr>
<tr><td colspan="2">4) 환경 관리
(경우에 따라서는 개선 필요)</td><td></td></tr>
</table>

○ 보전 관리의 기본 (목적은 설비를 항상 양호한 운전 상태로 유지하는 것)

① 성능을 최대한으로 발휘하고, 전력, 물 등의 에너지 자원의 비용을 절감해 경제적 운전을 꾀한다.

② 안전 확보를 위해 안전장치의 점검을 정기적으로 실시하고 운전 중 안전에 필요한 조치를 확인.

③ 도발적 사고나 고장에 의한 설비 운전의 멈춤을 없애기 위한 보전에 주의한다.

④ 설비 수명을 길게 유지하기 위한 주의를 게을리 하지 않도록 한다.

⑤ 적절한 보안 계획을 세워 정기 점검, 보안 작업을 효율적으로 실시하고 보안 비용의 절감을 꾀한다.

⑥ 일상의 운전에서는 점검 개소를 정해 정상과 이상의 판정 기준을 정해 유지된 운전을 기록한다.

※ 관련 용어 : 생산보전(PM : Productive Maintenance)··· 설비 생산량을 높이는 평가 관리

* 공기압축기 가동에서 필수적으로 발생되는 드레인(수분)은 자동배출기를 사용하여 수시로 배출시켜야 하며, 이의 작동여부도 상시 관리해야 한다.

30 에어 컴프레셔 사용에 대한 법규(국내관계법 확인)

컴프레셔와 관계있는 법령에는 기술 용어나 명칭이 많이 사용되고 있어 일반인이 이해하기 어려운 부분이 있다. 그러나, 컴프레셔 취급상의 상식으로서 그 주요 내용을 이해해 둘 필요는 있다.

최근에는 공해 문제의 대책도 병행해 신고 서류가 의무화되고 있는 경우도 많아졌다. 상세한 것은 설치 지역의 관할청의 조례도 확인할 필요가 있다. 아래 예는 법규의 주요 내용이다.

○ 압력용기 안전규칙

공기 탱크 같은 경우는 최고 사용압력이 2bar 이상이면 안전 인증을 받아야함. 단 지름이 150mm이하이면 안전인증을 받지 않아도 사용이 가능함.

○ 소음규제법 및 진동규제법

정격 출력이 7.5kW이상인 것에 적용된다. 서류 제출 필요. 각 관할청의 공해 담당과에서 확인.

○ 고압가스단속법

10kgf/㎠ 이상에서 30㎥/일 이상의 가스 발생 장치가 대상이 된다. 1987년 7월부터 50kgf/㎠ 이하의 에어 컴프레셔 설치는 적용 제외가 되었다. 단, 충전 작업, 배관, 추가 설치 탱크, 증압, 액압 작업장 등 경우에 따라서는 대상이 된다.

○ 수질오염방지법

드레인 배수는 광유(鑛油)류 함유 유량이 5mg/L 또는 5g/ton 이하여야 한다.

○ 대기오염방지법

배기 가스 기준은 연료 사용량이 규제치 이하에서는 대상이 아니다. 지방 조례에 의해 규제가 다르므로 각 시도구청에 문의가 필요하다.

○ 소방법(엔진 컴프레셔)

소량위험물의 저장 취급에 해당한다.(서류제출 필)

31 노즐로 환산한 에어 누출 양과 금액

■ 공장 내 에어 누출 제거

공기를 노즐에서 방출하는 기기는 그 입구 지름을 알면 공기 소비량을 계산할 수 있다. 탱크 및 배관의 압력은 토출 중 변화하지 않는 것으로 하고, 온도는 상온으로 한다.

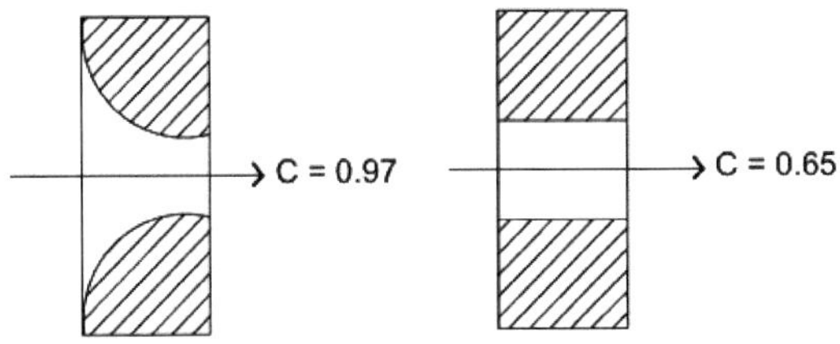

〈예〉 오리피스모양과 유량계수치

[그림 31.1]은 온도 20℃, 1기압 오리피스 계수 c=1의 경우이다. 실제의 에어 누출 등의 경우에서 누출의 장소가 부식 구멍(pin hole)의 경우, 해당하는 오리피스 계수는 c=0.5~0.7로 추정된다. 또한, 공기량의 환산에서 1000 L=1㎥이다.

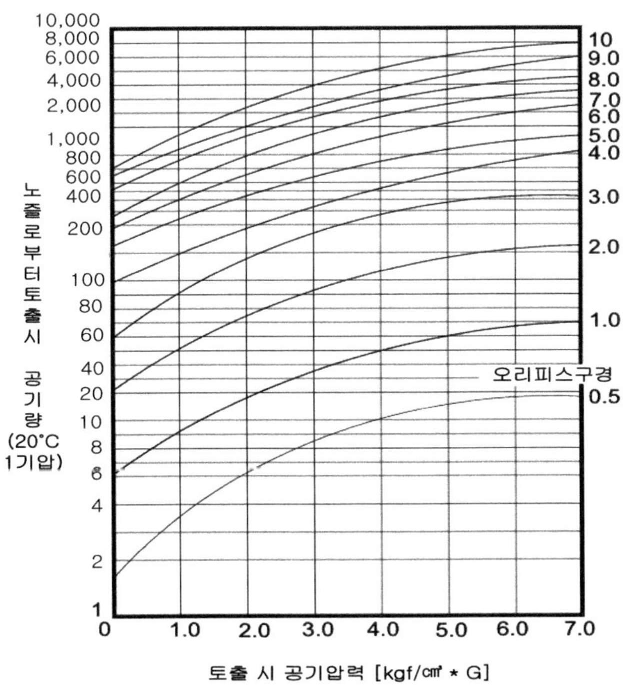

| 그림 31.1 | 소구경 오리피스에서 압축공기 토출시 누출량

〈표 31.1〉 공기압축기의 단열효과

용 량		단열효과
소형	1.5㎥/min이하	0.30~0.60
중형	1.5~15㎥/min	0.70~0.85
대형	15㎥/min이상	0.70~0.90

공기를 압축하는데 필요한 이론 소요 동력에 대한 전력 요금을 공기 1kg 당 계산하면 그림 31-2와 같이 된다. 또한, 체적 1㎥당의 계산은 비중량을 γ=1.293kg/㎥로 계산한 값이다.

또, 실제의 동력은 이론 소요 동력을 단열 효과로 나눈 것이 되기 때문에 공기의 단가도 외관상의 단가를 단열 효과로 나눈 값이 된다. 본 그림은 단열 효과를 η=0.71로 했다.

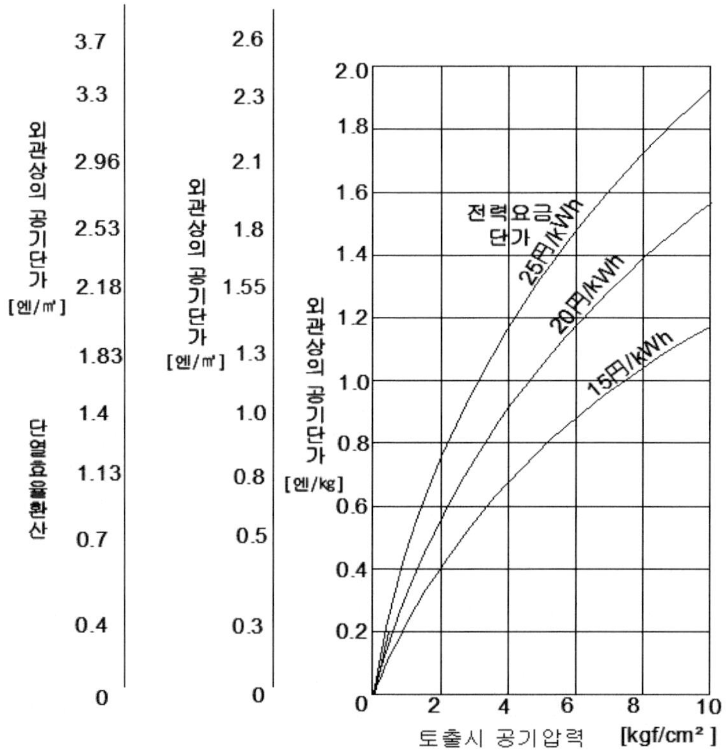

▌그림 31.2▐ 공기압축기의 단가

32 AIR LOSS의 중요성

○ 노즐에서의 공기 분사량 구하는 방법 및 AIR FLOW표

계산식 $V = \dfrac{237.6}{\gamma} \times \dfrac{A \times C \times P}{\sqrt{T_1}} \times 10^{-3}$

V : 공기분사량 ㎥/min

γ : 공기의 비중량 1.2kg/㎥

A : 노즐 단면적

C : 유량 계수 100% = 1

P : 절대압력(P+1.033)kgf/㎠

T : 절대 온도(t+273)

예) 노즐 내경=3ψ, 게이지 압력=7kgf/㎠

온도 t=20℃

$$V = \frac{237.6}{1.2} \times \frac{\frac{3.14}{4} \times 3^2 \times 1 \times (7+1.033)}{\sqrt{20+273}} \times 10^{-3}$$

$= 0.6559$㎥/min

게이지 압력 / 노즐 내경	1 kgf/㎠	2 kgf/㎠	3 kgf/㎠	4 kgf/㎠	5 kgf/㎠	6 kgf/㎠	7 kgf/㎠	8 kgf/㎠	9 kgf/㎠	10 kgf/㎠
0.2mm	0.0007	0.0011	0.0015	0.0019	0.0022	0.0026	0.0029	0.0033	0.0036	0.004
0.6mm	0.0064	0.010	0.0132	0.0164	0.0197	0.023	0.0262	0.0295	0.0328	0.036
1.0mm	0.0184	0.0275	0.0366	0.0457	0.0549	0.0638	0.0729	0.0819	0.0910	0.1001
1.5mm	0.0415	0.0619	0.0823	0.1027	0.1231	0.1436	0.1640	0.1844	0.2048	0.2252
2.0mm	0.0738	0.1101	0.1463	0.1826	0.2190	0.2552	0.2914	0.3278	0.3641	0.4004
3.0mm	0.1660	0.2476	0.3293	0.4109	0.4926	0.5742	0.6559	0.7375	0.8191	0.9008
3.4mm	0.2132	0.3181	0.4229	0.5278	0.6327	0.7375	0.8424	0.9473	1.0521	1.1570
4.0mm	0.2951	0.4402	0.5854	0.7305	0.8757	1.0208	1.1660	1.3111	1.4562	1.6014
5.0mm	0.4611	0.6879	0.9146	1.1414	1.3682	1.5950	1.8218	2.0486	2.2754	2.5022
6.0mm	0.6639	0.9905	1.3171	1.6437	1.9702	2.0968	2.6234	2.9500	3.2765	3.6031
7.0mm	0.9037	1.3482	1.7927	2.2332	2.6817	3.1262	3.5707	4.0152	4.4597	4.9042
8.0mm	1.1803	1.7609	2.3415	2.9220	3.5026	4.0832	4.6638	5.2444	5.8250	6.4055
9.0mm	1.4938	2.2286	2.9634	3.6982	4.4330	5.1678	5.9026	6.6374	7.3722	8.1070
10.0mm	1.8443	2.7514	3.6586	4.5657	5.4729	6.3800	7.2872	8.1943	9.1015	10.0087
12.0mm	2.6557	3.9620	5.2683	6.5746	7.8809	9.1872	10.4935	11.798	13.1062	14.4125
18.0mm	5.9754	8.9145	11.8537	14.7321	17.7321	20.6713	23.6105	26.5497	29.4888	32.428

33 압력비란 무엇인가? (토출압력과 흡입 압력의 비는...)

압력비(pressure ratio)라고 하는 것은 토출압력(절대압력)과, 흡입압력(절대압력)과의 비를 말한다. 즉,

$$\gamma = \frac{Pd}{Ps}$$

여기에서,

γ : 압력비 (-)
pd : 토출압력 (kgf/㎠ abs) 게이지(gauge)압력+1.033
ps : 흡입압력 (kgf/㎠ abs) 1.033(대기압)

일반적으로는 압축기의 토출압력과 흡입압력과의 비를 말하지만, 장소에 따라서는 압축기의 어느 단수만큼의 압축기의 토출압력과 흡입압력과의 비를 말하는 것처럼 특정한 장소를 취하는 경우도 있다.

압력은 모든 압력(전압)을 취하는 경우와, 정압을 취하는 경우가 있지만, 동력을 계산하기도하고, 압축기를 설계하는 경우에는 전압을 취하고, 기체 상태를 계산하는 경우에는 정압을 취한다.

압력비는 압축기의 압력을 올리는 능력(승압능력)을 나타내는 것이지만, 이 값의 대소가 반드시 승압능력의 대소라고는 단정할 수 없는 것이므로 주의하지 않으면 안된다.
예를 들면, 1kgf/㎠ abs로부터 2kgf/㎠ abs까지 승압 할 경우의 압력비 r 은

$$r = Pd / Ps = 2 / 1 = 2$$

이고, 이 경우의 승압은 Pd−Ps = 2−1 = 1kgf/㎠ abs이다.

같은 압력비 r=2이더라도, r=20/10=2일 경우의 승압은 20−10=10kgf/㎠ abs이고, 앞에 표기한 예의 승압의 10배나 되게 된다.
자동차 등의 내연기관의 경우에 압축비라고 하는 용어가 있기 때문에 잘못하여 압축비라고 부르는 일이 있지만, 여기서는 압력비이고 압축비는 아니다.
단, 토출 용적과 흡입 용적과의 비를 취할 경우에는 압축비라고 말하는 일도 있다.

34 흡입온도에 따른 공기압축기의 압축공기 생산량 변화

흡입온도			압축공기	흡입온도			압축공기
°F	℃	abs	생산량(단위:㎥/min)	°F	℃	abs	생산량(단위:㎥/min)
-20	-28.9	440	1.180	70	21.1	530	0.980
-10	-23.3	450	1.155	80	26.6	540	0.961
0	-17.8	460	1.130	90	32.2	550	0.944
10	-12.2	470	1.104	100	37.8	550	0.928
20	-6.7	480	1.083	110	43.4	560	0.912
30	-1.1	490	1.061	120	48.9	570	0.896
32	0	492	1.508	130	54.4	580	0.880
40	4.4	500	1.040	140	60	600	0.866
50	10	510	1.020	150	65.5	610	0.852
60	15.2	520	1.000	160	71	620	0.838

(60°F)

※주 : 흡입공기의 온도가 5°F 상승할 때마다 생산량은 1%씩 감소한다.

$$N = \left(1 - \frac{273 + t_2}{273 + t_1}\right) \times 100\%$$

t_1 : 냉각전 온도　　　t_2 : 냉각후 온도

35 흡입공기의 상대습도와 소비전력의 관계

일반적으로 제습 압축 공기가 필요할 경우에 압축 공기가 컴프레셔를 나온 후 냉동식 드라이어 등으로 제습하나, 압축하기 전에 제습하면 여분의 수분을 압축하는데 필요로 하는 동력이 절감된다. ([그림35.1] 참조)

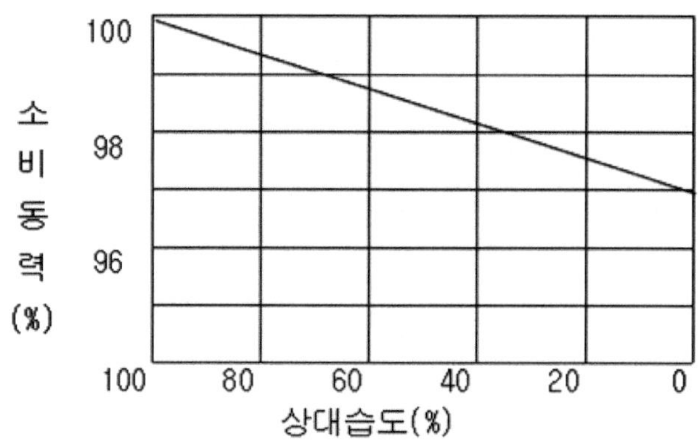

┃그림 35.1┃ 공기속의 상대습도와 소비동력의 관계(흡입온도30℃)

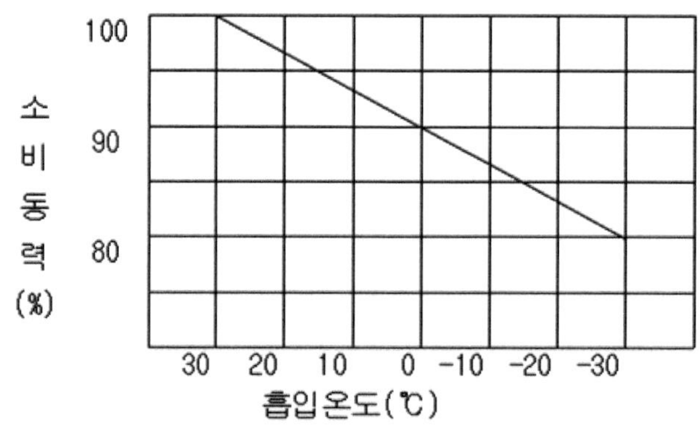

┃그림 35.2┃ 흡입온도와 소비전력의 관계

○ 흡기저항과 소비동력과의 관계

컴프레셔의 흡기저항이 크면 당연히 소비전력도 증대한다. 흡기저항은 흡입측의 필터, 사이렌서(silencer), 배관의 밸브류 등에 의하여 증가한다. 이들의 압력 손실에 의해 컴프레셔의 흡입압력이 저하하고 동력이 증가한다.([그림35.3] 참조)

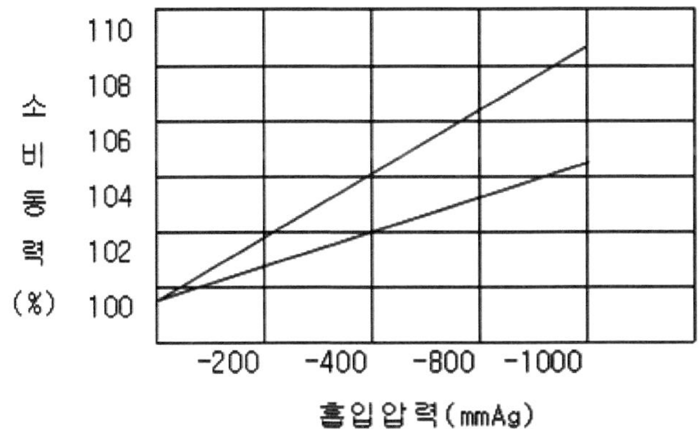

▎그림 35.3▎ 흡입압력과 소비동력의 관계

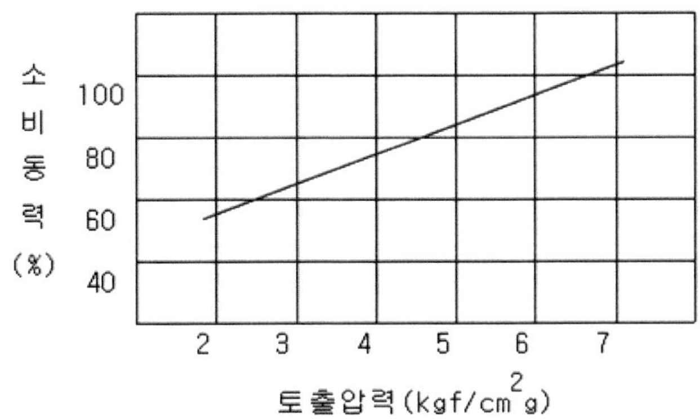

▎그림 35.4▎ 토출압력과 소비동력의 관계

36 포화 수증기량 표

Dew Point (℃)	g/㎥	Dew Point (℃)	g/㎥	Dew Point (℃)	g/㎥	Dew Point (℃)	g/㎥
100	588.208	58	118.199	16	13.531	-25	0.550
99	569.071	57	113.130	15	12.739	-26	0.510
98	550.375	56	108.200	14	11.987	-27	0.460
97	532.125	55	103.453	13	11.276	-28	0.410
96	514.401	54	98.883	12	10.600	-29	0.370
95	497.209	53	94.483	11	9.961	-30	0.330
94	480.394	52	90.247	10	9.356	-31	0.301
93	464.119	51	86.173	9	8.784	-32	0.271
92	448.308	50	82.257	8	8.243	-33	0.244
91	432.885	49	78.491	7	7.732	-34	0.220
90	417.935	48	74.871	6	7.246	-35	0.198
89	403.380	47	71.395	5	6.790	-36	0.178
88	389.225	46	68.056	4	6.359	-37	0.160
87	375.471	45	64.848	3	5.953	-38	0.144
86	362.124	44	61.772	2	5.570	-39	0.130
85	340.186	43	58.820	1	5.209	-40	0.117
84	336.660	42	55.989	0	4.868	-41	0.104
83	324.469	41	53.274			-42	0.093
82	311.616	40	50.672	-1	4.487	-43	0.083
81	301.186	39	48.181	-2	4.135	-44	0.075
80	290.017	38	45.593	-3	3.889	-45	0.067
79	279.278	37	43.508	-4	3.513	-46	0.060
78	268.806	36	41.322	-5	3.238	-47	0.054
77	258.827	35	39.286	-6	2.984	-48	0.048
76	248.840	34	37.229	-7	2.751	-49	0.043
75	239.351	33	35.317	-8	2.537	-50	0.038
74	230.142	32	33.490	-9	2.339	-51	0.034
73	221.212	31	31.744	-10	2.156	-52	0.030
72	212.648	30	30.078	-11	1.960	-53	0.027
71	204.286	29	28.488	-12	1.800	-54	0.024
70	196.213	28	26.970	-13	1.650	-55	0.021
69	188.429	27	25.524	-14	1.510	-56	0.019
68	180.855	26	24.143	-15	1.380	-57	0.017
67	173.575	25	22.830	-16	1.270	-58	0.015
66	166.507	24	21.578	-17	1.150	-59	0.013
65	159.654	23	20.386	-18	1.050	-60	0.011
64	153.103	22	19.252	-19	0.960	-65	0.0064
63	146.771	21	18.191	-20	0.880	-70	0.0033
62	140.659	20	17.148	-21	0.800	-75	0.0013
61	134.684	19	16.172	-22	0.730	-80	0.0006
60	129.020	18	15.246	-23	0.660	-85	0.0003
59	123.495	17	14.367	-24	0.600	-90	0.0001

37 DRAIN TRAP의 종류 및 문제점 & 관리 POINT

종류	문제점	관리 POINT
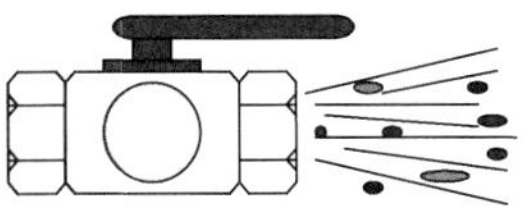 (MANUAL VALVE)	1) 응축수가 AIR LINE으로 포집되어 넘어간다. 2) 시간을 정하여 배출시키므로 정확한 양의 배출이 어렵다. 3) 주기적이고 계속적인 관리가 필요하다. 4) AIR LOSS가 많다.	1) 수시로 점검하여 일정량의 응축수가 모이면 곧바로 배출. 2) 압축기 정지시 잔여 응축수 모두배출.
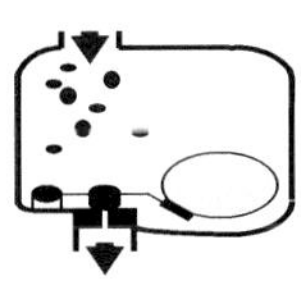 (FLOAT TYPE)	1) 자주 막힘(노즐구경 0.7∅) 2) 배출노즐에 이물질이 끼면 계속적인 AIR LOSS발생. 3) 급유식 압축기 일 때 OIL의 점성이 FLOAT의 부양력을 떨어뜨림. 4) 잦은 교체비용 발생.	1) 자주분해 청소하여 이물질 제거(주1회 이상) 2) 이물질 유입을 사전에 방지.
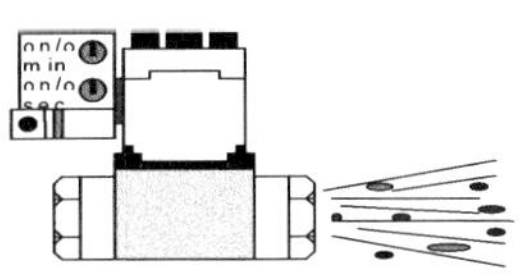 (TIME CONTROL SOLENOID)	1) 습도, 온도별 응축수량 배출이 어렵다. 2) 압축기 압력을 솔레노이드 밸브가 직접 받으므로 잦은 고장 발생. 3) 배출시 소음이 심하다. 4) AIR LOSS가 많다.	1) 온도 및 습도에 따라 TIME SETTING 2) 이물질 유입방지 3) 소음기 설치.
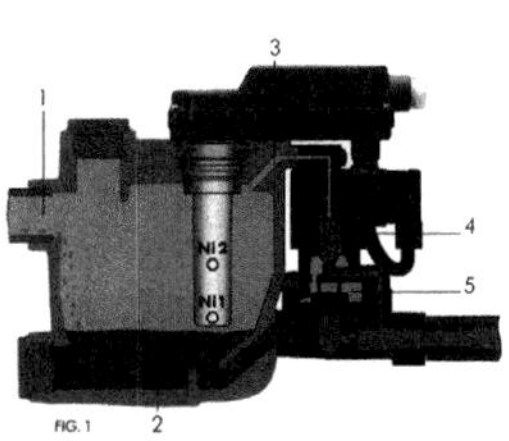 (LEVEL SENSOR TYPE)		1) CONTROL ROOM에서 응축수 배출을 중앙집중식 으로 관리 2) 다이아프램 관리 (최소 8000,000회) ********** 장점 ********** 1) 압축공기 손실이 없음. 2) 타 트랩에 비해 배출구가 커서 막힘 현상이 거의 없음 3) 레벨센서를 이용한 전자식이라 고장이 적고 이상시 자기진단 기능이 있어 안정 적임

38 기종 선정시의 주의사항

– 견적· 구매시의 주의사항, 압축기의 사양으로 중요한 것은 공기량과 압력

(1) 스크류 컴프레셔 본체 ————— 표준기종 중에서의 선정이 경제적

1) 용 도 : 업종, 사용목적, 가동장소, 사용기계
– 압축공기의 주사용 용도를 파악한다.

2) 흡입조건 : 대기압력, 설치 위치가 높은 곳의 경우는 온도, 기압 변화, 습도를 확인, 유해가스
– 먼지가 적고 신선한 공기를 흡입하는 것이 좋으며 유해가스의 유입을 주의해야 한다.

3) 토출압력 : 표준압력(kgf/㎠, ㎫), 옵션압력(5.5~9.0kgf/㎠, 0.54~0.88㎫)
– 압력의 손실을 최소화하여야 한다. 부속기기 (0,2 ~ 0,3 kgf/㎠)와 배관은 구경과 길이에 의한다.

4) 공기의 질 : ① 무급유식 압축공기 (OIL FREE AIR COMPRESSOR)
② 급유식 압축공기 (OIL INJECTION AIR COMPRESSOR)
※ 공기청정도 및 수분제거 정도는 부속 장치에 의함.
– 오일이 없어야 하는 것과 함유가 되어도 괜찮은 공정을 파악하여야 하고 제습 및 파티클의 청정도를 고려한다.

5) 공 기 량 : ㎥/min(흡입상태환산공기량),
N㎥/min(기준상태/표준상태, 온도, 습도, 대기압 지시필요)
– 가능한 한 모든 부하에 이르렀을 때 운전하도록 선택 하고, 변동 부하에 있어서는 최대수요전력(peak lode)일 때의 용량을 결정해야 한다. 모든 단열효율은 100% 풍량일 때가 최적.(N2 가스발생 장치 같은 충진 용도 등의 경우는 별도 상세한 토의가 필요.)

6) 상용압력 : 사용기기의 사용압력
– 5.5 ~ 7(8,5) kgf/㎠의 범위는 PC밸브에서 조절 가능.
5.5~7kgf/㎠ 이하는 감압밸브를 사용. 7(8,5) ~ 9kgf/㎠는 전용에어 앤드, 기종에 따라서는 14kgf/㎠(1.37MPa) 사용.

7) 기　　종 : SINGLE / TWIN SCREW 식, SCROLL 식, TURBO 식, PISTON 식.
- 기종의 고유 효율을 기준으로 압축공기의 사용 형태에 따라 스크류,터보 등을 결정하며, 언로더형, 인버터제어 등을 결정 한다.

8) 사용대수 : 사용대수, 예비기기 대수, 분할운전기기 대수
- 공기 사용 형태에 따라 사용 대수를 조정한다.

9) 냉각방식 : 공냉 : A , 수냉: W
- 50HP 이하는 공랭식, 75 HP 이상은 수냉식이 좋다.

10) 전　　원 : 표준(220V,380V,440V,3300V,6600V) 및 기타(외국 전압)

11) 주 파 수 : 60Hz , 50Hz (INVERTER 컨트롤에 경우는 자체 조절가능)

12) 동　　력 : kW & HP, 메이커 표준, 유도 전동기, IPM 모터 기타
- 메이커 표준 품을 추천 권장한다. 단, 전폐외선 보너 요구시에는 옵션의 경우에 따라 선정한다.

13) 환　　경 : 옥내, 옥외, 설치장소
- 온도, 습도, 분진오염, 염해 요주의, 용제부유, 가스, 소음 레벨

14) 대수제어 : AUCS 자동발정(1대). P식 자동발정, 자동교체운전, 멀티콘.
- 멀티컨트롤러 SYSTEM으로 여러대의 COMP'를 사용 할 경우 대수 제어의 효율이 좋다.

15) 기　　타 : 순간 정지대책, 한냉지, 방진필터, 더블오일필터, 지정색, (간이) 옥외사양, 윤활수 자동교환, 캘린더 타이머, 지연 타이머, 기동방법, 수출포장 등

(2) 부속 청정 장치류 외 ------------------- 수요자요구에 의하여 선정

1) 애프터 쿨러 : 공냉, 수냉 (AIR-COMPRESSOR별 설치 필요 검토)
- 공기중의 토출 온도가 높을 경우에 필요. 토출 온도는 흡입공기온도 + 10℃

2) 에어드라이어 : 일체형, 별도거치형 (냉동식, 흡착식)
※ 목표 DEW POINT에 의함
- 공기 중에 수분이 있어서는 안될 경우에 필요.
토출온도는 흡입공기온도.(냉동식 + 흡착식)

3) 배 수 장 치 : 수분 발생량에 의거한다.(자동배출 및 방식결정)

- 공기중의 수분을 배출하는 것으로 여러 종류가 있음

4) 리시버탱크 : 공기 사용량에 의한다.(안정유량 저장)

- 부하의 경감, 에너지절약, 일시 대용량의 공기에 유효 하다.

5) 라 인 필 터 : 공기 품질에 의한다.(5㎛, 1㎛)

6) 마이크로미립자필터 : 공기 품질에 의함(0.01㎛ 오일에어졸 제거).

7) 냉 각 탑 : 수냉의 경우

- 수냉식 냉각수의 냉각에 사용.
  물의 양에 맞는 것을 선택한다.

8) 라 인 펌 프 : 수냉 및 수압이 필요한 경우

- 냉각탑 용, 냉각수의 순환, 양정, 토출량을 자주 조사한다.

9) 이 온 크 린 : 수처리장치

- 이온 활성수식, 녹, 스케일 발생방지장치

10) 기 타 : 송풍덕트(배관), 기초공사(후레임), 흡입소음기

- 송풍 덕트의 V형에는 시리즈 화. 흡입 소음기는 소음이 심한 경우에 효과적.

(3) 설치 방법(참고) ───────── 유지/보수/정비, TPM등을 고려

1) 배 치 공 간 : 기본적 배치(유지/보수 및 정비 공간)

2) 컴프레셔 룸 : 배치(본체 및 부속품), 환기, 배관방향

3) 환 기 방 법 : 부분환기, 전체환기, 흡입위치, 송풍위치

4) 냉 각 방 법 : 냉각탑, 라인 펌프

(4) 설치조건 및 공사 ─────── 공사의 경우는 업자와의 협의도 필요

1) 배치와 설계 : 참고도 작성, 단 사전에 자주 토의한다. 보수유지 공간 확보

2) 전 원 용 량 : KVA(V) 확인하여 두지 않으면 가동할 수 없는 경우도 있다.

3) 냉 각 수 : 냉각탑, 저수조(순환/방수), 수압 1kgf/㎠는 양정10m에 해당된다.

4) 냉각수 온도 : 사양 확인, 최고온도

5) 냉각수 종류 : 수도, 지하수, 공업용수, 하천수(수압 kgf/㎠)

6) 설 치 장 소 : 공장 내, 별동, 환기구의 유무 컴프레셔실은 통풍조건이 원활해야 한다.

7) 설 치 공 사 : 본체 및 부속품 : 공사의 유무

8) 배 관 공 사 : 공기 및 냉각수 : 공사의 유무, 적정 규격 배관, 조정 밸브의 선택 설치

9) 배 선 공 사 : 전기배선, 공사의 유무, 오버 로드 여유와 증설고려.

10) 하 강 장 치 : 현지 설비의 유무, 크레인이나 포크리프트를 사용.

(5) 납품처 ―――――――――――――――――― 최종 사용자의 확인

1) 사 용 자 명 : 납품처, 주소(공급 장소), 담당자, 연락처, 증설계획 여부 확인

2) 기 타 : 대리점명, 판매점, 사업자 구분, 서비스공장

압축기 선정 조건으로 요구되어지는 사용압력, 토출 공기량, 공기의 질 등의 압축기 사양, 압축기 형식, 소음, 진동 등의 환경문제가 적은 압축기를 선택하는 것이 중요합니다. 특히 현재의 필요성뿐만 아니라 장래의 계획에 대하여도 검토하고, 설비비, 운전경비, 유지비 및 표준기종인 점등을 종합적으로 고려하는 것이 중요하다.

39 전력선 배선시 주의할사항(급유식 & 무급유식 SCREW type)

○ 10마력 ~ 200마력급, HAiO / HAuO series

- 전원선은 스타트박스 안쪽을 통과하고, 배면의 구멍보다 단자대에 접속하여 주십시오.
- 기동시는 필히 팬흡입 AIR END의 회전방향을 확인하여 주십시오. 만약, 회전방향이 역방향일 경우는 전원의 상을 바꿔주십시오.

○ 전기종 공통

- 누전·절연열화, 과전류·과전류·결상운전·보호 장치 불량은 모터와 배선·전기회로에서 발화의 원인이 됩니다. 전기배선은 안전기술에 준하여 시공하여 주십시오.
- 주전원 라인에는 기종에 맞추어 노휴즈 브레카(NFB)를 설치하여 주십시오.
- 어스선은 필히 단자대 근처의 어스에 접속하여 주십시오.
- 보호 장치를 떼어내거나 전기회로상의 보호기능을 제거하는 등의 개조는 절대로 하지 마십시오. 그러한 개조를 할 경우는 보증의 대상에서 제외됩니다.
- 설치 부대공사기기의 선정은 아래의 표를 참고하여 주십시오.

○ 설치 부대 공사기기 선정 예

모터 출력	브레카 노휴즈 브레카 220/220V	 400/400V	트랜스 전원 트랜스 용량	2차 배선 케이블 22KW이상 10m이내 37KW이상 20m이내 200/220V	 400/440V	어스 케이블 지름 단자나사 지름
7.5KW	60A	30A	10KVA	8㎟M5	3.5㎟M4	5.5㎟M4
11KW	75A	50A	15KVA	14㎟M5	5.5㎟M4	14㎟M5
15KW	100A	60A	20KVA	22㎟M8	14㎟M5	14㎟M5
22KW	175A	100A	30KVA	38㎟M10	22㎟M8	22㎟M8
37KW	NF225-SEP, HEP	150A	50KVA	100㎟ M10	38㎟M8	22㎟M8
55KW	400A	225A	75KVA	150㎟ M12	60㎟M10	38㎟M8
75KW	NF400-SEP, HEP	NF225-SEP, HEP	150KVA	200㎟ M12	60㎟M10	38㎟M8
90KW	600A	350A	150KVA	200㎟ M12	150㎟M12	38㎟M8
100KW	600A	400A	150KVA	325㎟ M12	150㎟M12	38㎟M8
120KW	700A	400A	200KVA	325㎟ M12	200㎟M12	60㎟M10
150KW	800A	NF400-SEP, HEP	300KVA	325㎟ M12	250㎟M12	60㎟M10

40 SINGLE SCREW 공기압축기의 기종

OIL & OIL FREE Series(시리즈 기종일람)

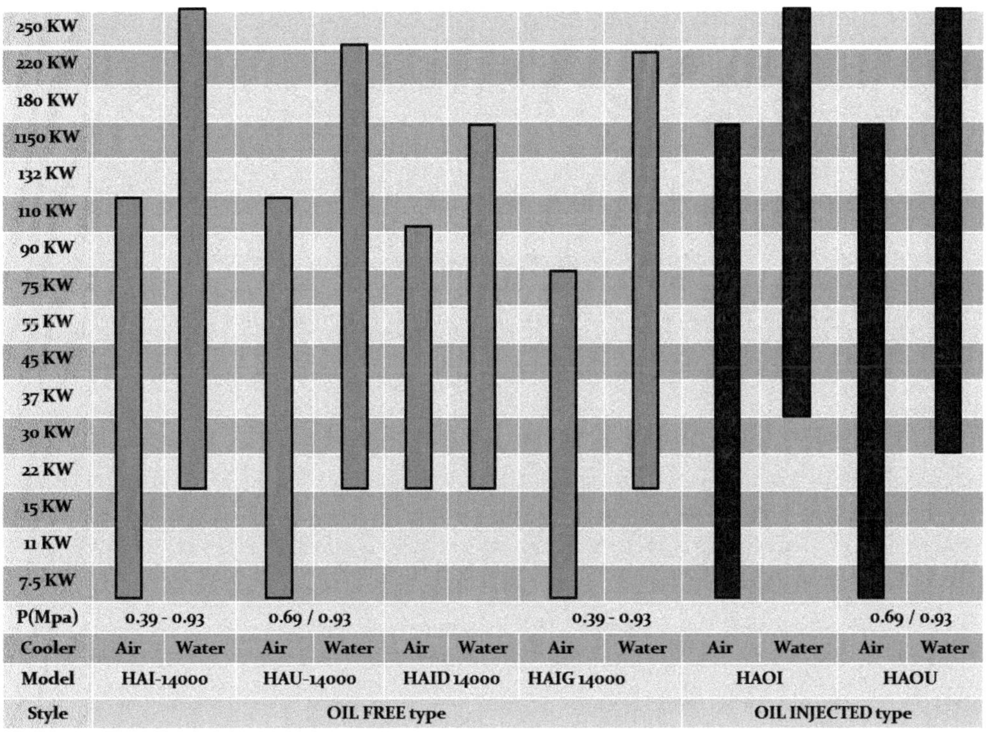

HAI 14000 series : 오일프리 인버터 타입

HAU 14000 series : 오일프리 언로더 타입

HAID 14000 series : 오일프리 듀얼 컨트롤 타입

HAIG 14000 series : 오일프리 가스(GAS) 컴프레서

HAOI series : 급유식 인버터 타입

HAOU series : 급유식 언로너 나입

PART II

제조현장에서의 에너지 절약

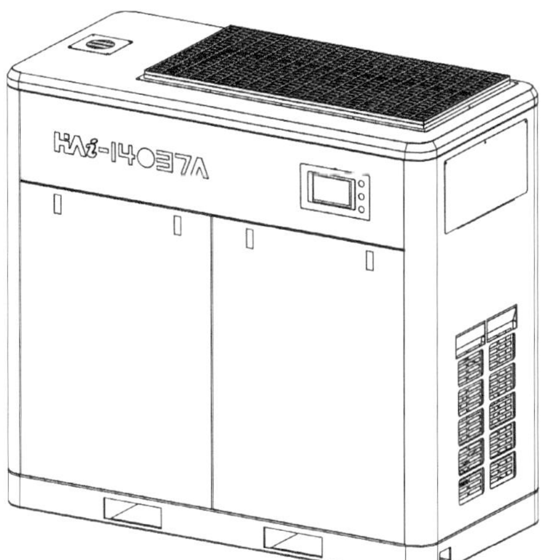

41 제조현장에서의 Air Compressor전력소비량

▣ 압축공기 이용의 역사와 현재의 상황

먼 옛날부터 공기압 이용은 바람총으로 짐승을 잡거나, 풀무(Blower)로 불을 일으키는 것에 사용되었다. 산업분야에서는 19세기에 기관차의 에어브레이크(Air Break)와 채광용 에어드릴(Air Drill)의 사용이 시작되었다. 미국과 유럽에서는 광산 기계 회사로부터 압축기 제조업이 나타났다.

현재의 산업분야 에서는 생산설비 중에서도 가장 저렴하고 대중적인 동력원으로서, 에어실린더(Air Cylinder), 액츄레이터(Acturator)에 사용되고, 또한 가공물(work)에 직접 닿게 하여 물기를 빼내거나 금속 부스러기 제거에 사용하는 에어블로우(Air Blow)의 용도나, 냉각용 공기(Cooling Air), 공기 씰(Air Seal), 각종 도장 작업, 공기반송(Air Transport), 원료의 이송, 자동제어 시스템 등으로 자동화를 담당하는 중요한 역할을 하고 있다. 국내 산업용 전력 사용이 56%인데 그 편리함을 이유로 이렇게 널리 사용되는 공기 압축기가 산업용 소비전력의 약 25%를 소비하는 것으로 추정되고 있다. 이러한 산업현장의 공기압축기는 국내 총 전력소비의 약 10%를 차지하게 되는 것이다. 일본의 경우 총 산업용 전력 50%중 공기압축기의 전력 소비가 20-25%로 사용되어지고 있고, 이는 일본 총 전력 소비의 5%라고 발표하고 있다.

(그림41.1) 산업현장의 경쟁력 강화는 물론 자원 고갈과 지구 온난화를 생각 하면, 공기압축기와 그 시스템의 에너지절감이 얼마나 중요한지 이해할 수 있다.

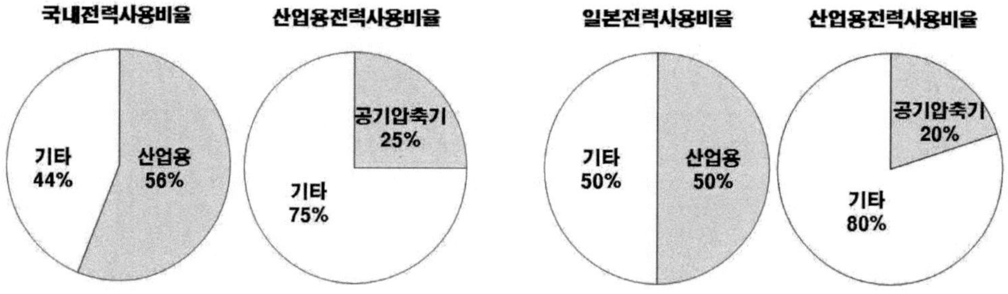

▌그림 41.1▐ 공기압축기의 전력사용비율

Air Compressor는 이와 같이 소비전력을 차지하는 비율이 매우 크므로 에너지(Energy)절감이 중요한 테마이다. 특히 자동차 관련 기업으로부터 시작하여 10여년 전부터 전 산업에서 적극적으로 다뤄지고 있으며, 이에 따른 각 분야 공기압축기 사용자의 에너지절감 성과는 많이 발표 되고 있다. 하지만 본 연구소에서는 공기압축기 분야의 에너지 절감 진단을 의뢰 받아 최근 많은 공장을 방문했지만, 아직 그 기술은 충분히 보급되지 않은 것이 현실이다. 본 연구소는 공기 압축기의 설계나 개발을 전문적으로 하며, 공기압축기의 에너지 절감에 대해 수많은 강연, 지도, 제안을 해왔다. 또한 압축기 제조회사를 30년 운영하고 제조, 엔지니어링 등을 통해 습득한 기술, Data, 절감효과 등을 이 책을 통해 소개하고자 한다.

42 에어 컴프레셔의 종류와 특징

▣ 급유식 압축기와 무급유식 압축기

(그림42.1)은 일반적인 공기 압축기의 출력(kW)대비 일본 시장점유율이다.

크게 무급유식(Oil Free)과 급유식(Oil Injection) 방식으로 구별하였다. 중소형으로 급유식이 많고, 중대형으로는 무급유식이 많은 것을 알 수 있다. 이유는 압축공기의 품질이 매우 중요하기 때문이며 점차 소형으로 확산되고 있다.

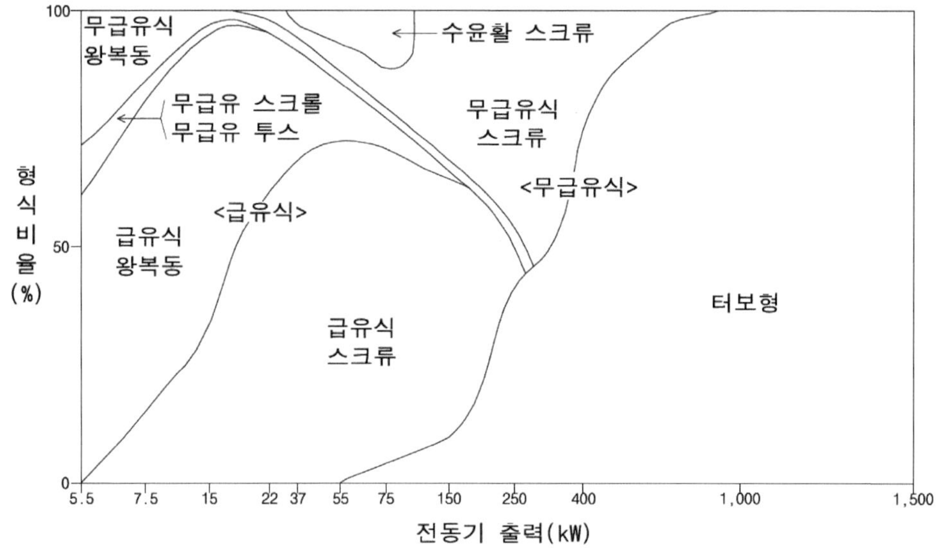

┃그림 42.1┃ 압축기의 시장점유율

급유식(Oil Injection Compressor) 압축기

급유식(Oil Injection Type) 공기 압축기는 압축 행정 중에 발생하는 에너지를 오일이 냉각, 윤활, 밀봉, 방청 역할을 수행한다. 에어엔드에서 압축한 압축공기가 로터 틈을 통해 흡입구 쪽으로 공기가 역류하는 것을 윤활작용을 하는 오일로 막아 압축기의 효율을 향상 시키는 것이다. 또한 토출된 고온(高溫)공기가 다시 압축이 되는 현상을 줄여 토출(吐出)온도가 무급유식보다 낮아서 스크류식에서는 용이하게 1단 압축으로도 성능(압력, 유량)을 내게 된다.

■ 급유식 압축기의 장점

① 공기 압축기의 흐름 부분에 오일로 녹이 발생되는 것을 방지해주고,

② 녹에 의해 발생되는 문제 대책이 불필요한 만큼 저렴하게 제조가 가능.

③ 사실상 상품으로서 초기 투자금액이 저렴한 것이 최대의 장점이며,

④ 무급유식에 비해 토출 공기량이 많다.

급유식이 중소형 제품이 시장점유율을 압도적으로 차지하고 있는 이유가 바로 초기 구입비 때문이다.

■ 급유식 압축기의 단점

① 오일 필터(Oil Filter)가 필요하다.

압축공기 속에 오일(Oil)이 포함되어 이 오일의 제거 및 회수를 위한 필터(Filter)가 필요하다. 정기적으로 교환이 필요하고 고정적으로 비용이 발생한다.

② 드레인(Drain) 처리가 필요하다.

압축공기중의 수분이 응축되어 물로 형성되는 현상을 드레인(Drain) 이라고 부른다. 이 드레인 속에 오일이 포함되어 나오기 때문에 그대로 버리는 것이 불가능하기 때문에 반드시 처리해야 한다.

③ 화재의 위험이 있음

배관의 내부에 쌓인 오일이 탄화 할 때, 어떠한 조건으로 변화 하면 자연 발화 하는 경우가 있나. 왕복동식 압축기의 경우는 실린더에 급유한 오일이 유속이 느린 배관이나 리시버(Receiver)내부에 쌓여 산화열이 탄소 중에 축적됨에 따라 고온, 고압의 공기에 의해 탄화 하고 어떤 일정 온도 이상이 되면 자연 발화 되거나 그대로 폭발한다. 특히 애프터 쿨러(After Cooler)가 없는 경우는 배관의 온도가 높기 때문에 더욱 위험하다. 경우에 따라서는 그 배관이 폭발하여 폭풍으로 배관은 물론 벽이나 지붕이 날아 가거나, 인명사고를 발생시키고 있다. 실제로 현장에 있었던 담당자들의 이야기에 의하면 순간 배관이 빨갛게 변색한다는 것. 이런 현상에 대해서 고압가스 안전협회와 윤활유 제조회사에서 수많은 논문이 발표되고 있으며, 화재 방지대책으로서는 배관의 내부의 정기적인 청소가 필요하다.(그림42.2) 또한 스크류식(Screw Type)은 토출온도가 설정온도보다 높게 되면 발화의 위험이 있으므로 통상, 온도상승 이상 시에 운전을 정지하는 안전장치가 달려 있다.

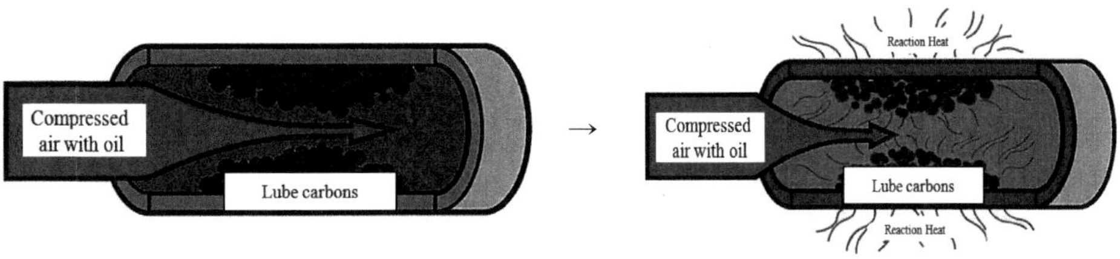

그림 42.2 탄소 축적으로 인한 발화현상

④ 스크류식의 경우, 유지보수 비용의 발생

압축기의 내부에 있는 오일 회수기의 청소나 교환에 비용이 정기적으로 발생한다. 때문에 압축기 제조회사는 여기서 발생하는 유지보수 비용이 회사 경영에 중요한 도움이 된다.

⑤ 필터는 압력손실을 발생 시킨다.

사용 오일(Oil)의 오염이나 ①의 오일 필터에서 압력손실이 발생하면 에너지손실(Energy Loss)을 발생 시킨다. 정기적으로 유지보수를 하지 않으면 더욱 압력손실이 증가되어 에너지 손실(Energy Loss)이 증가 한다.

⑥ 오일(Oil)의 소비가 많다

왕복타입(Recipro Type)은 분사(噴射)오일(Oil)을 소비하며, 스크류타입(Screw Type)은 순환유의 보급과 정기적 교체의 비용이 발생한다.

무급유식(Oil Free) 압축기

무급유식 압축기는 중대형의 공장에서 대부분 사용하며 소형으로 점차 확산되고 있다. 초기 투자비가 비싸지만 오일이 없는 공기가 생산성 및 산업 안전에 유효하기 때문이다. 종류로는 압축 행정 중에 윤활유를 사용하지 않는 드라이식과 물로 윤활, 밀봉, 냉각을 하여 효율이 좋은 물 윤활식이 있다. 무급유식 압축기는 공기압축시 오일을 사용하지 않아 흡입한 공기와 같은 청정도의 압축공기를 얻을 수 있다. 현실적으로는 대기 중에서 흡입한 공기에 미량의 유분(Oil Mist)이 포함되어 있으며(도시 공기 오염 등), 압축부분이나 배관에는 제조 중에 배관을 세정처리를 하지 않는 경우 오일이 묻을 수 있으므로 주의해야 한다.

또한 생산 현장 주변에서 발생된 유분(Oil Mist)이 흡입 필터로 들어오지 않도록 주의해야 한다. 공기분리장치용 또는 반도체 제조설비용에서 완전 오일프리를 희망하는 경우 공기통로부의 탈지세정(脫脂-기름기제거)을 실시하여 유연을 내보낼 통풍구의 설치장소를 고려해야 한다.

■ 무급유식 압축기의 장점

① 대기 수준의 청정 공기를 얻어서 사용 용도가 다양하다.

② 소모 및 정기 교환품이 적어 유지비가 저렴하다.

③ 압축공기 분출에 의한 근로자 건강 위험이 적고 환경오염이 없다.

④ 압축공기 사용 기기의 고장률이 적어져서 생산성이 향상 된다.

■ 무급유식 압축기의 단점

① 급유식보다 같은 압력단수에서 비교하면 효율은 떨어진다. (물 윤활식(Water

Injection Type)은 효율이 급유식과 같으며 냉각 성능은 더욱 좋다)

② 녹 발생이 우려되어 고급재료가 사용되며 철 부분의 표면은 도금가 공이나 내 구성이 있는 도장이 필요하며, 공기배관은 SUS관, 동관,알루미늄 Anodizing처리배관이 필요하다.

③ 왕복식 피스톤링(재질:Carbon이나 Teflon)이나 밸브는 오일식보다 수명이 짧아 부품의 교환 주기가 짧아 부가 비용이 소요된다.

④ 급유식에 비하여 초기 구입가격이 고가이다.

▣ 압축방식의 차이에 따른 압축기 분류

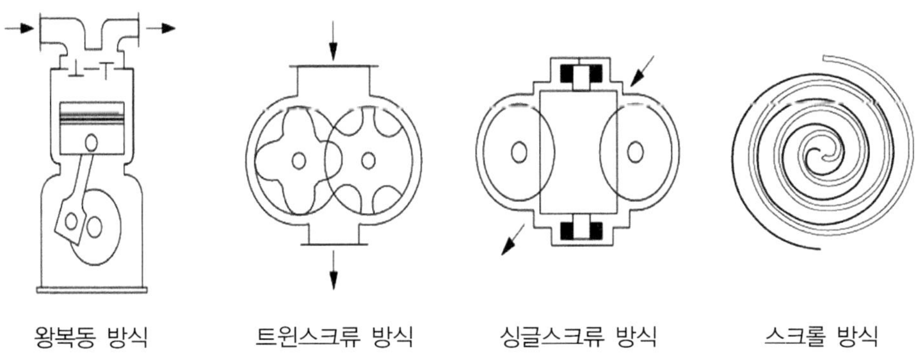

▎그림 42.3▎ 용적형 공기압축기

산업 현장에 많이 사용되는 용적형은 일정 공간에 용적을 축소하여 공기를 압축하는 원리로 왕복동식, 트윈 스크류식, 싱글 스크류식 스크롤식, 등이 있다.

한편 터보형은 공기에 임펠러로 운동 에너지를 주는 방식으로 반경방향에 속도를 주는 원심식(Turbo 또는 Centrifugal)방식이 있다.

왕복동(Reciprocating)식 압축기

왕복동식 압축기(Reciprocating)를 보다 세밀히 나누면 Single Type과 Dual Type이 있다.(그림42.3, 그림42.4 참조) 소형은 Single Type이고 중대형은 Dual Type이 많다. 급유식 스크류가 시장을 석권하기 까지는 범용의 중대형은 전부 왕복동식이 시장을 독점하였다. (1975년 정도까지) 왕복동식의 장점은 아래와 같다.

■ 왕복동식 압축기의 장점

① 효율이 좋다

2단압축의 400~500kW 등급의 왕복동 압축기는 2단 압축의 스크류나 3단 압축의 터보 보다 효율이 좋다. 이것이 최대의 장점이다.

② 시효마모가 적다.

터보는 디퓨져(Diffuser)나 날개의 오염으로 약 10% 유량을 저하시키고, 무급유식 스크류도 압축부분의 테프론 코팅이 마모되면 용적 효율이 저하한다. 그 결과 효율이 나빠진다. 무급유의 왕복동식 피스톤링의 마모부분은 내측에서 밀어 내는 구조의 경우 마모에 의한 누수증가는 적고, 효율저하가 적어진다. 단, 기계적 마모나 소음 진동으로 인해 수명이 짧아지고 일부 소모품의 마모 및 교체는 피할수 없다. (그림42.6)

(시효마모 : 시간이 지나면서 재질의 기계적 성질이 약화되는 현상)

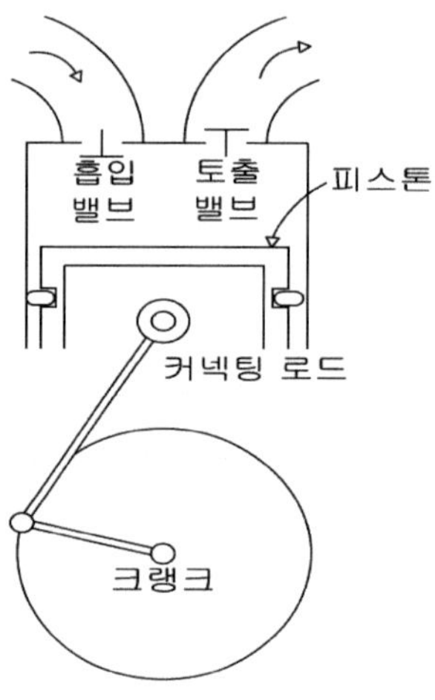

▌그림 42.4▐ 왕복동식 압축기의 구조(단동식)

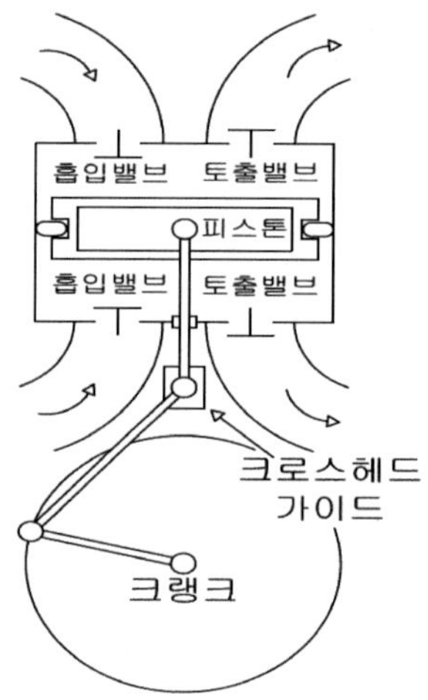

▌그림 42.5▐ 왕복동식 압축기의 구조(복동식)

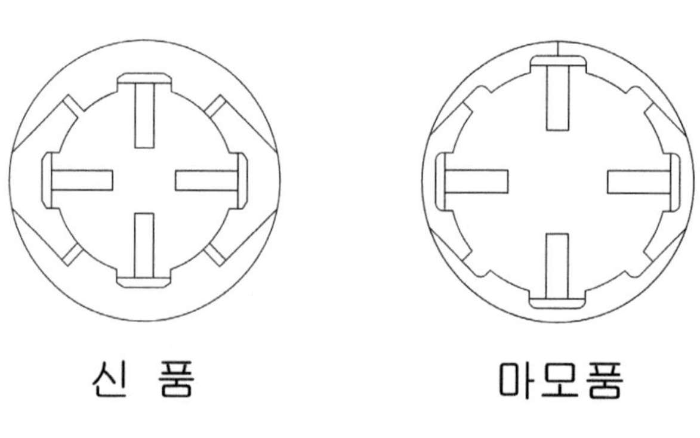

▌그림 42.6▐ 피스톤링의 신품과 마모품

③ 무부하 마력이 적다

회전식 압축기의 무부하 운전시 토출온도 상승을 방지하기 위해, 흡입공기가 지나치게 쥐어짜지 않도록 부하시 압력비가 비슷한 정도로 하여 공기를 흘려서 압축을 한다. 따라서, 무부하 마력은 15~25%로 많지만 왕복동의 무부하 시에는 흡입밸브를 개방하고 빨아들인 공기를 압축하지 않고, 그대로 흡입측에 되돌린다. 따라서 왕복동기 부하 마력은 공기의 흡입밸브 왕복 공기 마찰 손실과 피스톤의 실린더와 크로스헤드가이드의 마찰 손실의 합계이다. 즉, 밸브의 면적이 커서 공기의 손실이 적고, 실린더가 수평이 아닌 세로나 V형의 형태인 것이 실린더와 피스톤의 마찰손실이 적어 압축기의 외관만 보고 그 좋고 나쁨을 판단할 수 없다. 400~500kW급의 이상적인 무부하 마력은 전체부하의 10~15%정도로 매우 작다.

④ 부분 부하동력이 적다.

부분 부하동력은 실린더의 일부의 흡입밸브를 개방하는 것에 의해 압축하는 실린더를 줄인다. ③에서 보는 것처럼 흡입밸브가 개방된 실린더는 공기를 압축하지 않으므로 불필요한 로스(Loss)는 적다.

⑤ 용량 조정기로서는 최적

스크류(Screw)의 리크(Leak)량은 회전수에 관계없이 토출압력과 흡입압력의 차로 정하므로 일정하다. 따라서 회전수가 낮으면 리크의 비율이 커지고 효율이 나빠진다. 즉 원리적으로는 Twin Screw Type의 인버터기의 경우 저회전에서 효율은 좋지 않으며, Single Screw Type의 경우에는 저속에서 유량이 증가하는 특성을 갖고 있다.

또한 인버터 자체에서 전력로스(Loss)가 2~3%있다. 따라서 이러한 이유로 ④⑤에 의해 왕복동은 용량 조정기로서 스크류타입의 인버터기 보다 뛰어나다. 생산대수가 격감한 현재에도 일부 에너지 절감으로 대형을 사용하는 회사에서는 아직도 사용 되고 있는 이유이다.

⑥ 토출압력의 변화에 대하여 이상적인 마력을 얻을 수 있다.

왕복동식의 토출압력은 토출 밸브의 최종단의 압력으로 결정된다. 따라서 불필요한 압축을 하지 않아도 이상적인 마력이 나온다. 스크류식의 경우에는 압축기의 케이싱(겉면)의 출구 크기로 내부 압축의 압력이 결정된다. 즉 0.5MPa의 토출압력으로 사용해도, 내부에서는 0.7MPa 까지 압축하고 출구에서 팽창하여 0.5MPa의 압력이 된다.

즉, 불필요한 일을 하는 것이다. 터보식의 경우에는 운전점이 설계점을 벗어나면 효율이 크게 떨어진다.

⑦ 압축기 본체[실린더(Cylinder), 피스톤(Piston), 크랭크샤프트(Crank Shaft), 축베어링(Shaft Bearing)의 수명이 꽤 길다

⑧ 저속에서의 운전이기 때문에, 치명적인 큰 사고는 일어나기 힘들다.

■ **왕복동식 압축기의 단점**

① 초기 투자금이 크다.

압축기 본체는 회전수가 더딘 만큼(300~1000rpm) 치수가 크므로 재료비와 가공비가 많이 든다. 또한 설치를 위한 기계의 흔들림 때문에 기초도가 커지므로 설치비용도 비싸게 된다.

② 유지보수 금액도 크다.

흡입, 토출밸브나 피스톤링의 수명이 짧고, 교환 부품비와 교환비용이 많이 든다.

③ 설치 면적이 크다.

회전수가 더딘 만큼 회전식에 비하여 기계 전체 외곽 치수가 크고, 설치 면적이 다른 기종에 비하면 매우 크다. 수평형의 타입은 설치 면적이 더욱 크다.

④ 진동이 크다.

회전수가 더디며 회전체의 밸런스가 좋지 않아, 가해지는 힘이 큰 진동을 발생시킨다. 때문에 기초공사에 큰 투자가 필요하다. 이 진동을 차단하기 위해서는 전용 방진 패드를 사용하는 방법이 있다.

⑤ 소음 대책이 매우 어렵다.

음압(音壓)의 레벨은 스크류나 터보보다 낮지만, 저주파소음에 따른 흡음(吸音), 차음 (遮音)의 대책을 세우기 힘들고 그 대책 비용이 크다. 압축공기에는 파동이 있어 배관의 도움이 필요하며 때로는 공기중에 공진이 발생되는 경우가 있다.

⑥ 신(新)기술 개발이 멈춰있다.

75kW이상 공기압축기로서는 스크류 식이나 터보식 에게 그 자리를 양보하고, 성능이나 수명을 개선하는 엔지니어가 없어, 제조에 필요한 주물이나 목형을 유지하는 것이 대단히 어려운 상황이다. 대부분의 부품교환만이 비즈니스가 된 상황으로 가스압축기로는 존속할 전망이다. 단 흡입, 토출밸브는 재료(PEEK재, 나일론, PBI등에 강화제를 첨가 하고 있다. 특히 PEEK재질에 글라스파이버(Glass Fiber : 유리 섬유)가 들어 있는 것이 일반적인 기술진 화로 수명은 조금씩 늘어나고 있다. 새 왕복동 압축기를 도입하는 것은 수 많은 문제가 있지만, 현재 사용하고 있는 경우에 에너지 절감으로 부분 부하 성능의 장점을 살리는 용량 조정기를 사용할 것을 추천한다.

스크류식 압축기

스크류식에는 1개의 로터로 압축하는 싱글(Single)식과(그림42.6) 2개의 로터로 압축하는 트윈(Twin)식(그림42.7)의 2종류가 있다.

또한 싱글식(Single)과 트윈식(Twin)에는 오일로 윤활하는 급유식과 오일을 사용하지 않는 오일 프리식이 있으며 오일 프리식에는 물로 윤활하는 수(水)윤활식이 있고,

드라이(Dry)스크류식이 있다.

현재 공기압축기 사용현장의 시장 점유율이 높은 트윈 스크류 방식은 기술 발전 속도가 거의 한계를 이루며, 인버터 등의 채택에서 저속 효율 변화가 미미하여 정체 현상을 빚고 있다.

반면에 싱글 스크류 타입은 설계와 가공기술의 발전에 힘입어 많은 기술적 진보를 이루고 있으며, 특히 인버터 채택에 있어서 저속시에 나타나는 인크리징(increasing)기능이 우수하여 효율이 높아지고, 에너지 절약과 비용절감 효과가 탁월하게 나타난다.

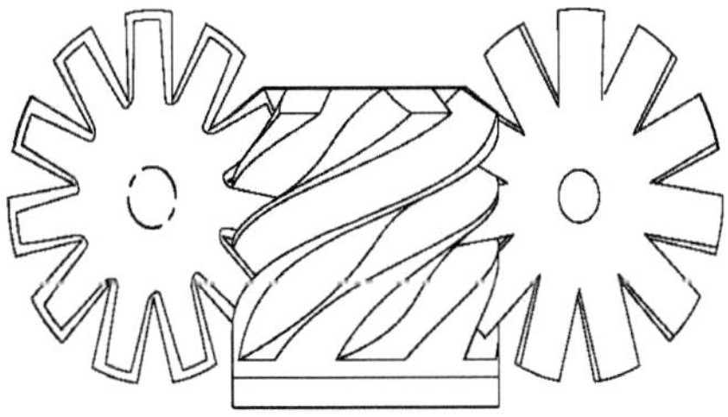

|그림 42.7| 싱글 스크류 로터

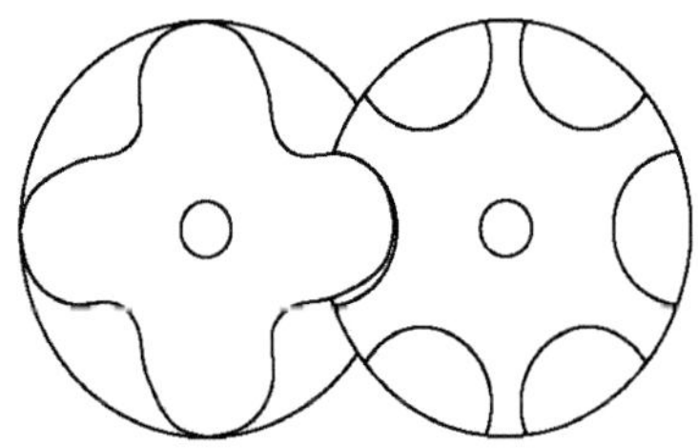

|그림 42.8| 트윈 스크류 로터

(그림42.7) 싱글 스크류 타입은 글로보이드 웜기어 형상을 갖는 구조로서 레이디얼 하중이나 트러스트 하중에 균형이 이루어져 트윈 스크류형에 비해 매우 안정적인 구조를 갖고 있는 것이 특징이다.

(그림42.8) 트윈 스크류 로터 타입은 두 개의 로터가 비대칭 나사가 회전하는 구조로서 압축시 걸리는 하중이 다양하게 나타난다.

이러한 균형적 하중 발생은 오일식 및 물 윤활식 오일 프리 타입에서는 싱글 스크류 타입이 트윈 스크류 타입보다 훨씬 탁월한 성능을 유지한다.

(1) 급유식 스크류압축기

스크류 압축기의 효율을 올리려면, 로터의 틈새에서 새는 공기를 어떻게든 줄이는 것이 가장 큰 과제로 처음 시장에 등장한 것이 로터와 로터가 달라붙는 것을 방지하기 위해 로터 및 케이싱과의 사이의 틈이 확보 된 비접촉 방식인 드라이 스크류식 압축기였다. 그 후 틈에서 공기가 새는 것을 방지하기 위해 오일로 윤활하고, 로터와 로터를 접촉시켜 로터(암)가 로터(수)를 구동하는 급유식 스크류가 개발 되었다. (1955년) 토출온도도 낮아지고 로터의 가공정도도 낮추는 것이 가능해져, 1단 압축에서 충분히 압력이 얻을 수 있어 꽤나 저렴한 압축기가 되었다. 1970년대에 비대칭형 치형(암수크기가 다른)이 보급되어 10~15%의 비동력이 좋아지고 새로운 제조방법도 개발되어 생산성도 높아지고 저렴해져서 현재는 15~90kW 범위에서 압도적인 시장 점유율을 차지하고 있다. (그림42.8 참조)

■ **급유식 스크류 압축기의 장점**

① 초기 투자비용이 저렴하다.
② 같은 단수로 드라이 스크류식 압축기에 비해 효율이 좋다.
③ 압축기의 본체 수명이 꽤 길다.

■ **급유식 스크류 압축기의 단점**

① 오일필터, 오일의 교환 비용이 비싸다.
② 토출 공기에 유증기(Oil Mist)가 포함된다.
③ 드레인에 유증기(Oil Mist)가 포함되어 후단에 제거장치가 필요.
④ 오일의 온도제어가 어렵고 열화에 따른 동반유출 우려된다.

스크류식은 오일(Oil)순환중에 드레인(Drain)이 발생하면, 오일(Oil)이 열화(劣火)하기 때문에(약 80℃이하로) 컨트롤하고 있다. 오일의 온도를 내려 압축공기의 온도를 내리는 에너지 절감이 불가능하다. (특히 겨울에 대기의 절대온도가 내려가서 오일의 온도가 낮아져도 드레인시 오일이 많이 나오지는 않지만, 이것이 해결 된 에너지절감 상품은 아직 시장에는 없다.)

압축기 본체부분을 압축기 업계에서는 에어엔드(Air End) 또는 에어헤드(Air Head)라고 부르지만, 자사 브랜드를 가지지 않고, 이것을 전문적으로 생산하는 회사가 유럽과 대만,중국에 많이 있다. 이 분야의 기술의 진보는 꽤 예전에 멈췄다. 즉 제조업체의 특징은 이미 없다. 판매체제의 다른 점만이 남아 있다. 최근 수년간의 토픽(Topic)으로 인버터(Inverter)에 의한 용량제어(Volume Control)에 따른 에너지 절감뿐이다. 상세한 내용은 압축기 제어 부분에서 설명 할 것입니다.

(2) 수(水)윤활식 스크류 압축기 (Water Injection Screw Compressor)

로터와 로터 사이의 틈을 누설 방지용의 오일(Oil) 대신에 물을 사용하였다. 오일(Oil)을 사용한 이전 급유식 스크류 압축기의 단점 항목①②③④가 전부 해결 하였다. 일본에서는 꽤 보급되어 있지만, 압축기 제조의 유럽이나, 미국에서는 물 성분에 칼슘 석회에 의한 물 문제가 많아 보급이 어려웠다. 공기 라인의 부품은 부식을 방지하기 위해 압축기 본체의 로터, 케이싱, 배관, 압력용기를 포함해 철 이외의 고급재료를 사용하고 있다. 따라서 재료 원가가 높아진다.

공기나 물의 온도를 내리면 동력이 내려가게 되고, 압력손실이 큰 오일(Oil) 회수기나 오일필터(Oil Filter)가 없어 오일(Oil)윤활 방식에 비하면 그 에너지절감 성능이나 러닝코스트(Running Cost)의 저렴함은 압도적으로 뛰어나다. 트윈 스크류 방식은 싱글 스크류 방식보다 이물질에 대한 저항력이 약해서 물의 질이 좋은 국가에서 사용하는 것이 좋다.

급유식과는 다르게 납품 후 소모품 부품비가 적게 들어가는 기계이지만, 고급 금속 재료를 사용하여 가공하여야 하기에 신 제품 판매가격이 급유식 보다 가격은 비싸다.

■ 수(水)윤활 스크류 압축기의 장점

① 오일(Oil)윤활식 스크류의 문제점을 모두 해결
② Dry Screw 에 비하여 효율이 좋고 수명이 길다.
③ 등온 압축에 가까워 냉각 효율이 좋다.

■ 수(水)윤활 스크류 압축기의 단점

① 급유식에 비해 가격이 높다.
② 급유식에 비하여 수질 관리가 필요하다.
③ 영하의 온도 지역에서는 동파의 대책이 필요하다.

(3) 드라이 스크류식(Dry Screw) 압축기

(a) 로터(Rotor)의 부식방지 대책

급유식이나 수(水)윤활식에서는 1단 압축이 많은 것에 반해 드라이(Dry) 스크류식은 2단 압축이 주류이다. 공기 손실이 발생하며 특히 압축기 내부에서 오일이나 물의 냉각이 없어서 토출온도가 높다. 따라서 압력손실이 크며 오일이나 물을 회수하는 장치는 필요 없다. 2단 압축의 구조를 갖는 경우 토출온도를 내리기 위해 내장 쿨러로 냉각하여 종합 효율을 향상 시키고 있어서 구조가 복잡해진다.

이전의 드라이 스크류식의 최대 단점은 공기 오염에 약하고, 정지 시 철제 로터나 케이싱이 부식되어, 로터가 고착 되어 움직이지 않는 경우가 많이 있었다. 특히 내장 쿨러 밑에 2번째의 압축기에서는 드레인이 빨려 들어가 철 부분이 녹이 슬고 부식이 된다. 이전 기계들은 내장 쿨러가 압축 공기를 너무 식혀버리는 경우도 있었다.

최근의 로터나 케이싱의 표면에는 틈을 정밀하게 하고 누설 되는 것을 줄이기 위해 테프론 코팅을 하여 로터에서 손실을 방지하고, 마모로 벗겨지더라도 영향이 적게 하였다. 또한 테프론 코팅 밑에 부식을 방지하기 위해 니켈이나 크롬을 도금하여 대비를 하는 제조업체도 많다.

(b) 높은 가공정밀도의 제품

드라이(Dry) 스크류식의 제조상의 최대 단점은 높은 가공정도와 정밀도 관리 기술이 필요로 하며, 부품의 수도 많기 때문에 3단 압축의 터보형 압축기(이후 터보형 압축기에서 설명)에 비하여 제조비용이 높아지는 경우가 있다. 성능도 3단압축의 터보형보다 당연히 나쁘다. 단, 제조업체는 터보형보다 저렴한 판매가격 설정을 하고 있으므로 사용자의 초기 투자비용은 터보형보다 저렴하게 구입 가능하다. 그래서 드라이(Dry) 스크류식 제조업체는 4~5년 후 에어엔드(에어헤드)의 전체 교체비용에서 수지를 맞춘다.

(c) 회전수 제어 가능 (65~100%)

최대의 장점은 회전수 제어가 가능한 것이다. 보통 50%까지 유량을 낮추는 것이 가능하지만, 제조업체에 따라 소비동력을 베이스로 35%까지 낮추는 업체도 있다. 이 35%라는 수치는 부하, 무부하 운전의 무부하동력 20~24%에 가깝다. 용량조절이 능숙하지 않은 터보형 압축기를 베이스로드(Base Load)로 사용하여 드라이 스크류식의 인버터기를 용량 조절에 사용하는 케이스도 있다.

또한 스크류형은 통상 정격 100%의 회전수가 최고효율이 아닌 경우가 대부분으로 회전수가 정격보다 낮을때 효율이 좋다. 따라서 70~80% 감량하고 있는 것이 효율이 좋은 경우가 있다. 이것은 왕복식이나 터보와 다른 스크류의 특징이다. 안타깝지만 제조업체가 제시하는 동력선은 그만큼 나타나지 않는 경우가 많고, 세세한 측정을 하지 않고 동력선을 직선으로 제시하며 그 장점을 PR하고 있어서 주의해야 한다.

인버터에는 주파수 변환 로스가 있고, 전동기도 유도 모터와 영구자석 모터(IPM Motor)에서는 효율이 2~3%의 차가 있으므로 에너지 절감의 검토는 인버터의 입력 베이스에서 비교 검토를 할 필요가 있다.

(d) 시효마모 (재료의 성질이 시간의 경과와 함께 서서히 변화하는 일)

터보형의 경우 시효마모에 따라 성능 저하가 대체로 발생한다. 드라이 스크류는 용적형이기 때문에 속도형인 터보와 같이 압축 부분 표면의 오염으로 성능이 떨어지는 경우는 없다.

로터에 사용하고 있는 축 베어링은 현재로서는 구름베어링을 사용하여, 반복 하중에 의한 수명이 있으므로 정기적으로 교환할 필요가 있다. 4~6년 정도로 교환 한다. 표면에 도금을 하지 않은 2단의 철제 로터는 부식으로 교환할 필요가 있으므로 결국 에어엔드(에어헤드) 전체의 교환이 된다.

(e) 장래성

성능향상을 위해 로터 틈에서 누수를 방지하기 위해 로터의 틈새 가공을 정밀하게 제작하는 정밀도와의 전쟁이었지만, 압축기 본체(치형 형태)의 3차원 해석의 진화는 귀

착점까지 도달하고, 이후 한층 더 진화를 기대 하기는 어려운 형편이다. 단 공기 압축기의 냉각기의 공기측 압력 손실을 관로의 설계로 최적화 하는 기술을 통해 유지보수 금액을 내리도록 설계 변경한 업체도 있다.

(f) 장점, 단점

드라이 스크류식 압축기의 장점, 단점을 정리하면 아래와 같다.

■ 드라이 스크류식 압축기의 장점

① 고급 재료로서 성능의 시효마모가 적다
② 회전수 제어(인버터 이용)로 부분 부하제어를 통해 에너지 절감 효과를 낼 수 있다(50%~100%)
③ 초기투자 비용이 터보보다 저렴하다.

■ 드라이 스크류식 압축기의 단점

① 3단 압축의 터보보다 성능이 떨어진다. (유량대비 전력 소비량)
② 에어엔드의 수명이 있어서 4~6년의 정기적 교체에 고비용이 발생
③ 터보보다 기계의 신뢰도가 낮다

터보형 압축기

터보형 압축기는 공기를 임펠러 날개로 운동에너지를 주는 원리로, 용적형의 오일프리식과 같이 압축과정에 오일이나 물을 사용하지 않는다. 공장 공기용의 경우, 압축단수는 2~4단이다.(그림42.9)

압축 단수가 많은 편이 원리적으로는 등온압축에 가까워져 효율이 좋아진다. 2단 압축과 3단 압축과의 효율차는 내장쿨러(Inter Cooler)의 압력 손실이나 축실에서의 누수를 고려해 약 3.5%로 3단 압축과 4단 압축의 효율 차이는 약 1%이다. 현재 범용압축기 단계에서는 4단 압축기의 판매는 되지 않고 있다.

(1) 터보형 압축기의 주요구성

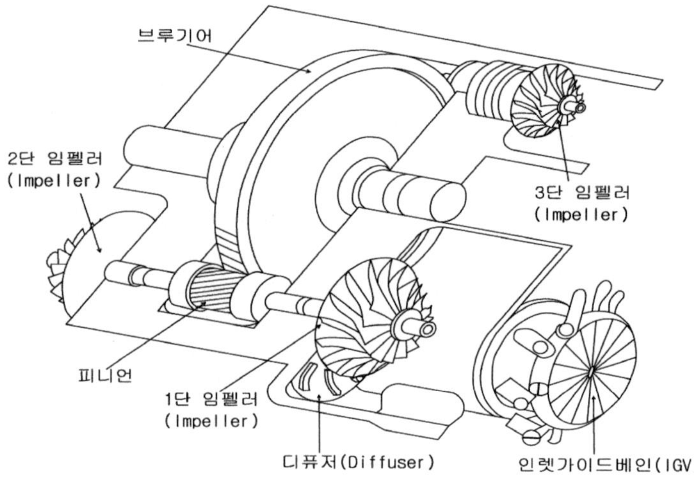

▌그림 42.9▌ 터보형 압축기

(a) 임펠러(Impeller)

공기에 운동에너지를 주는 부분으로 지금까지는 정밀주조로 제조해왔지만, 고속 5축 가공기가 개발됨으로 인해 깎아내는 것이 많다. 주물보다 실질 제조 공정수가 절감되어 원가는 저렴해졌다. 소재는 부식되지 않는 티타늄(Titaum)이나 스테인레스 강(鋼)(Stainless Steel)이 사용되고 있다.(그림42.10)

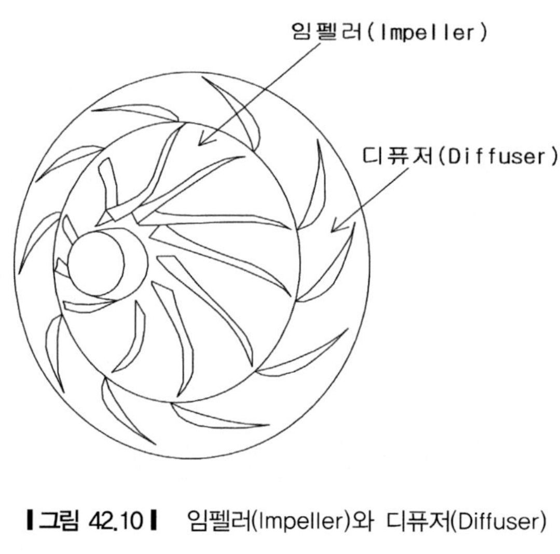

▌그림 42.10▌ 임펠러(Impeller)와 디퓨저(Diffuser)

유체의 수치해석이 진보하고 그 소프트웨어가 누구든지 구입 가능하게 되었으므로, 선발 제조업체의 기술(Technic)이나 데이터(Data)의 축적의 우위성은 적어졌다. 이미 임펠러의 단독 효율은 95% 가깝게 되어 개선의 여지는 적다.

드라이 스크류식의 경우는 로터와 로터가 접촉하면서 타는 손상으로 정밀도 관리가 꽤 중요하지만, 터보형의 임펠러의 경우는 케이싱과 다소 접촉으로는 타지 않고 사고도 나지 않는다. 운전 중에는 임펠러의 원심력의 변형이나 케이싱의 변형으로 임펠러 출구 틈이 실질적으로 제로인 상태에서 운전하고 있다. 운전 후 분해해보면 대부분의 경우 가벼운 접촉의 흔적이 확인 된다. 즉 꽤나 안전한 구조이다.

(b) 디퓨저(Diffuser)

임펠러에서 가속된 공기를 감속하여 압력으로 변환하는 장치를 디퓨저(Diffuser)라고 한다.(그림42.10) 디퓨져가 없으면(Vaneless) 흐름은 원주방향에 성분이 많아져 하류의 스크롤케이스까지의 도달거리가 길어진다. 통상 고정 날개를 붙여서 흐름각도를 반경(半徑)방향으로 변경시킴에 따라 통과거리를 단축하여 통로마찰 손실을 줄인다. 이 통로에 채널형, 날개형, 베인리스형 등이 사용되고 있지만 규슈대학의 세노오 야스토시(利) 교수가 1983년 ASME에서 발표 한, 솔리디티가 작은 익렬 디퓨저(Low Solidity Cascade Diffuser)기 효율 및 유량범위에 있이서 꽤니 실용적이므로 세계적으로 널리 사용되고 있다.

유체역학에서는 공기의 가속보다 감속이 난이도가 높다. 따라서 디퓨저의 개선 개발은 회전체의 임펠러보다 난이도가 높고, 실용상의 손실이 현재도 10%정도 있어 아직 진보의 여지가 있고, 한층 더 개발의 노력이 기대 된다.

(1) 터보형 압축기의 특성

(a)서징(Surging)

터보형 압축기에는 용적형에는 없는 서징(Surging)이라 하는 특성이 있다.(그림42.11)

유량이 어느 한계점까지 감소하면, 디퓨저(Diffuser) 또는 임펠러(Impeller)의 속도가 떨어지는 현상(失速stall)을 일으켜, 하단부의 공기가 상단부로 역류하기 시작한다.

한계 유량으로 인해 토출 측의 공기가 한번에 선량 역류하여 압축 된 하난의 공기가 상단에 급팽창 하여 팽창음을 발생 시킨다. 이 역류로 인해 토출 측의 압력은 급격하게 떨어졌다, 다시 상승하는 역류현상 헌팅(Hunting)현상을 터보에서는 서징(Surging)이라고 부른다.

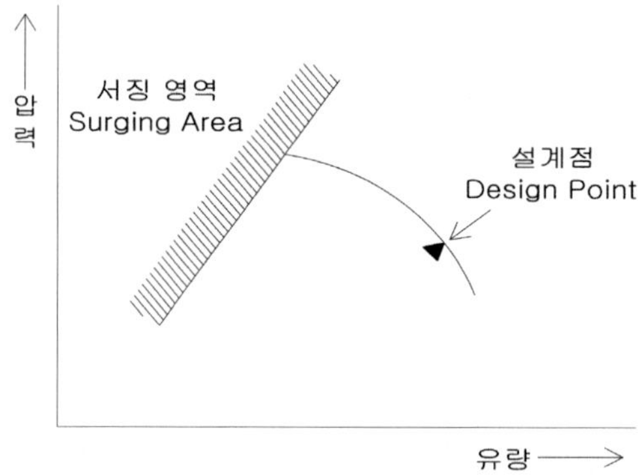

| 그림 42.11 | 터보형 압축기의 특성

원인으로는 디퓨저(Diffuser) 또는 임펠러(Impeller)의 실제 속도에 따라 실속(失速)을 방지하는 방법을 생각해야 된다. 임펠러에 주어진 속도 에너지를 압력으로 변환하고 있지만 실속(失速)의 원인은 과대한 감속이다. 감량을 하게 되면 통상 감속기인 디퓨저에서 최초로 속력을 잃지만 설계에 따라 임펠러에서 먼저 속력을 잃는 경우도 있다. 임펠러는 공기로 가속하기 때문에 감속은 없다고 생각할 수도 있지만, 임펠러와 공기의 상대속도를 토대로 하면 임펠러 내부에서도 감속 되고 있는 것이다. 가능한 한 속력을 잃지 않도록 디퓨저 또는 임펠러에 감속비를 낮게 할수록 좋지만, 그렇게 되면 반경의 길이가 길어지고, 그 길이에 비례하여 통로의 마찰 손실이 증가해 버린다.

케이싱(스크롤)을 어떻게든 작게 하여 효율을 좋게 감속할까 하는 노력이 성능을 좋게 할 기술의 포인트이다.

디퓨저도 날개가 없는 베인리스(Vaneless)형은 통로 거리가 길어 손실이 증가하지만, 한편 감속비가 날개부분 보다 작기 때문에 속력 손실은 일어나기 어렵다.

드라이 스크류식 압축기에서는 같은 조건으로 즉 회전수를 변경하지 않고 유량을 줄이거나 압력비를 높혀 운전하면 토출 온도가 상승하고 로터가 타서 손실되므로 토출 온도상승 시 작동하는 트립(Trip : 안전장치)이 붙어있다.

터보식은 서지(Serge)로 들어가지 않도록 하는 제어장치가 되어 있지만 제어부의 오작동으로 잘 이루어 지지 않아 서지가 들어가도 통상적으로 손상은 없고 과대진동이나 역류한 공기의 온도 즉, 흡입온도가 상승해 트립이 발생 되는 경우가 있다.

(b) 감량범위

터보형 압축기에서는 흡입밸브를 좁히는 것이 빨아들이는 공기량을 줄이는 것뿐만 아니라 작동점을 이동시켜 흡입압력의 감소에 의한 압력비의 상승을 줄여 감량할 수 있는 특징이 있다. 앞에서 서술한 것처럼 서징(Surging)을 어떻게 발생시키지 않을까가

감량범위를 넓힐 수 있는 포인트이다.

최고 효율을 내기 위해서는 임펠러(Impeller)와 디퓨저(Diffuser)를 크게 감속 하여 통로 손실을 적게 할수록 좋지만, 유량의 감소로 속력 손실이 빨리 일어나지는 않게 된다. 기본적으로 최고 효율과 감량범위에서 최대 효과를 동시에 노리는 것은 모순이다. 때문에 시장에서 상품은 적당한 타협을 포함한 상품이 출시되어져 있다.

감량범위를 늘리는 기술은 냉동기나 자동차용 엔진의 터보차저(charger)로는 꽤나 진행이 되고 있어 디퓨저 실속(失速)을 방지하는 디퓨저 바이패스 기술, 디퓨저의 각도 제어 기술 또는 임펠러 입구 부분의 실속(失速)을 방지하는 케이싱 트리트먼트 기술이 상용화 되고 있다. 이러한 기술은 터보형 압축기의 감량 범위를 확대 시켜 용량 조절기로서 인버터 스크류 타입에 대항하기 위해서는 꽤 유효하지만, 아직 상품화 되어 있지는 않다.

터보형 압축기의 장점, 단점을 정리하면 아래와 같다.

(c) 장점, 단점

■ **터보형 압축기의 장점**

① 마모부분이 없어 유지보수 비용이 일반 압축기 중에 가장 저렴.

② 스크류형 압축기에 비해 틈에 의한 누수량이 적어 일단(單段)압축 효율이 좋다.

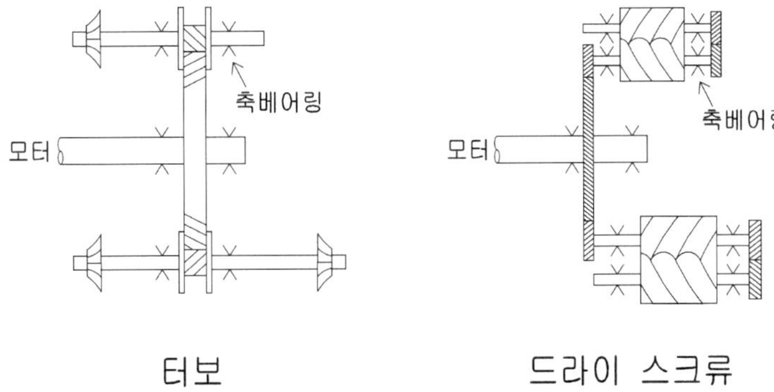

그림 42.12 터보형과 드라이 스크류식의 구조 비교

3단 압축 터보(축베어링 6군데, 임펠러 3개, 회전기어 3개)

2단 압축 드라이어 스크류(축베어링 10군데, 로터 4개, 회전기어 7개)

③ 드라이 스크류식 압축기에 비해서 부품 수나 가공부품 수가 적으며 가공정밀도도 낮아 제조비용이 저렴하다.(그림42.12)

■ 터보형 압축기의 단점

① 공기 통로 부분(임펠러 및 디퓨저)의 표면의 오염에 성능이 떨어진다.

약 10%정도의 능력이 저하한다. 소비동력은 감소한다. 공기의 속도는 초속 수백 미터 이므로 접촉면의 표면의 거칠기가 성능에 큰 영향을 준다. 특히 가장 유속이 빠른 디퓨저 부분의 오염에 영향을 많이 받는다. 물론 오염뿐만 아니라 부식도 이와 같이 표면을 거칠게 하므로 성능을 떨어트리는 원인이 된다.

대책으로는 공기필터의 여과 정밀도를 높이는 것과 정기적으로 내부(임펠러와 디퓨저)의 청소를 실시하는 것이다. 청소를 하면 초기의 성능으로 돌아오는 것을 필자가 확인 하였다. 일반적으로 터보형의 공기 필터는 다른 형식보다 고성능으로, 또한 필터 엘레멘트의 수명을 길게 하기 위해 꽤 큰 면적이지만 사용자에 따라서는 가스 터빈용(가스 터빈도 터보 기계이므로 같은 결점을 가지고 있다)에 의한 고성능 필터를 사용하여 성능열화를 방지 하고 있으며, 필터 엘레멘트의 자동회복 장치 추가로 유지보수를 용이하게 하고 있다.

정기적으로 물을 분무 하여 임펠러와 디퓨저의 세척방법은 선박용의 터보차저로는 예전부터 실용화 되어있으나, 일반 터보에서는 채택되지 않은 듯 하다. 사용자의 관심이 적다.

② 초기 투자비용이 비싸다.

스크류형이나 왕복동형의 경우, 제조업체는 유지보수 비용에서 이익을 회수하는 비즈니스 모델이므로, 판매가격을 낮게 설정 가능하다. 그런 터보형은 유지보수 비즈니스가 없으므로 제조 비용이 저렴해도 판매가격을 높게 설정할 수 밖에 없는 사정이 있다.

스크롤(scroll)형 압축기

기본적인 압축원리는 20세기 초에 프랑스인에 의해 처음으로 고안되어, 수차례 개선이 진행되었다. 1970년대 전반기에 미국의 싱크탱크에 의해 소개되어, 1980년 전후부터 냉동기로서 실용화가 이루어지기 시작하였다. 그 후, 스크롤 압축기의 구동기구가 개량되어, 과급기, 진공펌프, 공기압축기 등에 적용되었다.

드라이 오일 프리식 스크롤 공기압축기는 일본에서 활발하게 연구되어, 1991년에 상품화가 되기 시작하였다. 이러한 스크롤 공기압축기는 드라이 오일프리식과 급유식이 있으며, 공기압축기 분야에서는 주로 드라이 오일 프리식 공기압축기가 많이 사용된다.

인볼류트(Involute)곡선 등에서 형성된 편심 선회 스크롤(와권구조)과 고정 스크롤을 축 방향, 반경방향 모두 수십 ㎛의 틈새에서 서로 맞물리도록 구성되며, 맞물린 와권으로 형성된 압축실의 최외각의 원주방향으로 공기가 흡입되어 압축된다.

(그림42.13) 는 스크롤 공기압축기의 본체 구조를,
(그림42.14) 에는 구체적인 압축 기구를 나타낸다.
스크롤은 통상적으로 NC앤드밀로 가공하며, 고정도가 요구된다.

- 흡입행정 : 고정 스크롤 외측의 흡입구로부터 공기를 흡입한다.
- 압축행정 : 압축공간에 갇히는 공기는 선회운동에 따른 압축실의 축소에 의하여 와(Vortex)의 중심쪽으로 압축된다.
- 토출행정 : 압축공간은 중심부에서 설계 내부압력에 도달하기까지 압축되어, 중심부로부터 토출된다.

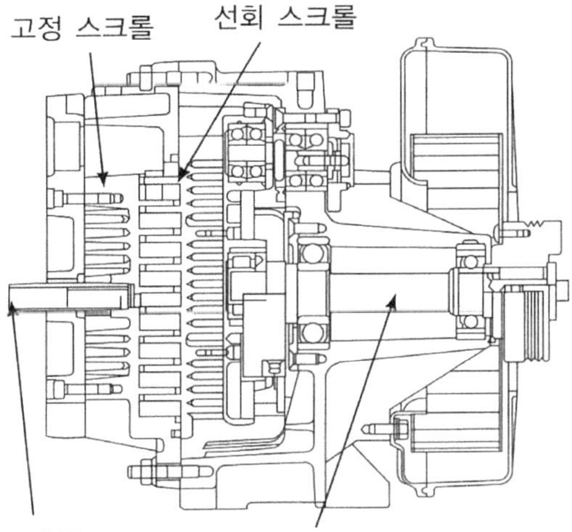

▌그림 42.13▐

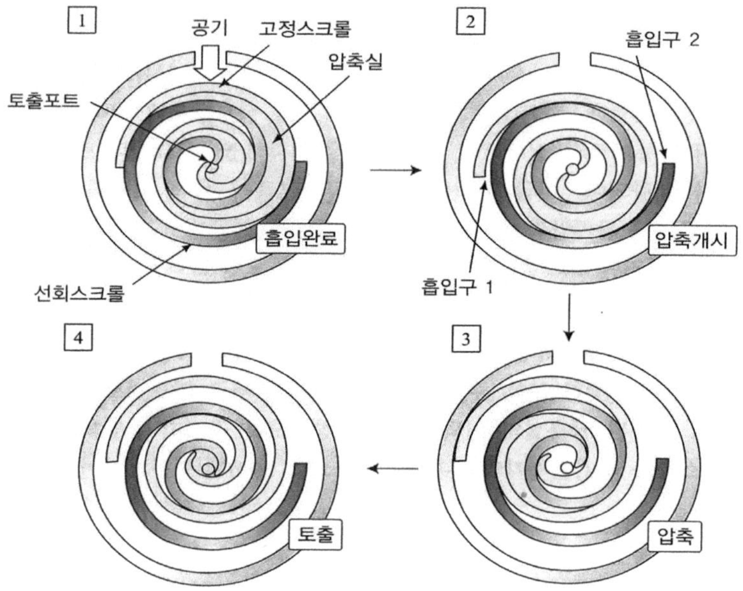

| 그림 42.14 |

선회 스크롤을 구동하는 구동축은 스크롤 중심과 압력축 중심이 편심되어 크랭크로 되며, 편심중량과 회전 스크롤은 선회한다. 다른 압축실이 연속적으로 여러 개 형성되기 때문에, 각 실간의 압력차가 작고, 또 선회반경이 작기 때문에 토오크 변동도 크지 않다.

편심구조와 섭동속도의 제한으로부터 압축기 본체의 크기에는 제한이 있으며, 하나의 압축기 본체에서 400 L/min~600 L/min 정도가 토출 공기량의 한계이다.

이 이상의 용량으로 되면, 하나의 압축기 패키지 내에 스크롤 압축기 본체를 여러 대 설치하여야 한다.

따라서 대형기에는 적합하지 않으며, 오일 프리식과 급유식이 있지만, 주로 오일 프리식을 사용한다.

43 에어 컴프레서의 크기에 따른 에너지 절약 분산형인가 집중형인가

(그림43.1)에서 가로축은 모터의 출력, 세로축은 비동력을 나타낸다. 공기압축기 시장은 중소형은 스크류식, 300kW 이상은 터보식으로 나뉘어져 있다는 것을 알 수 있다.

비동력은 모터 출력을 풍량으로 나눈 것(공기 생산량에 대한 전력소비량)으로, 작은 쪽이 에너지 소비가 적은 것을 나타내고 있다.

에너지 절감을 검토하는 것에는 비동력이 좋은 압축기를 선택할 필요가 있지만, 이 그래프는 오른쪽으로 내려가 있어서 1대당의 용량이 큰 것이 에너지 절감의 첫걸음인 것을 알 수 있다.

비 동력의 차이는 아래와 같다.

75kW와 150kW에서는 약 12%

150kW와 300kW에서는 약 7%

300kW와 600kW에서는 약 5%

600kW와 1200kW에서는 약 2%

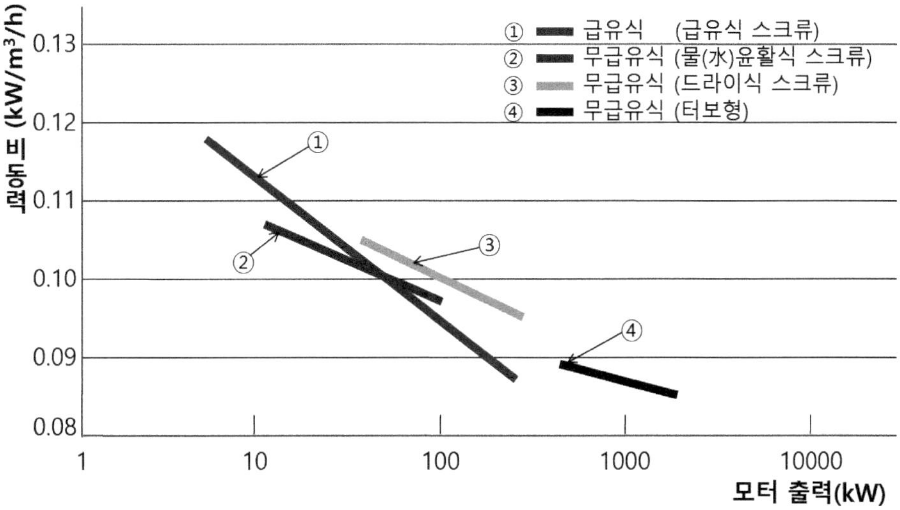

그림 43.1 범용 압축기 시장

그 밖의 집중화, 대형화의 장점, 단점을 말하자면 아래와 같다.

■집중화, 대형화의 장점

① 구동 전동기의 효율 상승
② 드라이어 및 청정기기의 효율 상승
③ 사용자측의 부하변동이 평준화하여 불필요한 무부하 운전을 줄인다.
④ 평준화에 따른 압축기의 총합계 출력을 줄이는 것이 가능하고, 예비기계도 적은 대수로 가능하다(투자자금 감소)
⑤ 대수의 감소로 유지보수 비용이 적게 든다.
⑥ 설치 면적을 적게 차지한다.

■ 집중화, 대형화의 단점

① 배관이 길어지고 압력 손실이나 배관 투자 금액이 증가 한다. 압력손실의 예상 값은 0.02 MPa (0.2kg/cm2) 이하로 할 것을 추천한다.
이 0.02 MPa (0.2 kg/cm2)의 압력 손실은 계산상 운전압력 0.6 MPa (6kg/cm2) 베이스로 1.4%의 로스(Loss)가 된다.
② 배관이 긴 만큼 공기 누수발생 부분이 증가한다.
③ 모터의 기동 전류의 절대값이 증가한다.

위 내용을 종합하면 집중형은 압축기의 유닛의 크기를 크게 하여 대수를 줄이고 집중형 설치를 선택하는 것이다. 실제로는 집중형에 의한 부하의 평준화 후에 최대 사용량과 휴일 등의 최소 사용량에서 대수를 결정한다.

단지 범용 압축기의 최대용량은 1,500kW까지로 그 이상의 수주 생산방식이 되므로, 판매가격은 비교적 높아서 한편으로는 부품공급이나 서비스 체제가 충분하지 않고 과거의 2,000 kW 이상의 대형기는 1,500 kW 이하의 범용기종으로 바꾸는 것이 현실이다.

현재의 인버터(Inverter) 적용기들이 적용되기 전에 평가 요소로서 한편으로 보일러의 경우처럼 소형이라도 효율은 그다지 낮아지지 않으므로 분산형 설치가 성립되는 것은 기본적으로 다르다.

오늘날에는 인버터(Inverter)형의 설치로 분산제어의 기술이 가장 효율적인 에너지 절약 기술로 확인 되고 있는 실정이다. 공기 압축기 시스템은 투자비만큼이나 운영비가 많이 소요되기 때문에 운영비의 절감이 기업의 이익에 그대로 반영되는 것이다.

즉, 생산현장에서 필요한 공기량과 압력만큼을 가장 가까이에서 효율적으로 공급하는 분산 설치방식이 최적의 에너지 절약 방식인 것이다.

물론 다수의 생산 현장일 경우 관리의 불편이 예상되지만 최근에 개발되는 안정적인 공기압축기와 편리한 관리 기술의 발달로 분산 설치 및 제어가 쉽게 구현되고 있는 것이다.

44 에어 컴프레셔의 운전압력 조절에 의한 에너지 절감

본 내용에서는 압축기의 운전압력을 낮추는 것에 의한 에너지절감을 실현하는 방법으로서 압축기 하류의 배관이나 기구의 압력 손실을 줄이는 방법을 소개한다.

■ 운전압력과 동력의 관계

먼저 축동력의 이론식을 아래에 표시한다.

축동력의 이론식

$$Lad = \frac{Q_s P_s}{0.06} \cdot \frac{(i+1)n}{n-1}\left[\left[\frac{P_d}{P_s}\right]^{\frac{n-1}{(i+1)n}} - 1\right][kW]$$

Lad : 이론 단열 동력 kW
P_s : 흡입 공기 압력(절대압력) MPa
Pd : 토출 공기 압력(절대압력) MPa
Q_s : 흡입상태로 환산한 공기량 ㎥/min
n : 공기의 폴리트로픽 지수
i : 중간 냉각기의 수

이론상 소비동력은 흡입압력과 토출압력의 비율(압축비)에 관계된 식으로 표시 되어 운전압력이 686kPa (7kg/㎠·G)일 때, 98kPa (1.0kg/㎠) 낮추면 약 7%의 이론 동력을 낮출 수 있다. 실제로는 공기를 압축하는 것 이외의 기계의 손실이 있으므로 낮추는 비중은 조금 작아진다. 실제 동력의 감소는 시운전 때의 성능곡선에서 확인해야 한다. (공기의 누설은 존재하지 않는 조건으로 가정한다.)

누설 공기량의 이론식

$$Q \fallingdotseq 120 \times S \times (P_1 + 0.1) \times \sqrt{\frac{293}{273+t}}$$

Q : 공기 새는 양 d㎥/min(ANR)
P_1 : 배관, 기구내의 공기압력 MPaG
t : 공기온도 ℃
S : 누수 부분의 유효 면적 ㎟

(직경 dmm의 원형 구멍의 경우는 $S = \frac{\pi}{4}d^2 \times 0.9$(유량계수)로 대략 계산한다.)

이 경우에는 누설량이 7/8이 된다. 즉 12.5% 줄어든다. 누설량 전부가 일반 공장에서는 약 20%이기 때문에, 2.5% (= 12.5 X 0.20)의 에너지 절감이 되고, 압축기의 소비동력 저하 부분으로 계산 하면 약 9.5% (= 7 + 2.5)의 에너지절감이 된다.

위와 같이 운전압력을 낮추어 압축기의 소비동력을 줄이는 것과 누설량을 줄이는 것이 에너지 절감에 꽤 유효한 것을 알 수 있다.

일반 기계 공장의 사용 기계의 공급 공기압은 0.4 MPa로 드라이어와 급기 배관의 합계 압력손실이 0.05 MPa 이하로 가능하다면 이상적이며, 압축기의 운전압력을 0.45~0.50MPa로 목표로 하는 것이 이상적이다.

▣ 운전압력을 낮추는 방법

공기통로(流路)의 차압 측정

우선 제일 먼저 압력손실의 발생 장소의 실태를 알고 싶지만 현장의 압력계는 오차가 커서 상류와 하류에 있는 2개의 아날로그 압력형의 측정치의 차이를 그대로 차압으로서 다루는 것은 위험 할 수 있다. 필자의 경험으로는 특히 압축기 유닛의 제어반에 표시하는 아날로그의 작은 압력계는 시효마모(부식)가 심하여 실제 압력보다 높게 표시되는 경우가 있다. (이러한 결함 압력계는 압축기 정지 중 0을 표시하고 있지 않아 주의한다면 발견할 수 있다.) 즉, 운전기록이 정지한 기계라도 매일 표시압력을 기록하는 것이 좋다.) 실제로 차압 측정은 시판중인 디지털식 차압형을 사용하여 올바른 차압을 측정하여 확인해야 한다.

배관의 사이즈나 체크밸브(역류방지), 개폐밸브, 라인속의 (오일)필터, 드라이어, 유량계의 검토가 그 대상이 된다.

배관의 압력 손실 계산

배관의 압력손실은 표4.1을 사용하여 알아보자.

공기량과 배관의 넓이로 부터 1m까지의 손실을 파악한다. 예를 들면 Q=2,500㎥/h [ⓐ]점에서 6인치 (150mm)의 가스관 [ⓑ]를 사용하여 7kg/㎠G (=0.689MPaG) [ⓒ점]으로 운전하면 1m까지의 압력 손실은 1.4mmAq/m [ⓓ점] 이 된다.

압력손실의 계산을 위해 밸브나 엘보등 의 알맞은 길이는 표4.2를 사용하여 계산 할 수있다. 볼밸브나 버터플라이밸브는 표에는 기재되어 있지 않지만 실제의 압력 손실은 적고 대부분 직관과 같기 때문에 면 사이를 배 관 길이로서 계산 한다.

즉 이 밸브가 있어도 배관으로 간주해 버린다.

1m당 압력손실로 전에 서술한 6인치의 배관에 상응하는 길이가 500m라고 한다면,

$$1.4\text{mmAq/m} \times 500\text{m} = 700\text{mmAq} = 0.0069\text{MPa}\ (=0.070\text{kg/cm}^2)$$

〈표 44.1〉 배관 압력손실을 산출하기 위한 표

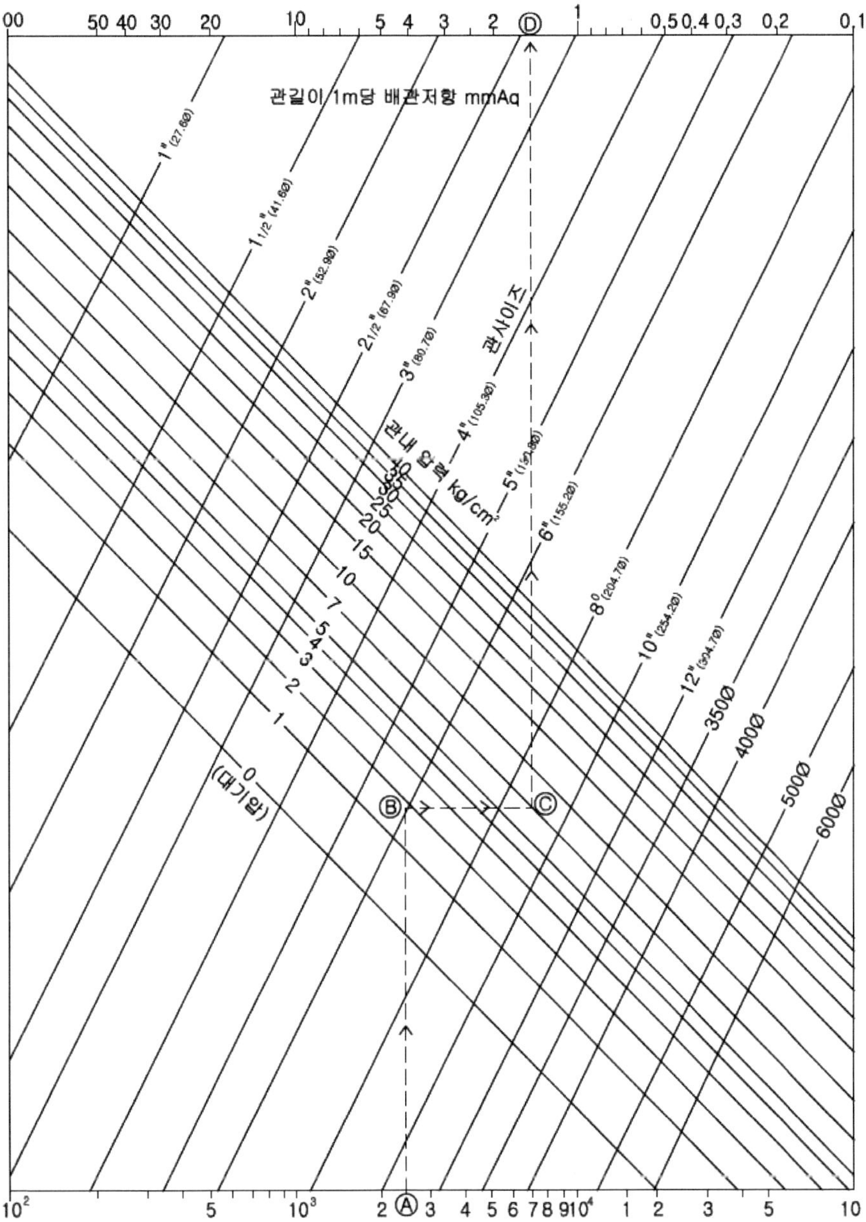

〈표 44.2〉 밸브, 엘보우등의 등가길이를 산출하기 위한 표

파이프 부속물의 해당직관길이 (단위 m)

FITTINGS			관 경 (inch)																				
			1/4	3/8	1/2	3/4	1	1¼	1½	2	2½	3	4	5	6	8	10	12	14	16	18	20	24
REGULAR 90° ELL	SCREWED	STEEL	0.7	0.9	1.1	1.3	1.6	2.0	2.3	2.6	2.9	3.4	4.0										
		C. I.										2.7	3.4										
	FLANGED	STEEL			0.3	0.4	0.5	0.6	0.7	0.9	1.1	1.3	1.8	2.2	2.7	3.7	4.3	5.2	5.5	6.4	7.0	7.6	9.1
		C. I.										1.1	1.5		2.2	3.0	3.7	4.6	5.2	5.8	6.7	7.3	8.5
LONG RADIUS 90° ELL	SCREWED	STEEL	0.5	0.6	0.7	0.7	0.8	1.0	1.0	1.1	1.1	1.2	1.4										
		C. I.										1.0	1.1										
	FLANGED	STEEL			0.3	0.4	0.5	0.6	0.7	0.8	0.9	1.0	1.3	1.5	1.7	2.1	2.4	2.7	2.9	3.0	3.4	3.7	4.3
		C. I.										0.0	1.0		1.4	1.7	2.1	2.4	2.6	2.9	3.4	3.4	4.0
REGULAR 45° ELL	SCREWED	STEEL	0.1	0.2	0.2	0.3	0.4	0.5	0.7	0.8	1.0	1.2	1.7										
		C. I.										1.0	1.4										
	FLANGED	STEEL			0.1	0.2	0.3	0.4	0.4	0.5	0.6	0.8	1.1	1.4	1.7	2.4	2.7	3.3	4.0	4.5	5.0	5.5	6.7
		C. I.										0.6	0.9		1.4	1.9	2.5	3.0	3.7	4.0	4.6	5.2	6.0
TEE-LINE LOW	SCREWED	STEEL	0.2	0.4	0.5	0.7	1.0	1.4	1.7	2.4	2.8	3.7	5.0										
		C. I.										3.0	4.2										
	FLANGED	STEEL			0.2	0.3	0.3	0.4	0.5	0.6	0.6	0.7	0.9	1.0	1.2	1.4	1.6	1.8	2.0	2.2	2.3	2.5	2.9
		C. I.										0.	0.		0.	1.	1.	1.	1.	2.	2.	2.	2.
TEE-BRANCH FLOW	SCREWED	STEEL	0.7	1.1	1.3	1.6	2.0	2.8	3.6	3.7	4.0	5.2	6.4										
		C. I.										4.2	5.2										
	FLANGED	STEEL			0.6	0.8	1.0	1.3	1.6	2.0	2.3	2.9	3.7	4.6	5.5	7.3	9.1	10.3	11.2	13.1	14.3	15.8	18.9
		C. I.										2.4	3.0		4.6	6.1	7.6	9.1	10.6	11.9	13.4	14.9	17.3
180° RETURN BEND	SCREWED	STEEL	0.7	0.9	1.1	1.3	1.6	2.0	2.3	2.6	2.8	3.4	4.0										
		C. I.										2.7	3.4										
	REG FLANGED	STEEL			0.3	0.4	0.5	0.6	0.7	0.9	1.1	1.3	1.8	2.2	2.7	3.8	4.3	5.2	5.5	6.4	7.0	7.6	9.1
		C. I.										1.1	1.5		2.2	3.0	3.7	4.6	5.2	5.8	6.7	7.3	8.5
	LOND RED FLANGED	STEEL			0.3	0.4	0.5	0.6	0.7	0.8	0.9	1.0	1.3	1.5	1.7	2.2	2.5	2.8	2.9	3.1	3.4	3.7	4.3
		C. I.										0.9	1.0		1.4	1.7	2.1	2.4	2.6	2.9	3.4	3.4	4.0
GLOBE VALVE	SCREWED	STEEL	6.4	6.7	6.7	7.3	8.8	11.3	12.8	16.5	18.9	24.1	33.5										
		C. I.										19.8	26.2										
	FLANGED	STEEL			11.6	12.2	13.7	16.5	18.0	21.3	23.5	28.6	36.5	45.6	57.8	79.1	94.5	11.9					
		C. I.										23.5	30.2		45.7	64.0	82.2	10.0					
CATE VALVE	SCREWED	STEEL	0.1	0.1	0.2	0.2	0.3	0.3	0.4	0.5	0.5	0.6	0.8										
		C. I.										0.5	0.6										
	FLANGED	STEEL								0.8	0.8	0.9	0.9	1.0	1.0	1.0	1.0	1.0	1.0	1.0	1.0	1.0	1.0
		C. I.										0.7	0.7		0.8	0.8	0.9	0.9	0.9	0.9	0.9	0.9	0.9
ANGLE VALVE	SCREWED	STEEL	3.9	4.6	4.6	4.6	5.2	5.5	5.5	5.5	5.5	5.5	5.5										
		C. I.										4.6	4.6										
	FLANGED	STEEL			4.6	4.6	5.2	5.5	5.5	6.4	6.7	8.5	11.6	15.2	19.2	27.4	36.6	42.6	48.7	57.9	64.0	73.1	91.3
		C. I.										7.0	9.4		15.8	22.6	29.9	36.5	45.7	51.8	61.0	70.0	85.2
SWING CHECK VALVE	SCREWED	STEEL	2.2	2.2	2.4	2.7	3.4	4.0	4.6	5.8	6.7	8.2	11.6										
		C. I.										6.7	9.5										
	FLANGED	STEEL			1.2	1.6	2.2	3.1	3.7	5.2	6.4	8.2	11.6	15.2	19.2	27.4	36.6	42.7					
		C. I.										6.7	9.5		15.8	22.6	29.9	36.5					
COUPLING OR UNION	SCREWED	STEEL	0.04	0.06	0.06	0.07	0.09	0.1	0.1	0.1	0.1	0.1	0.2										
		C. I.										0.1	0.3										
	BELL MOUTH INLET	STEEL	0.01	0.02	0.03	0.04	0.06	0.08	0.1	0.1	0.2	0.2	0.3	0.4	0.5	0.7	0.9	1.1	1.2	1.5	1.6	1.9	2.3
		C. I.										0.2	0.2		0.4	0.6	0.7	0.9	1.1	1.3	1.5	1.7	1.1
	SQARE MOUTH INLET	STEEL	0.1	0.2	0.3	0.4	0.6	0.8	0.9	1.3	1.6	2.0	2.9	4.0	4.9	7.0	8.8	10.7	12.2	14.3	16.1	18.6	23.1
		C. I.										1.7	2.3		4.0	5.8	7.3	9.1	10.9	13.1	15.2	17.3	21.4
	RE-ENTRANT PIPE	STEEL	0.3	0.4	0.6	0.8	1.1	1.5	1.9	2.6	3.0	4.0	4.8	7.6	9.7	13.7	17.7	21.4	24.4	29.0	33.5	36.5	45.6
												3.4	4.6		7.9	11.3	14.9	18.6	22.2	26.2	30.5	33.5	42.6
	SUDDEN ENLARGE MENT		$h=\frac{(V_1-V_2)^2}{2g}$																				

출처 : Hydraulic Institute

압력손실 계산을 간단히 하기 위한 소프트웨어 안내

SMC(주)의 계산 소프트웨어를 사용하면 더 간단히 계산 가능하다.
이 소프트웨어는 SMC의 홈페이지에서 간단하게 다운로드 가능하다. 다운로드 순서는 다음과 같다.

① SMC 홈페이지 http://www.smcworld.com/
② 제품자료
③ 소프트웨어 정보
④ 에너지 절감 프로그램 (약 54MB)
⑤ 다운로드
⑥ [EnergySavingVer3.1d1JP.exe]를 더블 클릭하여 압축 데이터를 풀기
⑦ 저장된 폴더[EnergySavingVer3.1d1JP.exe]를 열어 [setup.exe]
를 더블클릭하여 인스톨한다.
다음으로 계산하는 순서는 아래와 같다. 소프트웨어를 가동
⑧ 공장의 에너지절감 계산
메인 배관의 압력강하를 선택
⑨ 내경, 길이, 상류압력, 유량을 입력
⑩ 계산실행을 클릭

덧붙여 내경 100mm, 길이 30m, 상류측 압력 0.7MPa, 유량 100㎥/m 을 입력하여 계산실행을 클릭하면 계산결과로서 압력강하=0.022MPa 가 표시된다.

배관 비용까지 포함한 검토에 대해서는 [공기압 시스템의 에너지절감] 제 9장 [공급배관계의 에너지절감]에 상세히 해설되어 있다.

또한, 배관을 새롭게 설계하는 경우의 유속은 기준을 15m/s 이하로 한다. 계획도가 완성된 시점에서 SMC의 소프트웨어로 압력 손실을 계산하여 확인 한다.

압력손실을 방지하는 포인트 1 (체크 밸브의 선정)

체크 밸브의 역할은 압축기가 정지 시 모관(母管)에서 정지 중인 압축기에 공기의 역류를 방지하기 위한 것으로 역류하면 터보형 압축기나 드라이 스크류식 압축기에서는 축베어링에 급유되지 않은 상태에서 로터가 역으로 회전하여 축베어링이 손상된다. 구조는(그림44.1)의 역류 방지 밸브의 종류에 있는 것처럼 3가지의 형식이 있다.

스윙식은 예전부터 사용 되고 있으나 면 간거리가 커서 압축기 유닛이 크면 일반적으로 개폐(開閉 : 열고 닫음) 수명이 짧다.

버터플라이식은 에너지절감의 관점에서는 압력손실이 가장 작기 때문에 추천한다.

메탈콘택트 타입으로 개폐수명이 100만회 이상.

리프트식은 A와 B로 2종류를 나타내지만, A는 소형, B(4인치 이상)는 대형에 사용된다.

B는 왕복동 압축기의 밸브로 사용하는 경우 수명이 길고, 개폐 수명도 10,000만회 이상이 되며, 신뢰성이 가장 높다.

그러나 밸브의 구멍에 씰을 붙여야 하는 면적이 꽤 크므로 누수량이 가장 많다.

안타깝지만 위의 3종류의 체크 밸브의 압력 손실의 데이터나 누설량의 데이터는 없다. 스윙식은 (표44.2)에 해당 하는 길이가 기재되어 있지만, 다른 타입은 제조업체의 홈페이지에도 공개 되어 있지 않다. 그러한 상황에 굳이 에너지절감의 관점에서 평가하자면 압력손실이 가장 적고, 정지시 누설량이 적은 버터플라이식을 추천한다.

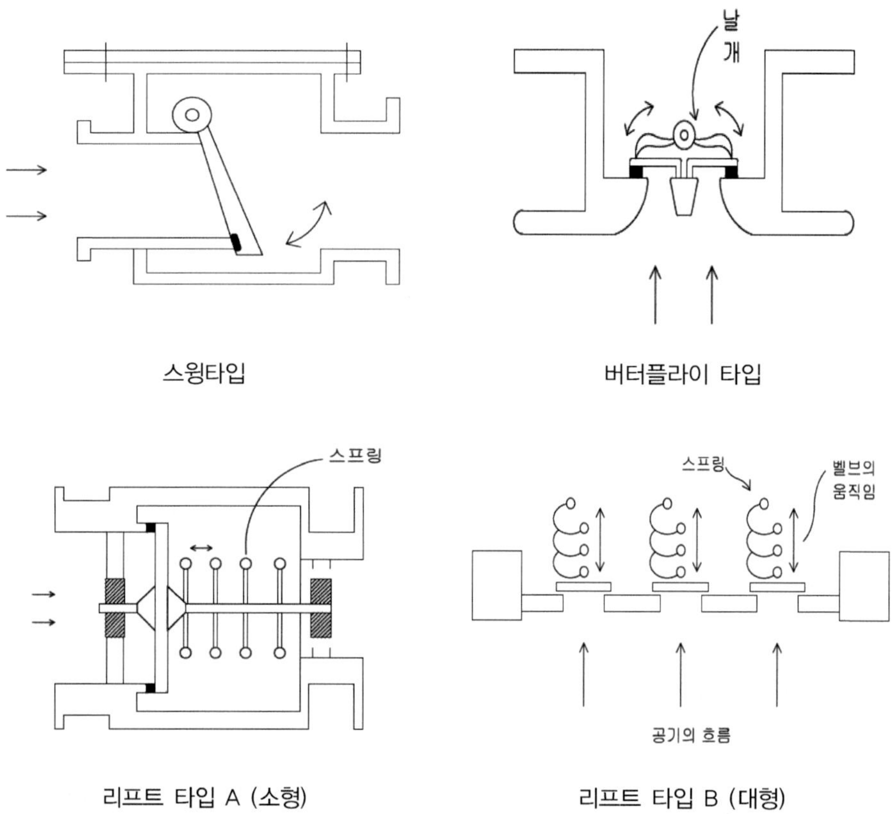

| 그림 44.1 | 체크 밸브의 종류

▶제안 – 배관라인의 필터

장기 운전을 하는 기계가 갑자기 정전으로 멈추면, 체크밸브가 장시간 열린 채로 있으면 스틱으로 해도 닫히지 않는 경우가 있다. 정전시 오일이 떨어진 상태에 역회전을 하여 멈춘 상태가 되면 축은 이미 이상이 있는 상태가 된다. 이 상태에서 재가동하게 되면 축베어링 뿐만 아니라 진동으로 인해 로터나 기어 부분까지 큰 데미지를 입히게 된다. 정전 되어 정지한 경우는 압축기 본체를 열어 축 베어링의 손상이 없는지 충분히 확인한 후에 재가동해야 한다. 필자의 경험으로는 국내에 납품한 모업체의 제품 중에 쥐가 전력 케이블을 갉아먹어 정전이 발생되어 현장의 터보압축기가 손상 되고 쥐의 사체가 있던 경험도 있다. 그 이후 역류방지 밸브만으로는 믿을 수 없어 정전 시 전부 열리는 토출 자동밸브를 토출라인에 설치하게 되었다.

압력손실을 방지하는 포인트 2 (토출 밸브의 선택)

배관라인에서 사용하는 밸브에는 구슬형 밸브(글로브 밸브), 슬루스 밸브(게이트 밸브), 볼 밸브, 버터플라이 밸브가 있다.(그림44.2)

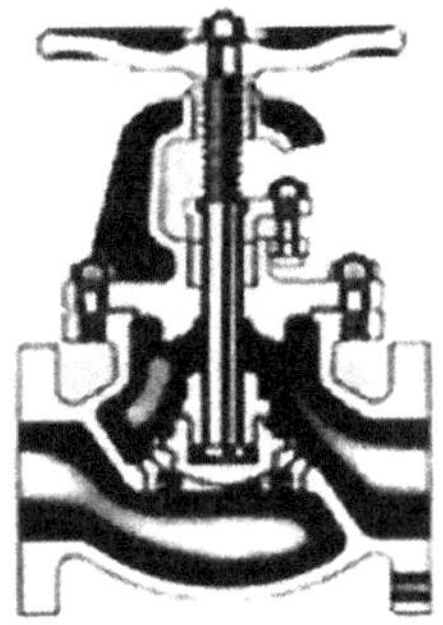

글로브 밸브(Glove Valve)

게이트 밸브(Gate Valve)

볼 밸브(Ball Valve)

버터플라이 밸브(Butterfly Valve)

I 그림 44.2 I 밸브의 종류(출처:사단법인 밸브공업회)

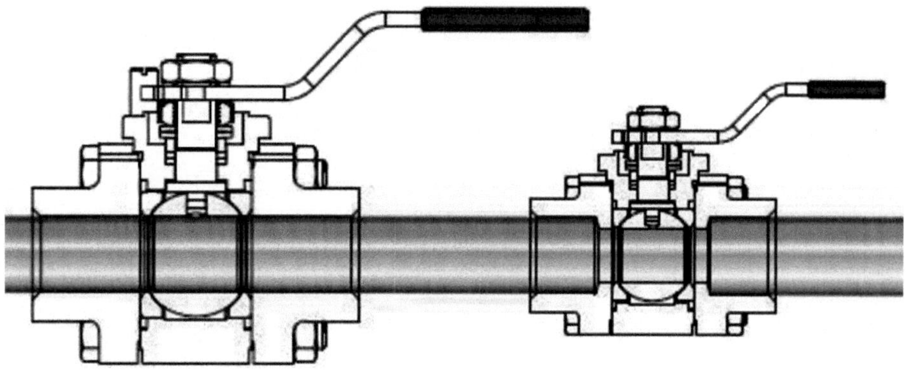

그림 44.3 볼 밸브의 비교

글로브 밸브와 볼 밸브는 비교적 작은 사이즈, 게이트 밸브, 버터플라이 밸브는 비교적 큰 사이즈로 사용된다.

기본적으로는 압력손실을 줄이기 위해서 밸브는 압력손실이 큰 글로브 밸브에서 볼 밸브나 버터플라이 밸브로 바꾼다. 글로브 밸브는 유량을 조정하는 목적으로, 공기 배관라인에서 보통 용도는 닫기(전폐:全閉) 열기(전개:全開)로 사용하며 도중의 개도(開度)에서는 사용하지 않는다. 따라서 저렴하며 공기저항이 적은 볼 밸브(Ball Valve) 나 버터플라이 밸브(Butterfly Valve)를 사용할 수밖에 없다. 볼 밸브는 작은 사이즈로 사용하고, 버터플라이 밸브는 비교적 큰 사이즈로 사용한다. 선정 방법의 결정은 3인치(경 80mm)정도 이다. 4B 이상은 버터플라이 밸브가 저렴하다. 게이트 밸브(Gate Valve)는 개폐(開閉:열고 닫음)만으로 사용하며 공기저항도 적지만 구조상 이물질이 끼기 쉽고 조작성이 좋지 않고 가격도 비싸서 추천하지 않는다.

이미 설치된 배관의 밸브 형식 조사를 할 경우, 버터플라이 밸브나 게이트 밸브는 외관상으로 구별하기 쉽다. 글로브 밸브와 볼 밸브는 밸브 본체는 비슷하지만, 개폐 조작장소의 형태가 달라 간단히 구별할 수 있다. 글로브 밸브는 360도 회전하는 핸들이 있으며 볼 밸브와 밸브 각도가 90도 밖에 움직이지 않는 핸들이 있는 구조이다.

볼 밸브에서 주의할 점은 접촉 지름과 내부 지름이 같은 타입(full-bore라고 한다)을 선택할 것. 내경이 작은 타입도 있으므로 주의를 요한다.(Reduced-bore라고 한다) 형태만으로 판단하기 어렵지만, 한번 비교해 본다면 떼어내지 않고도 판단할 수 있다.

볼 밸브의 비교는 (그림44.3)을 참조하기 바란다.

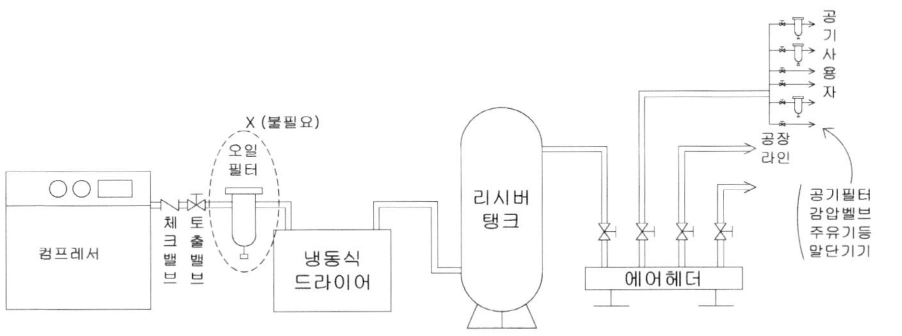

❙그림 44.4❙ 압축공기 라인

말단의 공기사용 장소에서 공기량을 조정할 필요가 있을 때에 글로브 밸브나 니들 밸브가 사용된다. 또한 공기가 아닌 냉각수 용도는 유량의 조정이 필요한 용도로 글로브 밸브가 사용된다. 공장 공기라인에서 글로브 밸브나 게이트 밸브를 사용하는 용도는 별로 없겠지만, 실제로 배관이나 낡은 설비에는 압력 손실을 고려하지 않고 사용하고 있는 것이 현실이다.

압력손실을 방지하는 포인트 3 (라인의 오일 필터의 철거)

급유식 스크류의 압축기의 유닛 가운데 압축공기중의 오일을 회수하는 큰 회수기가 있는데, 제조업체의 자료, 카탈로그나 압축기 전문지의 FLOW CHART에 압축기 유닛 다음, 드라이어 앞에 라인(오일)필터가 기재되는 경우가 있다.(그림44.4) 이 압축공기 라인 그림을 보면 드라이어에 라인 필터가 필요하다고 생각한다.

공장 공기용 드라이어는 흡착식이 아니므로 드라이어 제조업체 에게 확인 했지만, 냉동식 드라이어에 오일 필터는 불필요 하다. 그러나 실제로 일반 공장의 압축기 설비는 그 FLOW CHART와 같이 드라이어의 상류에 라인 필터가 설치되어 있는 경우가 꽤 많다.

압축공기를 최종적으로 에어실린더 구동용으로 사용하는 경우에는 통상적으로 필요에 의해 공기필터, 감압밸브, 루블리 케이터(Lubricator) 등 3가지 셋트를 사용한다. 에어실린더의 용도가 아니고 루블리케이터를 사용하지 않는 경우에도 상류의 배관에 스케일(Pipe Scale : 배관 이물질)를 제거할 필요가 있는 경우는 말단에 공기 필터를 사용한다.

이 드라이어 상류에 필터를 설치하는 것에 따라서 초기 투자비용이 증가 시키고 초기의 용기 저항이나 엘레멘트 저항 손실, 배관 손실을 증가시키며, 이 필터는 막히면 더욱 더 압력 손실을 증가시키고 압축기의 소비전력을 증가 시켜 엘레멘트 교환으로 소모품 비용이나 교환 횟수를 증가 시키게 된다. 대체 왜 이렇게 라인(오일)필터가 많이 사용되어 지는지가 의문이다.

필자는 특별한 사정이 없다면 불필요하기 때문에 엘레멘트를 철거하는 것을 제안한다.(통상적으로 말단의 사용하는 것을 목적으로 하여 설치해야 한다.) 이 필터의 압력 손실이 큰 경우에는 철거를 해야 한다. 오일필터를 바이패스하는 밸브가 있는 경우 이 바이배스 밸브를 전부 개방하여 놓는다.

▶제안 – 배관라인의 필터

에너지절감 진단을 할 때 꼭 오일필터의 철거를 제안한다.
바이패스 밸브가 있는 경우는 전부 열어놓지만 어느 날 드라이 스크류식 압축기에서도 압축기의 배관 하단에 라인필터가 붙어 있었던 적이 있다. 필터의 사용목적은 모르겠지만 고객에게는 철거를 추천하였지만, 역으로 증설할 기계에도 달고 싶다고 하였다. 그 후 이 필터가 막혀서 압축기의 운전압력이 상승하여 운전을 할 수 없게 되었다. 그뿐만 아니라 압축기를 정지하여 필터를 정비하고 있는 기간에, 스크류의 로터가 녹이 슬어 움직이지 않게 되어 압축기 본체의 수리를 위해 제조공장에 가져 갈 수밖에 없었다.

압력 손실을 방지하는 포인트 4 (드라이어의 압력 손실 대책)

여기서는 드라이어의 압력 손실은 20 kPa(0.2kg/㎠) 이하가 되도록 하여야 할 것이다.

압력 손실을 방지하는 포인트 5 (유량계의 압력 손실 대책)

전력과 같이 사용공기 유량을 측정하는 것은 에너지 관리상 매우 중요한 일이며, 배관 상에서 압력 손실도 고려할 필요가 있다.

타입으로는 오리피스식, 카르만식, 열식, 질량식, 초음파식이 있지만 오리피스식, 카르만과 식(過式)은 배관내에 저항물을 투입하는 것으로 전력 손실이 크다. 특히 오리피스식은 차압을 이용하여 유량을 측정하는 원리 이며 본래 유량 성능 검정에 사용하는 것으로 관리용으로 사용하기에는 어렵다. 실제로는 0.03 MPa(0.3kg/㎠) 이상의 압력 손실을 발생시키며 운전한다는 것이 보고되고 있다. 카르만과식도 오리피스 유량계와 같이 압력손실이 너무 크므로 대표 제품으로서 상품화 되었지만 역시 손실물이 크다. 한편, 열식, 질량식은 작은 막대를 투입하는 것으로 압력손실은 0.002 MPa(0.02kg/㎠) 이하로 압력손실은 ZERO에 가깝다고 봐도 좋다. 초음파식은 배관 내에 아무것도 투입하지 않으므로 그 길이의 배관으로 간주해도 좋다.

압력 손실을 방지하는 포인트 6 (급유식 스크류 압축기의 보압밸브 설정 변경)

급유식 스크류는 공기를 압축한 후 공기중의 오일을 회수하는 오일회수기(오일 세퍼레이터(Oil Separator)또는 오일섬프(Oil Sump)라고 불리고 있다.)가 꼭 장착 되어있다.

회수 원리는 압축공기를 압축한 엘레멘트(부직섬유)를 통과시켜서 유적물을 회수하는 것으로 그 통과 속도의 제한이 있다. 통과 시 속도가 한도를 넘으면 유적물은 엘레멘트로 회수 되지 못한다. 유적물을 확실하게 회수하기 위해서 오일회수기에는 엘레멘트 통과속도를 일정 이하로 하는 목적으로 회수기의 압력이 일정이상을 가지도록 하는 보압밸브가 장착되어 있다.

필자의 경험으로는 0.45~0.55 MPa로 설정되어 있다. 이것은 납품 시 검사 기록이나 서비스 회사에서 실시하는 정기점검 때 기록으로 기재되어 있다. 즉 제조업체 출하 또는 정기 점검 시에 꼭 조정이 필요한 것이다.

이 보압밸브 스프링의 조정을 정기적으로 실시하는 것은 시간이 지나 스프링이 망가져, 보압 압력이 내려가면 오일이 회수 되지 않고, 없어져 버리기 때문이다.(그림44.5)

서론이 길어졌지만, 기왕에 압축기의 운전압력을 목표인 0.5 MPa로 내려도 보압 밸브의 설정이 0.55 MPa이면 압축기 유닛의 출구압력이 0.5 MPa여도 압축기 본체는 0.55 MPa 이상으로 압축 하고 있어서 압축기의 소비동력은 내려가지 않는다. 필자의 경험으로는 0.45 MPa 까지 낮출 수 있는 제조업체와 낮출 수 없는 제조업체가 있었다. 독자는 먼저 납품 시 검사기록이나 서비스 회사가 실시한 정기 점검 기록으로 보압밸브의 현장 설정치를 확인 하고, 그 후 제조업체와 어디까지 낮출 수 있는지를 상담하는 것을 추천한다.

최근 압축기의 유닛은 이전에 비해 같은 출력과 비교하면 소형이므로 오일 회수기의 크기가 작아지고 있다. 회수 엘레멘트가 작으면 보압밸브의 설정압력을 낮추지 못할 가능성이 있다. 제조업체에서 확인하지 않고 마음대로 낮추면 오일회수 기능을 잃어버릴 가능성이 있다.

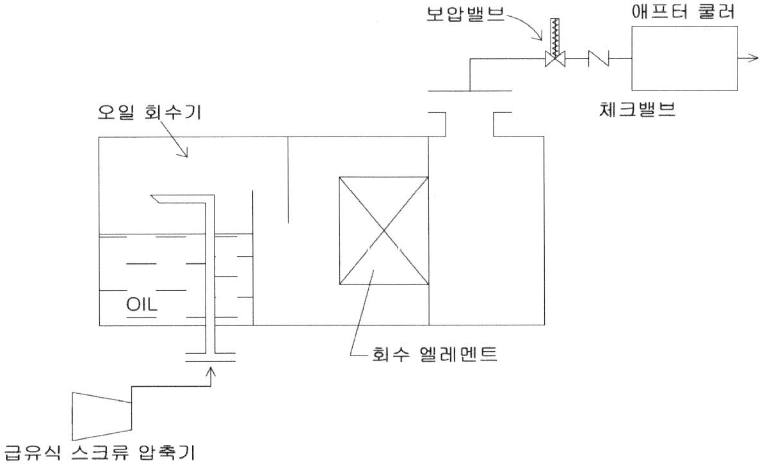

| 그림 44.5 | 급유식 스크류 압축기의 오일 회수 시스템

필자의 노력으로는 토출밸브의 교환, 드라이어의 교환, 공기이송(送氣) 배관에 있는 오일 필터의 철거로 압력손실 합계 0.05 MPa만큼 절감하고, 압축기의 운전 압력을 0.55 MPa에서0.50 MPa로 설정, 보압밸브의 설정압력을 0.54 MPa에서 0.45 MPa로 변경했다.

공개 정보로서 에너지절감 센터의 발표 자료를 소개하면 보압밸브를 개조하여 (설정압의 스프링 조정뿐만 아니라 밸브전체를 개조) 운전압력을 0.57MPa에서 0.50MPa로 낮춘 것이 월간 전력 소비가 5.5% 낮아졌다.

▶ 제안 – 압축기 에너지 절감을 위한 긴급 체크 포인트

근본적인 대책과는 별개로 바로 실천 가능한 긴급 에너지 절감 대책을 소개하고 싶다. 우선 여기에 명시된 항목을 체크하는 것만으로도 공장에 있어서는 큰 효과가 기대된다.(상세한 근거는 본문에서 확인 바람)

◎ 압축기 본체의 에너지 절감 대책

① 운전압력을 한계까지 떨어트린다.
사용압력 0.1 MPa (1.0kg/㎠) 저하시에 약 7% 전력감소

② 흡입필터의 청소 또는 교환
흡입 압력 손실 100mAq 삭감으로 0.3~0.6%의 전력감소

③ 공기 냉각기의 청소
오일프리 2단기로 공기온도 3℃ 절감으로 약 0.4%의 전력감소
(드라이 스크류와 왕복동은 사용상의 주의를 확인 할 것)

④ 흡입온도를 낮추기 위해 방의 환기를 강화 하거나 직접 실외에서 공기흡입
5℃저하로 약 1.0%의 전력감소(등온 압축에 가깝다)

⑤ 터보형 압축기의 본체 공기 유입 통로부 (임펠러, 디퓨저) 청소
2~10%의 능력 회복. 0.5~3%의 전력감소(효율복원)

⑥ 터보형 압축기의 윤활유 온도를 허용한계까지 높힌다.
예 : 급유 온도 40℃→50℃로 1~3kW의 전력감소(기계 손실 절감)

⑦ 급유식 스크류 압축기의 오일회수 엘레멘트 교환
예 : 압력손실 0.04 MPa(0.4kg/㎠)→0.01 MPa(0.1kg/㎠)로 약 2% 전력감소(압력 손실 절감)

◎ 압축기 본체 이외의 에너지 절감 대책

⑧ 라인 오일필터(급유식)의 엘레멘트 교환
압력손실 0.03 MPa(0.3kg/㎠)→0.01 MPa(0.1kg/㎠)의 절감으로 압축기의 운전압력 절감으로 약 1% 전력감소

⑨ 여름철 드라이어의 설정노점 온도를 높힌다(과냉각 방지)
운전압력 0.6 MPa로 운전 노점온도를 10℃에서 11℃로 변경하여 드라이어 전력의 약 2.5%를 절감

⑩ 에어건을 에너지절감 타입으로 교환하여 소비량 약 30% 절감 가능 (노즐 효과향상)
⑪ 유저 라인 마다 스톱밸브를 설치한다. 라인 정지 시에 스톱밸브로 공기의 누설을 방지(통상적으로 공장에서는 약 20%의 공기가 샌다)

참고문헌

(1) 하세가와 카즈미(長谷川和三):[공장관리]2011년8월호, p.109

45 에어 컴프레셔의 제어에 따른 에너지 절약

공장내의 공기는 사용량이 변화하기 때문에 부분 부하의 비동력이 중요하다.

제조업체의 카탈로그에는 제어의 특징이 기재되어 있지만 압축기 구입 시 계약 조건에는 100% 부하 시 동력밖에 없고, 사용자의 관심도 높고 가장 중요한 무부하나 부분 부하는 보증하지 않고, 또한 제조업체도 엄밀히 측정도 하지 않는 것이 현실이다.

▣ 각 압축기의 부분 부하 동력

(1) 왕복동식 압축기

왕복동식 압축기는 실리더의 일부 흡입밸브를 개방하여, 공기를 압축하지 않으므로 압축기 가운데 가장 부분 부하 효율이 좋다. 소비동력은 일직선으로 변화하는 것이 이상적이다.(그림45.1)

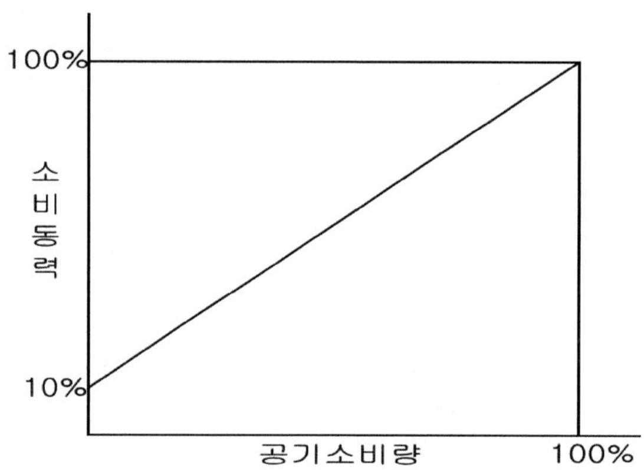

❙그림 45.1❙ 왕복동압축기의 부하특성

(2) 급유식 스크류 압축기

(a) 흡입밸브 개폐

유량을 줄이는 것에 흡입밸브를 조절하여 흡입압력을 낮춘다. 토출압력은 일정하기 때문에 흡입압력이 내려간 만큼 압력비가 상승하고 비동력이 나빠진다. 압력비 상승으로 토출온도도 상승하므로 수축의 한계가 있다. 따라서 부분 부하 효율은 매우 나쁘다. 그림5.2의 흡입밸브 수축을 참고 바란다.

(b) 슬라이드 밸브 방식

스크류 로터와 같은 방향으로 이동하는 슬라이드 밸브를 설치하여 로터의 유효 길이를 짧게 하여 흡입량을 줄이는 방법. 압력비는 상승하지 않으므로 흡입밸브 수축방식보다 꽤 비동력이 좋다. 그림45.2의 슬라이드 밸브식을 참고 바란다.

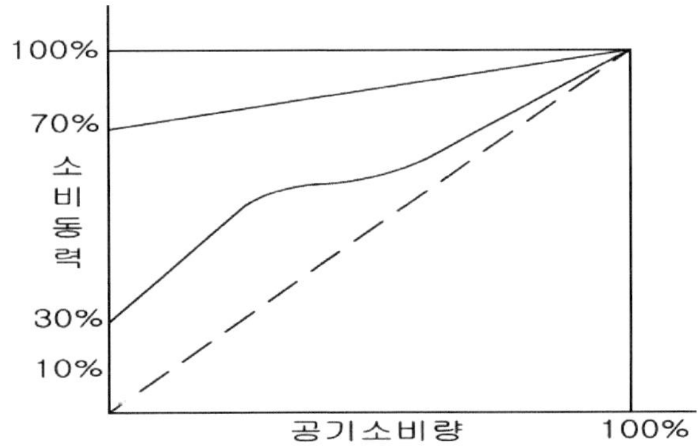

| 그림 45.2 | 급유식 스크류 압축기의 부분부하 특성(흡입 밸브 수축과 슬라이드 밸브)

(c) 인버터 제어(Inverter Control)

전원의 주파수를 바꿔 회전수를 낮추는 방법. 사실 급유식 스크류는 누수 손실과 가동 손실의 밸런스와 회전수로 효율을 변화하며 통상 정격의 100%에서의 회전수는 최고 효율점이 아니라 최고 회전수 보다 낮은 회전에서 최고 효율점이 있다.

따라서 통상 부분 부하 운전인 쪽이 비동력이 좋다.

70~90%의 사이 어딘가에 최고 효율점이 있다. 같은 로터 사이즈로 회전수가 높은 대 출력의 기종은, 그 보다 회전수가 낮은 곳에 최고효율점이 있다는 것이다.

인버터 제어에서 압력 일정제어를 실시 가능하므로 부하 무부하 운전에 비교하여 평균 운전압력을 낮추는 것이 가능하다. (그림45.3)가운데 △kW는 그 저하효율을 나타낸다. 그 절대치는 압축기 후단의 배관이나 리시버탱크의 용적에 따라 달라 제시할 수 없다.

이 제어가 스크류 압축기의 제어로서 가장 보편적이고 알맞다. 또한 대 출력의 인버터가 양산 되고 있지 않으므로 300kW이하에서 보급 되고 있는 현실이다.

(3) 수(水)윤활 스크류 압축기 (Water Injection Screw Compressor)

슬라이드 밸브식이 존재하지 않을 뿐 기본적으로 급유식과 같은 효율을 발휘하여 오일 프리가 필요한 공장에 적합하다.

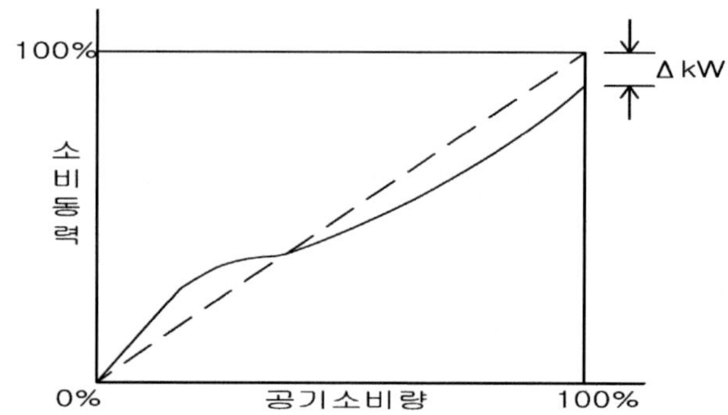

| 그림 45.3 | 급유식 스크류 압축기의 부분부하 특성(인버터 제어)

(4) 드라이 스크류식 압축기

흡입밸브 조정 방식은 압력비 상승으로 토출 온도가 상승하고 로터끼리 접촉하여 타버리므로 쓰지 않는다.

인버터 제어가 매우 유용하여 제조업체에 따라서는 50~100%의 용량제어가 가능하다.

급유식 스크류와 같이 100%의 회전수 보다 적은 회전수 쪽이 비동력이 좋다.

용량 조정 범위가 좁은 터보형 압축기가 여러대 사용되고 있는 공장에서 용량 조정기로서 사용되고 있다. 단 대 출력의 저렴한 인버터가 없어 일본에서는 그다지 보급되어 있지 않다.

(5) 터보형 압축기

스크류 등 용적형과 다르게 흡입밸브를 수축하면 작동점이 작은 유량측에 이동한 운전점이 된다. (그림45.4)에 따라 원래 정격보다 작은 유량의 A1의 점이 A2의 운전점으로 이동한다. 따라서 압력비는 상승하지만, 오일식 스크류 등에 비하면 흡입밸브의 조정이 적은 만큼 비동력의 악화는 적다.

흡입밸브에 IGV(inlet guide vane : 그림45.4)를 사용하면 흡입공기에 선회를 주어 임펠러의 사용량을 줄이므로 부분 부하 효율은 좋아진다. 임펠러의 최고 효율점이 고압이 되는 경우는 IGV로 수축한 경우인 쪽이 100% 부하 때 보다 비동력이 좋은 경우가 있다. 특히 흡입 온도가 낮은 경우는 꼭 그렇게 된다.(그림45.6)

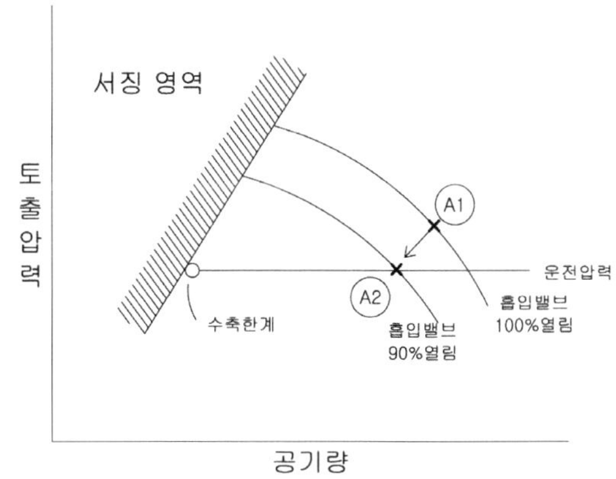

▌그림 45.4▐ 터보형 압축기의 흡입밸브 수축

터보형 압축기의 결점은 서어징(surging)이라는 특성 때문에 흡입밸브 조정에 한계가 있다. 서어징은 통상 디퓨저의 실속(失速)이 원인이므로 디퓨저 바이패스나 디퓨저 조정제어를 실시하면 해결 가능하나, 공기압축기에서는 아직 상품화 되지 않았다.

부분 부하 운전이 많은 터보 냉동기나 자동차의 터보차저는 이전부터 상품화 되어 있다.

▌그림 45.5▐ IGV(inlet guide vane)

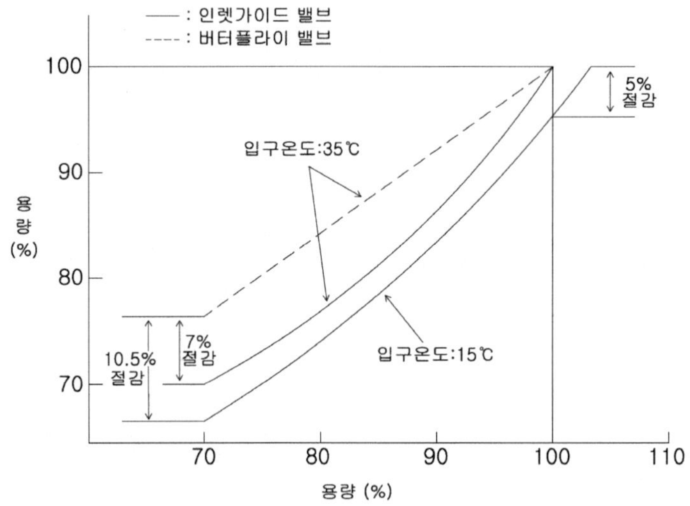

▎그림 45.6▎ IGV와 버터플라이 밸브의 비교

▣ 부하 무부하 제어 (무부하 마력)

각 압축기의 무부하 소비 동력

무부하 마력이란 부하 무부하 제어에 있어서 무부하의 소비동력이 불필요한 동력으로서 주목 해야만 하는 중요한 항목이다. 이하 각 압축기의 형식 마다 무부하 소비동력을 말하겠다.

(1) 왕복동식 압축기

왕복동식 압축기는 무부하 상태에서는 이전 5.1에서 말한 바와 같이 흡입밸브를 개방하여 압축을 하지 않으므로 가장 무부하 동력이 적은 10~15%이다.(그림45.1)

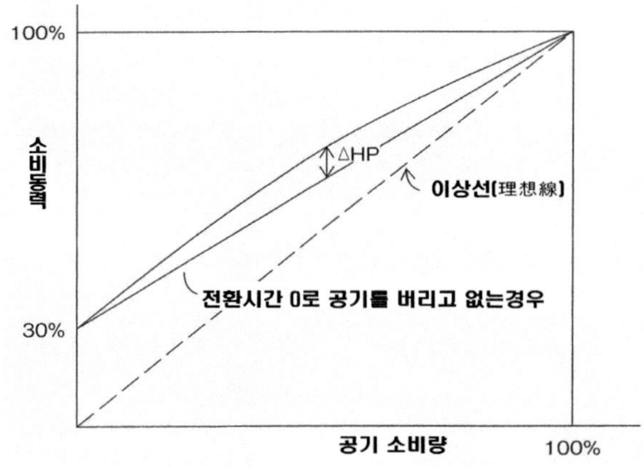

▎그림 45.7▎ 급유식 및 물분사식 스크류 압축기의 퍼지 제어

(2) 급유식 및 물분사식 스크류 압축기

급유식 및 물분사식 스크류 압축기는 무부하 상태에서는 흡입밸브를 수축, 토출측을 대기로 개방하지만(제조업체는 퍼지식이라고 부른다) 오일이나 물의 회수 기능 유지를 위해 약0.1~0.2MPaG의 토출압력을 가지므로 압력비가 높고, 수축량을 크게 할 수 없으므로 무부하 동력은 25~35%로 매우 크다.(그림45.7)

그러나, 퍼지를 하지 않는 낡은 타입의 그림5.2의 흡입밸브 수축식의 무부하동력 70%에 비교하면 현격한 개선이다. 설치되어 있는 스크류 압축기는 퍼지를 하고 있는지 아닌지 확인해보고 싶다. (회전수 제어를 하지 않을 때)

(3) 드라이 스크류식과 터보형 압축기

드라이 스크류식 압축기와 터보형 압축기는 토출측을 대기에 완전히 개방하여 토출 입력을 대부분 대기입력으로 하여 흡입유량을 약 12%까지 수축하고, 압력비를 정격압력 운전 때와 거의 같게 하면 압축하는 것은 정격 12%가 되고 무부하 동력은 기계손실을 더하여 17~25%가 된다.(회전수 제어를 하지 않을 때)

터보형으로 흡입밸브로서 IGV를 사용할 경우는 전폐라도 베인의 사이에 틈새가 큰 경우는 무부하 마력이 커지므로 제조업체에 무부하 동력을 확인 하고, 큰 경우는 개선을 요구할 필요가 있다. 기존에 설치되어 있는 경우는 한번 무부하 동력을 측정하여 확인 해보는 것이 좋다.

무부하 동력 시 모터의 효율 저하

사용자에 있어서 무부하 동력은 압축기의 축 동력이 아니고 모터 기동판의 입력이다. 모터는 저출력에서는 효율이 5~10% 저하하며 인버터의 경우는 그 변환 로스도 있다. 제조업체의 카탈로그 표시나 사양서 에서는 그것을 무시하고 있다. 현재 안타깝지만 본 E-TECK 연구소는 이것의 크기를 상세하게 표현 할 만한 종합 데이터는 가지고 있는 것이 없다.

이와 같이 무부하 동력은 매우 중요한 항목임에도 불구하고 제조업체 보증 항목에도 포함되지 않고 수주 시에 의논 대상에서 제외되고 있다. 사용자의 관심이 높아지면 자연스럽게 의논이 시작될 테이니 이 책이 무부하 동력에 대한 시작이 되었으면 좋겠습니다.

▣ 부하 무부하의 전환 시간

(1) 터보형 압축기의 부하 무부하 전환 시간

1980년대에는 터보형 압축기의 사용자가 무부하 전환 시에 대량의 압축공기를 대기에 방출해 버린 것을 지적 받았다. 당시 제조업체가 제시한 예상 성능에서는 무부하 동력은 15%정도로 표시하고 100%유량의 점과 직선으로 연결되어 있다. 그러나 전환 시간은 길고 전환 시 공기를 버리면서 운전하고 있으므로 그것까지 계산하면 그림45.8이 된다.

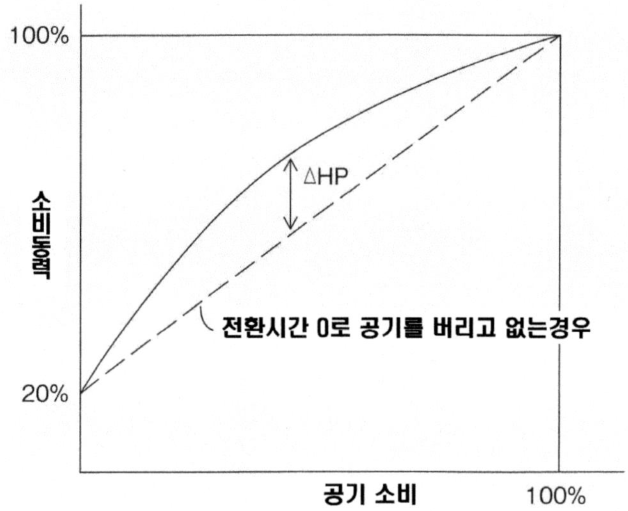

▌그림 45.8▐ 부하 무부하 제어의 축마력(실효치)

전환시간은 6초로 하고, 왕복 합계 12초간으로 공기를 버리는 시간을 12초의 절반인 6초로 하여 계산하면 (그림45.8)과 같이 불필요한 동력 △HP는 최대로 10%정도가 된다.

터보 형으로 전환시간 6초를 달성하는데 서지(serge)에 들어갈 수 없도록 흡입 밸브의 개폐 스피드를 제어할 필요가 있어 그 방법에 대한 연구가 필요하다.

전환시간이 이 계산의 6초보다 길면 그 만큼 △HP는 10%보다 커진다.

사용자는 전환시간을 측정하여 길면 서비스 회사의 전환시간의 단축조정을 의뢰하는 것이 좋다.

(2) 급유식 스크류 압축기의 부하 무부하 전환 시간

2009년에 사용자의 현장에서 진단하던 때, 납품된지 얼마안된 255 kW급의 급유식 스크류가 오일 회수기 안의 압축공기를 무부하일 때 큰 소음을 내면서 대기중에 수초(數秒)간에 걸쳐서 버리고 있었다.

퍼지식의 급유식 스크류에 있어서도 불필요한 소비동력을 계산하지는 않았지만 비슷한 △HP가 존재한다.(그림45.7에서 △HP로서 표시했다.)

제조업체의 카탈로그나 제시된 부분 부하성능 데이터는 위와 같이 대기 방풍 손실을 포함하고 있지 않는 것은 옳지 않다. 계산하는 것은 리시버 용량과 제어의 압력폭이 필요하며 그것을 제조업체에 제시하여 계산 시켜 실제 성능을 파악할 필요가 있다.

또한 무부하로 전환 시 큰 소음을 내지 않는 것은 오일 회수기의 공기를 버리지 않는 방식, 즉 무부하 시에 토출압력을 버리지 않는 방식으로 유량 0%에서도 70~80%까지 밖에 내려가지 않는 구식이다.(그림45.2의 흡입밸브 수축식을 참조)

(3) 물 분사식 스크류 압축기의 부하 무부하 전환 시간

물 분사식 스크류는 기본적으로 급유식 스크류와 같지만 물 회수용기의 크기가 급유식에 비해 작으므로 공기를 버리는 양이 적고, 이론적으로는 전환 시간이 적고 △HP는 작다.(실제 성능을 평가 할 때 무부하 특성이 매우 양호하다.)

(4) 드라이 스크류식 압축기의 부하 무부하 전환 시간

드라이 스크류식의 경우는 오일 회수기나 서어징 현상이 없으므로 부하, 무부하의 전환이 순간이다.버리는 것은 인터쿨러나 애프터쿨러의 내부 공기뿐이며 그 양은 적다. 따라서 그림45.9의 표시를 사용할 수 있다.

(5) 왕복동식 압축기의 부하 무부하 전환 시간

왕복동식의 밸브의 전화는 순간으로 공기를 버리지도 않으며, 에너지 계산을 하면 불필요 동력 △HP는 완전히 제로 이다.

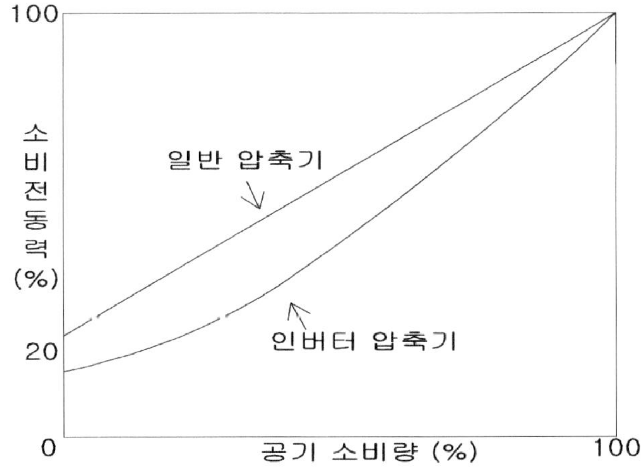

그림 45.9 수(水)윤활 스크류식 압축기의 부하 무부하 제어 특성

▣ 미세압력 제어

디지털 압력 센서에서 압력을 검출하여 압력제어의 폭을 작게하는 방법으로 최저 운전압력을 바꾸지 않고도 제어의 설정 폭을 100 kPa(1.0kg/㎠)에서 20 kPa(0.2kg/㎠)로 변경이 가능하면 평균 운전압력은 40 kPa(0.4kg/㎠) 낮추는 것이 가능하다. 단지 압축기의 부하, 무부하의 전환 횟수가 늘어 나므로 배관과 리시버 용적에서 전환 횟수를 계산하여 압축기나 역류방지 밸브의 횟수 수명의 확인이 필요하다. 이 전환 횟수를 줄이는 것과 동시에 인버터형 압축기를 혼용하여 용량 조정기를 대신하는 것이 효과적이며 통상 대수제어반에 그 기능이 있으므로 동시에 설치를 검토했으면 좋겠다.

▣ 대수제어

시장에서 판매되고 있는 대수제어 장치는 여러대의 압축기 운전으로

① 100% 부하 운전기

② 정지 대기

③ 용량 조정 운전기 (inverter type)

의 3종류의 운전하는 기능을 가진다. ③를 1대만 설치하여 전력이 가장 불필요한 무부하 운전을 ③만을 1대 이하로 하는 목적을 가진다.

이러한 기능이 없으면 무인 운전으로는 ③이 여러대가 되며 무부하 운전기는 여러대가 되버린다.

그 밖의 기능으로서는 여러대 각각의 압축기의 운전시간을 평준화 하기 위해서 로테이션 기능이 있다. 또한 전동기의 기동 시에 과열 제한을 지키기 위해 정지 전에 전동기의 냉각을 위하여 무부하 운전 기능을 가지는 경우가 있다. 메인로드에 적용한 대형기를 100% 부하 ①에 고정하고 용량 조정에 맞춘 인버터기를 ③으로 하는 방법도 가능하다.

대수제어 장치의 특징과 성(省)전력 성능

대수제어 운전에 비하여, 종래의 흡입 교축기를 각각 단독으로 운전하고, 총 소비 공기량의 변동이 큰 경우, 소비전력량의 손실은 매우 크다. 더욱이 라인의 압력이 관리 필요압력을 넘게 되면, 용량부족으로 판단하여, 기설기와 동형의 압축기를 증설하는 사례도 많이 있다. 이와 같은 경우에서는 대수제어에 의한 성(省)전력 효과는 매우 클 것이다.

공기압축기를 복수대 자동운전 및 관리하는 일반적인 제어방법으로서는 압축 공기라인의 본 관로나 공기탱크에 설치한 압력스위치, 압력센서 등에 의하여 각 공기압축기가 압력저하에 따라 순차적으로 추기동하고, 압력이 상승함에 따라 순차적으로 정지하는 방식이 주류를 이룬다.

(1) Circle 대수제어

Circle 대수제어는 비교적 압축기 토출용량이 비슷한 압축기 군을 제어하는데 적합한 제어방식이다. 그림45.10 에는 Circle 대수제어의 개요를 설명한다.

대수제어를 수행하고 있는 압축기 중에서 운전시간이 긴 것(선발기)으로부터 순차적으로 정지시켜, 정지시간이 긴 것으로 재기동시키면, 각 압축기의 운전시간의 균일화를 얻을 수 있다. 이러한 제어 방법은 다음의 두 가지 방법이 있다.

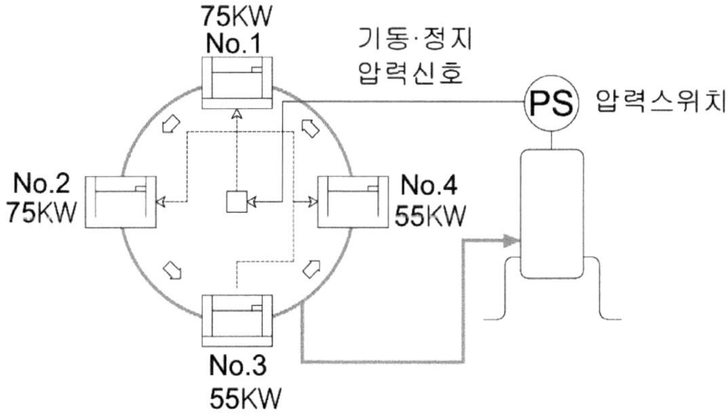

그림 45.10

(a) 용량조정기 + 전부하 고정운전 방식

이 방식은 부하변동에 대응하기 위해서 선발기만의 용량조정을 수행하며, 타의 후발기는 100% 부하(풀부하)로 운전을 하기 때문에 효율이 비교적 좋다. 압축기의 용량조정압력을 상한압력(PHH)와 하한압력(PLL) 사이에서 조정하면, 상한압력에 도달한 때, 선발기는 용량 0%의 Unload 정지, 선발기 다음으로 운전되는 압축기가 선발기로 된다. 하한 압력에 도달한 때에는 압축기 가동대수가 부족하다고 판단하여, 선발기 다음으로 운전되는 압축기를 풀로드(100%부하)로 하여 기동시키며, 안정된 압력을 유지하게 되는 필요 대수만을 운전시키는 최적제어가 가능해 진다.

그림 45.10의 예에서는 No.4가 선발 운전되어 하한압력에 도달하기 때문에, No.1이 전부하로 기동, 다음으로 소비공기량이 감소하여, No.4가 정지, 그리고 No.1이 용량 조정운동으로 된다. 다시 소비공기량이 증가하여, 하한압력으로 되면, No.2와 No.3가 전부하 기동한다.

그 후, 압력이 상승하여 상한압력이 되면, No.1이 정지, No.2가 용량조정으로 바뀌게 되는 상황을 나타내고 있다.

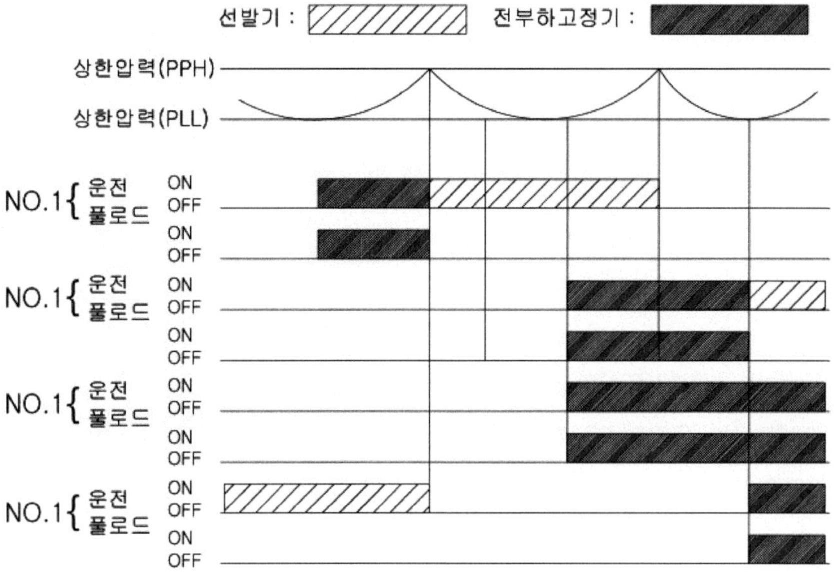

▌그림 45.11▐ Circle제어의 선발운전, 전부하 고정운전 패턴

이러한 방식은 부하변동에 대응하는 1대 만을 용량제어 운전 상태로 하며, 다른 복수대의 압축기를 전부하 상태로 고정하여 운전한다. 용량 제어기가 1대 뿐이고, 다른 압축기는 전부하 운전으로 되기 때문에, 성(省)전력 성능이 좋다. 공기탱크에서 압력 신호 검출위치와 압축기 유닛 사이에서 발생하는 압력손실을 잘 파악하여 자동, 기동/정지 압력을 설정하여야 한다. 이 경우 압력손실이 예상 이외로 크게 되면, 전부하 고정기의 전동기가 과부하 상태로 될 수 있으므로 주의가 필요하다.

(b) 용량조정기 + 무부하 고정운전 + 전부하 고정운전방식

용량 조정기 이외에 무부하 고정 운전기를 일정시간 0% 무부하로 강제 고정하여 운전하는 방식이다. 무부하 운전 상태에서 대기하고 있는 압축기의 전부하 운전으로의 이행은 정지기를 기동시켜, 압축공기를 공급하는 경우보다도 신속히 수행할 수 있기 때문에 급격한 소비공기량의 증가에 대응하기가 용이하다. 자동 기동/정지는 무부하 고정운전이 일정시간 지속된 후, 정지하기 때문에 무부하 고정운전 시간 동안 사용한 소비전력은 불필요한 전력으로 된다.

(2) 공기 유량제어형 Step 대수제어

공기탱크의 압력변동을 검출하여 복수대의 공기압축기를 대수 제어하는 방식을 채용하려고 하면, 다른 용량을 가지는 압축기를 복수대 사용하는 경우와 라인의 압력손실이

다른 경우로 구분하는 것이 편리하다. 이 경우, 지나치게 큰 용량의 압축기가 운전되는 전력 손실이나 Batch 처리 등의 급격한 소비공기량의 변동에 따른 압력손실, 제어의 불안정성 등의 좋지 않은 상황들이 발생할 수 있다.

이러한 압력변동 만으로 제어가 곤란한 경우에는 각 압축기로부터 토출한 공기량을 연산하여, 변동하는 총 소비 공기량을 기초로, Step 제어를 수항하는 방식이 채용된다. 그림 45.12는 이러한 용량 제어형 Step 대수제어의 개요를 설명한다. 이 방법은 운전하는 압축기의 조합에 의한 공기공급 가능한 패턴을 미리 Step 화 하여, 소비 공기량에 따라 Step 을 자동 선택하는 방식이다.

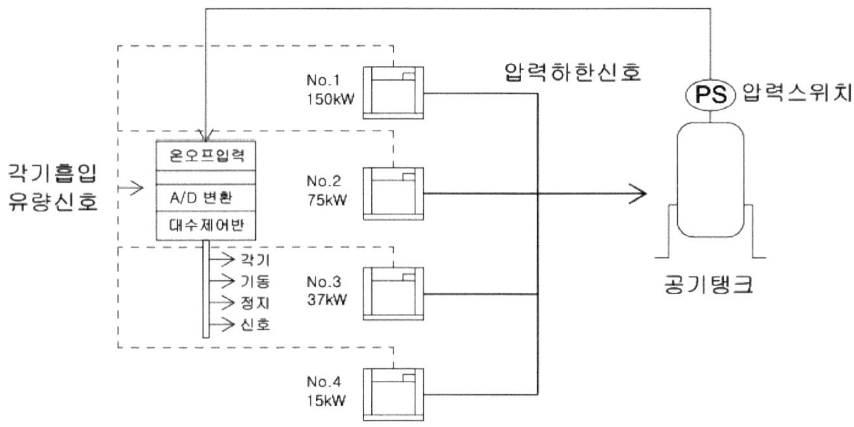

그림 45.12

전체의 패턴으로부터 소비전력 성능이 나쁜 조합 패턴은 Step으로부터 없앤다. 표 45.1은 Step 대수제어의 일례를 나타 낸 것이다. 이 예 에서는 출력이 다른 각 공기압축기의 조합 패턴을 결정하여, 소비 공기량에 따라 15 kW 로부터 277 kW 까지 정하여, 상세하게 제어할 수 있다.

소비 공기량의 변동 폭이 크고, 공기압축기 설치 장소가 많이 떨어져 있는 경우나, 공기압축기의 기종이나 출력이 각각 크게 다른 경우에 유리하게 채용할 수 있다.

(a) 정지신호

각 압축기에 흡입유량 신호센서를 설치하여, 콘트롤러에서 총 소비 공기량을 연산하여, 현재보다 소비전력이 적은 조합패턴으로 충당할 수 있는 풍량으로 판단하면, Step를 낮추도록 정지신호를 송출한다. 스크류 공기압축기에서는 흡입 압력센서 신호와 Unload신호를 사용하여, 각 압축기의 흡입 공기량을 연산한다.

(b) 기동신호

공기탱크의 압력이 설정하한 압력으로 되면, 공급 공기량을 증가시킬 작정으로 Step을 대 유량측으로 올리는 기동신호가 출력된다. 이러한 공기유량 제어형 Step 대수제어는 유량변동에 따른 압력 손실차에 기인하는 트러블이 발생하기 어려우며, 다른 용량의 압축기 대수제어로서 성(省)전력 성능이 우수하고, 제어 압력변동 폭을 작게 할 수 있는 장점이 있다. 한편, 현지에서의 가동 상황에 맞추어 제어 소프트웨어의 조정이 필요하게 되며, 초기 인건비의 증대, 유량센서를 포함한 설치비용까지 합치면 비용이 크게 되는 단점이 있다.

〈표 45.1〉 패턴 대수제어의 예

형식	호기	15kW	52kW	75kW	90kW	112kW	127kW
스크류	150kW						
왕복동	75kW			●	●	●	●
스크류	37kW		●			●	●
스크류	15kW	●	●		●		●

형식	호기	150kW	165kW	187kW	225kW	240kW	277kW
스크류	150kW	●	●	●	●	●	●
왕복동	75kW				●	●	●
스크류	37kW			●			●
스크류	15kW		●			●	●

대수제어와 회전속도 제어기 조합에 의한 성(省)전력

최근 중형 공기압축기에서 인버터 회전속도 제어가 일반적으로 채용되고 있으며, 대수제어 방식에도 큰 변화가 발생하고 있다. 이것은 인버터 회전속도 제어기의 채용에 의하여, 라인압력의 정압제어가 가능하므로 운전압력을 저감할 수 있고, 부분 부하시의 성(省)전력 특성이 우수한 장점이 공기압축기 군의 대수제어에 더해진다는 것을 인식하고 있기 때문이다.

대수제어와 인버터에 의한 회전속도 제어의 조합에서, 용량제어는 인버터 회전속도 제어기만으로 수행하며, 다른 압축기는 100% 전부하 운전, 그리고 정지 상태에서의 대수제어로 되기 때문에, 부분 부하시의 소비전력 저감특성이 우수하지 못한 구식 흡입교축 공기압축기를 포함하는 대수제어에 특히 큰 이점이 발생하게 된다. 그림 45.13은 본 제어방식의 기구를 도시다.

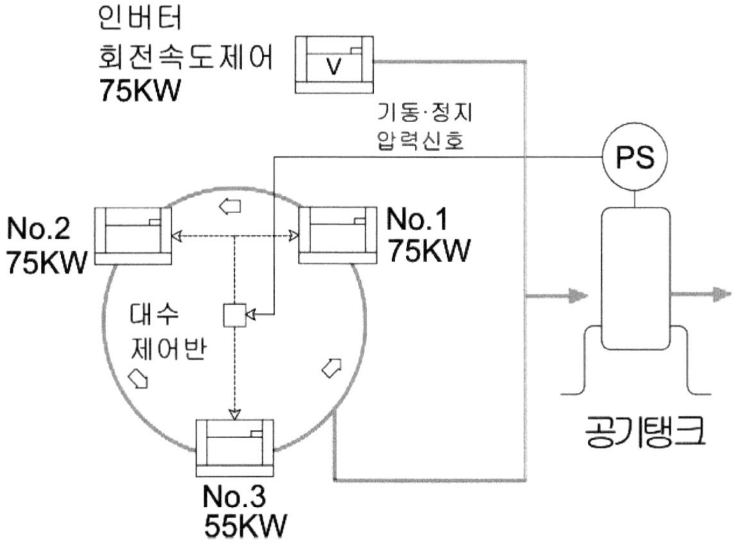

▌그림 45.13▐ 인버터 회전속도 제어기 + Circle 대수제어

인버터 회전속도 제어기의 정압 제어신호를 대수제어의 압력신호와 같은 장소의 공기탱크로부터 취하게 되면, 공기탱크와 압축기 간의 압력손실을 고려할 필요가 없으며, 더욱이 압축기 군 전체의 원압을 저감할 수 있다.

각 대수제어 방법에서의 성(省)전력 성능 비교

공기압축기 군의 운전 상태는 다음과 같이 분류할 수 있다.

- 대수제어를 수행하지 않고, 복수대의 압축기를 단독으로 운전하는 경우
- Circle 대수제어로 운전하는 경우
- 인버터 회전속도 제어 압축기 + Circle 대수제어로 운전하는 경우

각 소비 공기량의 변화에 따른 소비전력 변화특성을 그림 45.14에 비교한다. [대수제어반에 의한 Circle 제어 + 인버터 회전속도 제어기]가 거의 이상적인 소비전력 특성에 가깝게 되며, [대수제어반이 없는 경우]의 단독 운전시 소비전력량의 크기에 비하여 현저하게 성(省)전력으로 되는 것이 주목할 만하다.

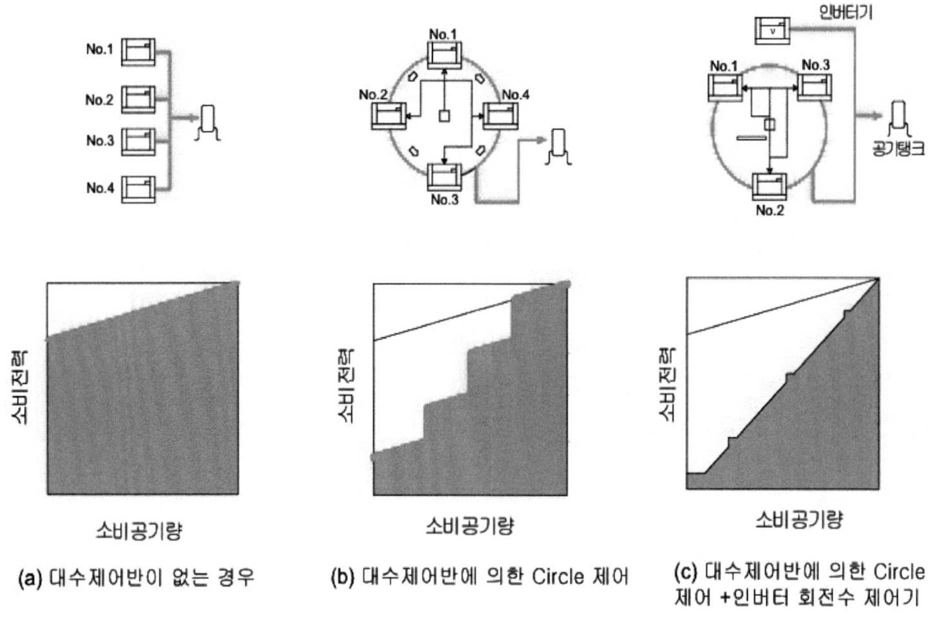

| 그림 45.14 | 대수제어 방식에 따른 소비전력 저감특성 비교

▣ 동시 일정 토출압 제어

종래에 대수제어에서는 용량 조정기는 1대 뿐이지만 여기에서는 운전단계에 따라 여러 대 에서 동시에 용량을 제어하는 [동시 일정 토출압 제어]를 소개한다. 대수제어에서는 불필요한 운전인 무부하 운전을 1대로 줄이는 것이 가능하나 없애는 것은 불가능하다. 또한 용량 조정기는 효율이 좋지 않은 운전단계에서도 운전해야 한다.

이 두가지의 결점을 극복한 동시개폐 제어를 소개한다.
(그림45.15)의 음영부분이 동시개폐 제어에 의해 불필요한 무부하 운전이 없어지며 소비동력을 감소시키는 효과가 있는 것을 나타내고 있다.

이것과 같은 생각으로, 스크류 인버터 제어 1대만으로 용량 제어를 하는 것이 아니라 여러대 동시에 회전을 제어하면, 예를 들면 180%의 공기량을 얻는데 사용량이, 종래의 1대 용량 제어에서는 공기량 100% + 80%의 조합의 소비동력은,

소비동력 = 100% + 78% = 178%

동시 용량 제어(복수대 용량 제어)에서는 공기량 90% + 90%의 조합으로 소비동력은,

소비동력 = 88% + 88% = 176%

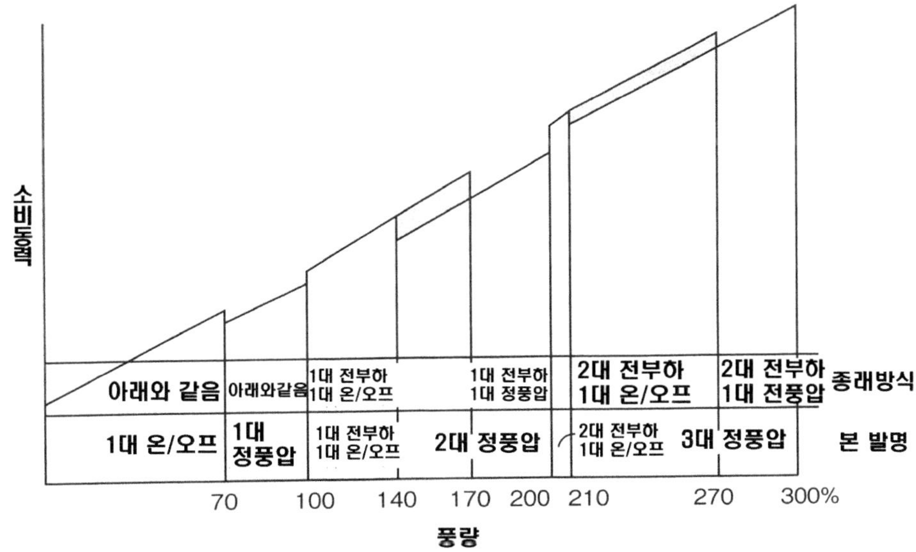

▌그림 45.15▐ 동시 일정 토출압 제어 예

동시 용량 제어(복수대 용량 제어) 쪽이 합계의 소비전력이 매우 낮으므로 에너지 절감 효과는 더욱 커진다. 디보의 IGV제어나 급유식 스크류의 슬라이드 베인 제어도 같은 효과가 있어, 그림 45.16은 2대 동시수축의 경우와 3대 동시 수축과의 차이를 나타내고 있다. 즉, 대수가 많은 쪽이 더욱 효과가 큰 것을 알 수 있다.

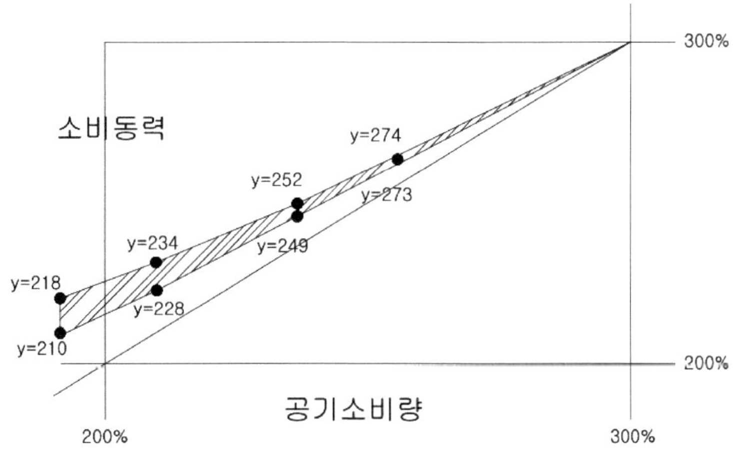

▌그림 45.16▐ 2대 동시수축과 3대 동시개폐의 소비전력의 차이

▶제안 – 터보형 압축기의 인버터 제어

스크류 압축기에서 인버터제어가 매우 유효하다면, 터보형 압축기에서도 사용할 수 없을까 하고 생각하는 것은 자연스러운 발상이다.
스크류와 터보의 기본적으로 다른 점은, 스크류에서는"회전수의 변화와 토출압력과는 관계가 없다"에 대하여 터보에서는 "회전수로 토출압력이 변화한다"라는 것이다. 즉 터보는 회전수를 낮추면 압력 이 낮아져 버린다.
따라서, 후단에 일정압력이 필요한 경우는 터보형 압축기의 용량 조정에 인버터는 사용할 수 없다. 그러나 공조용 송기 브로워의 필요압력은 송기 덕트의 저항 정도 이기에 후단에는 압력이 필요 없다.
송기량이 감소하면 덕트의 저항이 낮아져 필요압력도 낮아진다. 즉, 송기용 블로워에는 터보의 인버터 제어와 딱 맞는다.

이상 일반적인 이론이지만, 실제로 인버터를 터보형 압축기에 사용할 수 있을까? 실제로는 사용하고 싶어도 사용할 수 없다.

통상, 터보는 여름철의 흡입온도가 높은 때에는 충분히 압력이 나올 수 있게 임펠(날개)의 외형을 정해두어 봄, 가을, 겨울철은 공기의 밀도가 높아져 압력이 많이 나온다. 그것을 흡입 밸브로 수축하여 사용하고 있다. 즉 최고효율의 점으로 운전하고 있지 않다. 사실은 흡입온도 저하로 회전수를 떨어트려 제어를 하면 에너지 절감이 되지만, 현재 그 기능은 없어 IGV (Inlet guide vane)에서 빨아들인 공기량을 감소시키는 제어를 하고 있다.

현재 왜 터보로 인버터를 사용하지 않는가의 과제는 2가지가 있다.
① 회전수를 떨어트리면 위험속도(진동이 커지는 회전수)에 가까워진다.
② 대중적으로는 고출력의 인버터가 생산되지 않고 매우 비싸다.

오늘날 기술개발의 속도와 터보기술의 고속 소형화에 따른 모터기술의 발달은 인 버터제어 방식의 터보기계 기술의 태동을 바라보게 되었다.
또한 IGV (Inlet guide vane) 와 디퓨져(Diffuzer) 제어방식에 의한 터보압축기의 시제품을 곳 보게 될 것으로 확신한다.
시간이 흘러가면 기술상황은 변화한다.
시장의 변화와 기술의 진화를 다시 보고 고속인버터 타입을 재검토하여도 좋을 때라고 생각 한다.

46 에어 컴프레서의 흡입온도를 낮추는 에너지 절감

▣ 공기온도를 낮추는 것에 따른 에너지 절감

P-v선도에 따른 온도 영향의 이해

공기의 온도와 압축기의 압력, 용적과의 관계를 이해하기 위해서 P-v선도를 설명하고 싶다. (그림46.1)에서 1-2는 흡입행정, 2-3은 압축행정, 3-4는 토출행정을 나타내고 있다.

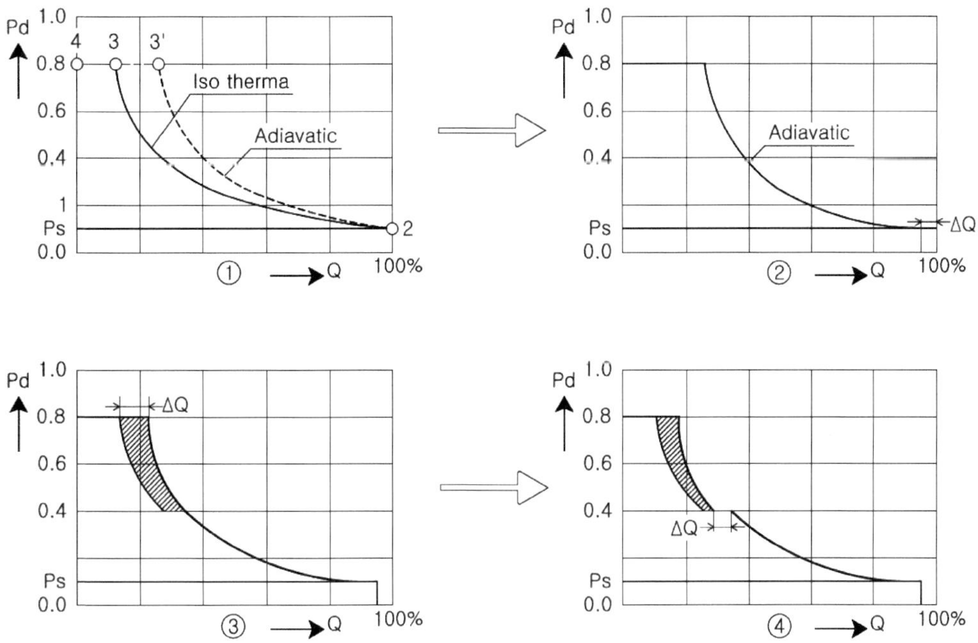

❙그림 46.1❙ 압축기의 P-v선도

그림 ①은 등온 압축과 단열 압축을 나타내고 있다. 1,2,3,4에 둘러싸인 면적이 작업량을 나타내고 있으며, 1,2,3,4 와 1,2,3',4를 비교하면 1,2,3,4의 등온압축 즉, 식히면서 압축하는 편이 작업량을 적게 끝낼 수 있다는 것을 알 수 있다. 압축기의 흡입온도는 약 9℃ 낮춘 경우에 △Q만 작업량이 줄어드는 것을 나타낸다.

그림 ②는 1단 압축을 2단 압축으로 하여 인터쿨러에서 공기를 냉각한 경우의 차이를 사선 면적 △Q로 나타내고 있다. 압축 단수를 증가하여 중간 냉각을 하면 등온 압력에 가까워지고 필요 동력을 줄일 수 있다는 것을 알 수 있다.

그림 ③은 인터쿨러의 물의 온도를 낮춰서 냉각능력을 높힌 경우에 △Q만 더욱더 소비 동력을 낮출 수 있는 것을 나타내고 있다.

이상, 온도를 낮추는 것이 에너지절감이 되는 이치를 이해했을 것으로 생각한다. 이것을 거쳐 아래의 이상공기의 이론식을 수식화 해보고자 한다.

▣ 압축기의 흡입온도와 동력 관계

이론 공기동력은 이하의 식과 같다.

$$Lad = \frac{kG}{k-1} R \cdot T_1 \left[\left[\frac{P_2}{P_1} \right]^{\frac{k-1}{k}} - 1 \right]$$

Lad : 이론동력
k : 공기의 단열지수
G : 중량 유량
T_1 : 흡입온도(절대온도)
R : 가스정수
P_1 : 흡입압력
P_2 : 토출압력

이 식에 의하면 이론동력이 흡입온도 T_1(절대온도)에 비례하고 있는 것을 알 수 있다.(그림46.1②) 즉. 흡입온도를 낮출수록 이론동력을 낮출 수 있다. 압축기의 형식에 따라 차이가 있으므로 각각의 설명은 다음과 같다.

(1) 왕복동식 압축기(급유식, 무급유식)

1단 압축의 경우는 이론동력이 흡입온도 T_1(절대온도)에 단순히 비례한다. 10℃의 저하로 약 3%의 에너지절감이 된다.

2단 압축으로 인터쿨러가 있는 경우는 1단 압축부분만의 성과가 되므로 효과는 반이 된다. 물론 1단과 같이 인터쿨러의 냉각기능을 향상할 수 있다면 2단 압축 부분의 동력을 같이 낮추는 것이 가능하다.(그림46.1④)

(2) 무급유식 스크류 압축기

왕복동식 압축기와 같은 효과를 기대 할 수 있다. 모 회사의 카탈로그에 따르면 흡입온도가 20℃ 이하에서 3%의 동력이 상승하게 된다. 그 이유는 2단 압축기계로 2단 압축에서 흡입 온도를 낮추지 않고 운전을 하고 있기 때문이다. 이론적으로 흡입 중량 유량이 약 7%로 증가하므로 계산하면 약 4%의 효과가 된다. 이 카탈로그 보는 법을 잘못하면, 흡입온도가 낮으면 소비동력이 상승하여 효율이 나빠진다는 오해를 할 위험성이 있다.

(3) 급유식 스크류 압축기

2단 압축기의 성능시험에 참가하여 흡입온도를 약 10℃ 변화시켜 성능 변화를 확인을 해보았다. 결과는 무급유식 2단 압축과 같고, 효과는 1단 압축기의 에너지 절감 효과의 절반으로 약1.5% 이였다. 이것은 1단에서의 흡입공기는 오일을 데우지 못하였다는 것. 즉, 오일에 따른공기가열이 성능악화에는 영향이 없다는 것이다.

2단의 압축부분은 오일의 온도를 80℃ 일정하게 높을 필요가 있기 때문에 2단의 흡입온도를 낮추는 방안의 효과는 기대할 수 없다.

(4) 터보형 압축기

터보형 압축기는 용적형의 압축기와는 다르게 운전점이 변화하면 효율이 크게 변한다. 설계점의 흡입온도가, 예를 들어 30℃로(실제는 여름에도 30℃를 넘는 것은 하루 중 수시간으로 1년을 통틀어 10%도 되지 않는다.) 흡입온도가 30℃보다 낮은 온도로 떨어지면 공기의 비중이 무거워지며, 공기를 날개의 원심력으로 에너지를 주는 원리이기 때문에 보다 많은 작업량을 준다. 즉, 유량뿐만 아니라 압력 상승도 커진다. 운전 압력은 변하지 않으므로 설계점에서 큰 폭으로 벗어난 운전점이 된다. 최고 효율점도 (그림 46.2)에서 a0과 같이 압력의 높은 장소 a2에 이동해 버린다.

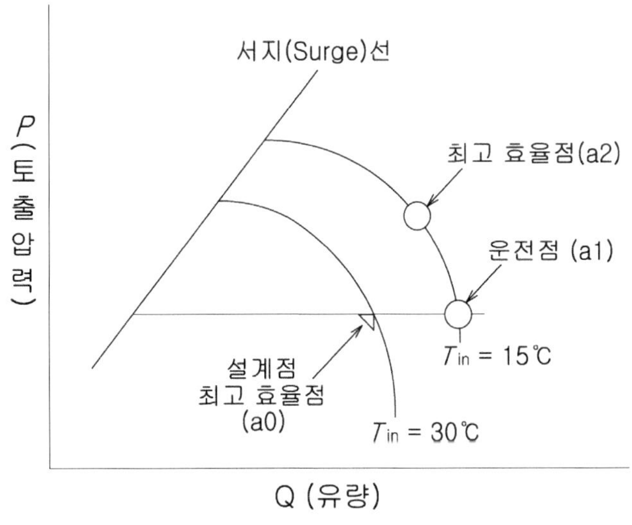

▌그림 46.2▐ 터보 압축기의 성능곡선(흡입온도의 변화)

터보형 압축기의 효율은 ①운전폭이 넓은 설계를 하는 경우와 ②최고점 효율을 노리는 경우, 2가지 케이스가 있지만, ②의 경우는 흡입온도의 변화로 큰 폭의 효율 저하를 초래한다. 터보형 압축기를 신규로 구입하는 경우는 설계 흡입 온도를 평균 기온(15℃)으로 하고 여름철에도 압력에 여유가 있는 운전이 가능한 것을 요구하고 있다. 압축기 제조업체의 설계가 요구대로 설계를 해줄 지 아닐지가 숙제다. 세밀한 에너지절감을 하는 것이 기술의 특징이지만, 사용자의 이러한 요구가 많지 않으면서도 제조업체가 대응 하게 되는 것을 기대 해보고자 한다.

실제 사용중인 터보형 압축기의 흡입온도를 10℃의 저하시킬 때 약 1%의 에너지 절감 효과를 기대할 수 있다.(단, 2단 이후의 흡입온도의 변화는 포함하지 않음)
ex) 2단 이후의 흡입온도를 변화시킨 예로는,
1,2,3단의 각단의 흡입온도 각각
(여름철 조건) 30.0℃ 40.0℃ 에서,
(연간 평균 기온의 조건) 14.7℃ 30.0℃ 30.0℃
로 변화 시킨 시뮬레이션에 따른 비교에서는 온도 저하에 따른 효과는 3.8%의 원(原) 단위 향상이었다.

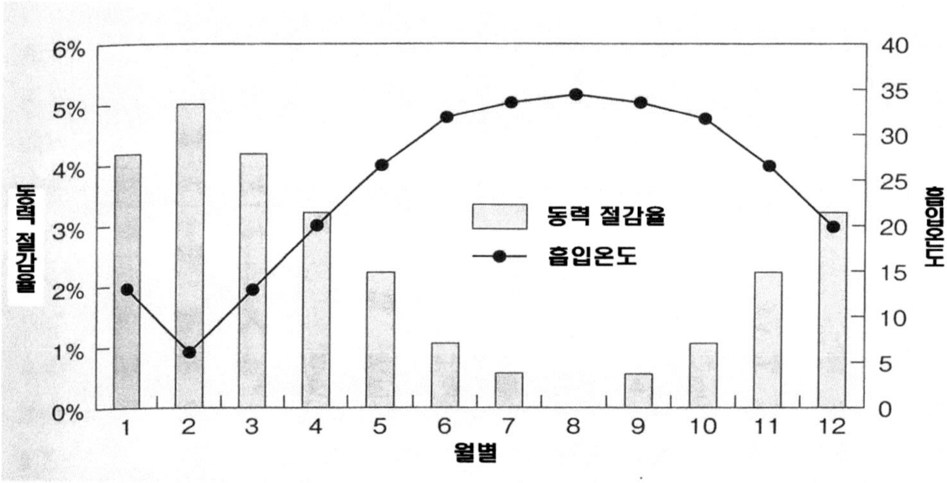

| 그림 46.3 | 인렛 가이드베인(IGV)의 월별 에너지절감 효과(출처 : IHI홈페이지)

터보형 압축기의 입구에 IGV를 장착하고 공기에 선회를 주어, 임펠러(날개바퀴)의 작업량을 줄이는게 가능한 것은 [각 압축기의 부분 부하동력 (5) 터보형 압축기]에서 이미 서술하였다. 흡입온도가 내려갈 때 IGV를 작동시키면 1단의 작업량을 낮추는 동시에 운전점을 최고 효율점에 가깝게 하는 것이 가능하다. IGV와 버터플라이 밸브와의 비교로 흡입온도가 낮으면 더욱더 비동력이 좋아지는 것을 알 수 있다.

(그림46.3)은 계절의 흡입온도의 변화에 동반하는 IGV의 에너지 절감 효과로, IHI의

홈페이지에 게재되어 있는 것을 그대로 게재하였다. 8월동력 감소가 제로이지만 실제로는 8월의 평균기온은 35℃보다 낮기 때문에 8월에서도 에너지 절감의 효과는 있을 것이 분명하다. 8월의 에너지 절감 효과를 제로로 가정하여 다른 달과의 비교용으로 쓴다. 이 그림을 보면 독자는 흡입온도를 낮추고 싶어질 것이다.

▣ 공기의 온도를 낮추는 방법

실외 흡입

흡입온도를 낮추는 가장 좋은 방법은 실외 흡입이다.(그림46.4)

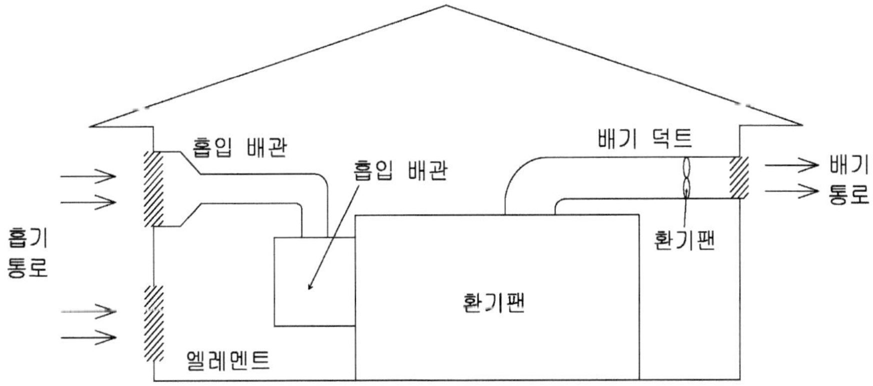

┃그림 46.4┃ 공기의 실외 흡입과 배기 덕트

압축기 본체가 실외 설치가 아닌 경우, 흡입 배기의 압력손실을 가능한 적게 해야 한다. 토출 압력 0.60MPa 일 때, 흡입 압력손실의 100mmAq의 증가로 압축기의 압력 비 증가에 따른 영향은 계산상 0.50%의 동력 증가가 된다. 빨아들이는 중량 유량은 1% 감소하지만, 감소를 수반한 동력의 감소도 1%이기에 유량 감소에 수반 된 원단위는 변하지 않는다.

따라서 압력비 상승과 유량의 감소를 더한 성능악화는 0.50%이다. 흡입 배관의 압력손실은 가능한 한 작게 하여 100mmAq이하로 계획해야 한다.

왕복동식 압축기의 경우는 실외 흡입으로 하면, 초저주파(20Hz 이하)의 시판 소음형으로 측정 불가능한 소음이 근처 민가에 문패나 미닫이문의 장지가 흔들리는 등 공해를 일으키는 경우가 있다.

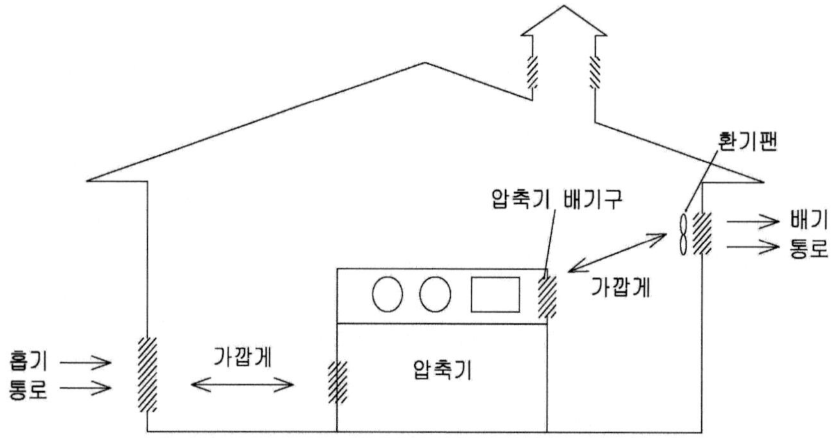

┃그림 46.5┃ 공기의 실외 흡입과 배기 덕트

실내흡입

실내흡입의 경우는 건물의 흡기구와 압축기의 흡입구의 거리가 짧을수록 외부의 공기를 흡입하기 쉽다.(그림46.5) 압축기의 흡입구 가까이의 하부에 건물의 흡기구를 설치한다. 압축기의 배치를 새롭게 하는 경우는 흡입구 측에 배치하고 건물의 흡기구도 북측의 하부에 둔다. 그 실외의 북측은 잔디밭이나 수목이 있으면 좋다. 남측의 도로에서는 지면의 복사열의 영향이 나온다.

실내의 환기

실외 흡입이 불가능한 경우는 실내의 온도를 어떤 방법으로 낮출 것인가가 이것이 실내 환기의 숙제이다. 환기량은 발열량으로부터 계산한다.

$$Q=(t_1-t_2)\cdot Cp\cdot G\cdot V$$

Q : 실내 발열량
t_1 : 실내온도
t_2 : 외부 공기 온도
Cp : 공기 비열
G : 공기 비량
V : 환기량

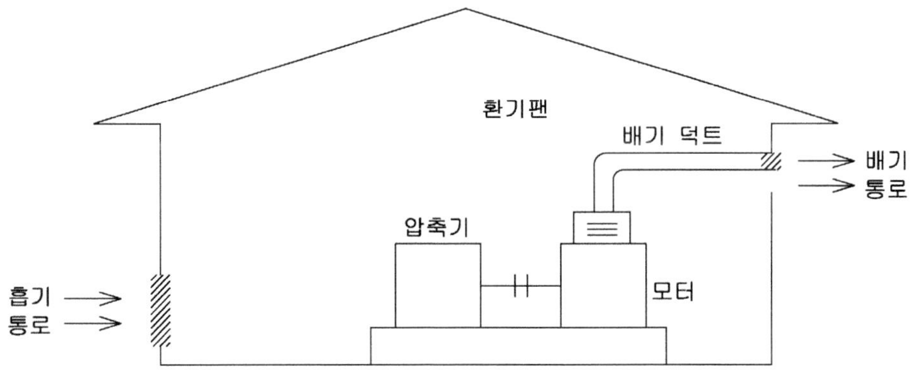

그림 46.6 모터 열을 실외로 직접 배기

(1) 수냉식 압축기의 경우

발열량 Q는 압축기의 발열량과 실내에 있는 다른 발열체의 합계이다.

수냉식의 경우 압축기의 발열량은 압축기에서 2~6%와, 구동하는 모터의 발열량 5~7%의 합계로 모터 출력의 약 10%가 된다. 터보형 압축기는 최고속 회전기기이기 때문에 기기의 표면적이 작고, 방음대책인 커버나 피복으로 압축기 본체의 방열은 2%이하가 된다.

스크류식 압축기는 방음커버에 가려져 있으므로 배기구를 그대로 덕트(Duct)에서 직접 실외로 배기하면 된다. 왕복동 압축기는 적은 회전수에서 기계의 표면적이 큰 것 과 커버를 사용할 수 없으므로 방열이 큰 모터 출력의 6% 정도 볼 수밖에 없다. 가장 큰 발열원은 모터이지만 시험성적표에 있는 모터 효율을 확인하는 것이 좋다. 효율이 95%라고 하면 공냉식 모터의 경우 5%가 발열원 이라는 것이 된다.

더구나 인버터 사용의 경우에 영구자석 모터의 경우라 하더라도, 효율이 유도 모터보다 좋아지지만 인버터의 로스가 있으므로 더하면 인버터를 사용 하지 않는 것과 거의 같은 총합효율이 된다.

이 열을 실내로 뿌리는 것이 아닌 직접 실외로 방출하는 것이 바람직하다. 단 배기덕트가 붙어 있는 구조의 모터로서 모터 열을 직접 외부로 덕트(Duct)를 통하여 방출하는 방법(그림46.6) 이나 수냉식으로 모터 열을 물로 식혀버리는 방법이 있다. 수냉식 모터는 덕트 사용보다 룸(Room)의 공간을 차지하는 비율이 적고 소음을 덕트를 통해 실외로 내보내지 않는 장점도 있으며 설비비용도 저렴하기 때문에 추천한다. 기존 설치된 압축기에서는 모터를 교환하는 것이 어렵기 때문에 위에 서술한 식으로 환기량을 계산하여 환기팬을 고른다. 흡입구는 밑 부분에 있는 것을 대해 배기구는 윗부분 흡입구의 대칭한 반대쪽에 배기팬을 설치한다. 실내 환기에서는 흡입구와 배기구의 위치관계가 중요한 포인트이다.

(2) 공냉식 압축기의 경우

스크류식 압축기의 경우 압축 일을 전부 열로 하여, 공기중의 수증기가 액체인 물로 되는 응축열도 있고, 모터의 로스, 인버터의 로스 등을 더해, 모터의 정격에서 100~110%의 열이 발생하는 것으로 계산한다.

이 열을 환기하기에는 큰 환기팬이 필요하기 때문에 제조업체의 카탈로그의 권장 환기량의 계산으로 확인해보니 환기공기의 온도 상승(T_2-T_1)을 5℃로 하고 교환 열량은 모터 입력의 100%가 되어 있었다.(환기량은 압축기의 흡입량의 60~70배이다.)

통상적으로는 배기는 방음 커버의 배기구에서 덕트로 직접 배기한다.(제조업체의 카탈로그에서는 공기의 온도상승은 35~50℃로 되어있고, 배기량은 압축기의 흡입량의 6~7배이다.) 흡입공기 실외에서 직접 덕트로 흡입 시키는 것이 가장 좋고, 흡입공기부도 덕트로 하는 것이 불가능한 경우 차선책으로서 건물의 흡입구를 압축기의 흡입구와 가깝게 한다.

드라이어가 붙어있는 경우는 드라이어 입구온도와 노점이 불명확 하기 때문에 안타깝지만 환기량의 계산이 불가능하다. 제조업체의 카탈로그를 따르기 바란다.

왕복동식 압축기의 경우도 스크류식 압축기와 같은 발열원리지만, 방음 커버가 없고 소형의 경우는 간헐 운전이 많으므로 환기 검토의 대상이 아니다. 어쨌든 건물의 흡기구에 가까운 쪽에 설치하는 것이 바람직하다.

터보형 압축기에서는 공냉식이 없다. 그러나 터보블로워에서는 공냉식이 있고, 모터 냉각 후에 가열된 공기를 압축기에 빨아들이는 구조를 사용하고 있어 블로우의 흡입온도를 상승시키는 상품이 시판 되고 있다. 안타깝지만 에너지 절감보다 단순 구조를 우선시한 생각에서 사용되고 있는 기술이라고 볼 수 있다.

환기팬의 운전방법

압축기 실에 들어가면 겨울철 통상 환기팬은 정지해 있다. 환기팬의 운전정지의 기준은 압축기의 에너지 절감 효과 보다 인간의 감각으로 결정 되고 있는 것 같다. 인간은 환기팬의 전력비용이 아깝다고 생각한다. 정말 그럴까?

환기팬이 운전시와 정지시의 압축기의 입구 공기온도를 측정해, 그 온도차에 따른,

① 압축기의 에너지 절감 효과 반영도

② 환기팬의 소비전력

의 양쪽을 비교한다. 예를 들면 압축기의 합계 사용전력이 100kW로 환기팬의 운전이 1%의 에너지절감이 가능하다고 한다면 효과는 10kW, 한편 환기팬의 소비전력이 합계 1kW라고 하면 환기팬을 돌리지 않는 것이 좋다. 여름철은 당연히 환기팬을 가동하지만 봄, 가을, 겨울은 운전을 해야 하는 것 인가? 실제로 환기팬 운전의 유무는 압축기의 흡입공기 온도의 변화를 측정하고, 위의 ①,②를 비교하고 하기 바란다. 더욱이 압축기의

소비전력을 직접 측정하여 확인하는 방법은 측정 오차가 커서 검증하기에는 힘이 든다.

물 분사에 따른 공기의 냉각

가스 터빈에서는 여름철 동력을 높이기 위한 목적으로 물 분사를 실시하고 있다. 이 방법에 대해서 발표 된 논문에 따르면 공기온도가 내려가 압축기의 효율이 좋아졌다라고 기술되어 있었지만, 필자도 테스트 했지만,오히려 동력이 증가해 실패하였다. 후에 논문의 저자에게 직접 질문했지만 압축기의 효율변화는 확인 하지 않았다는 것이었다. 동력이 증가한 이유는 물 입자가 커서 충분히 증발하지 못했던 것이다.

실험에 의하면, 증발시키기 위해서 수증기의 입자 크기를 8micron 이하로 하는게 좋다고 연구가 되어 실제로 3micron 이하로 하는 것에 성공했다. 더욱이 그 후 실제로 터보형 압축기에서 압축기의 효율 개선 실험이 성공하여 2008년에 학회에 발표된 바 있다.

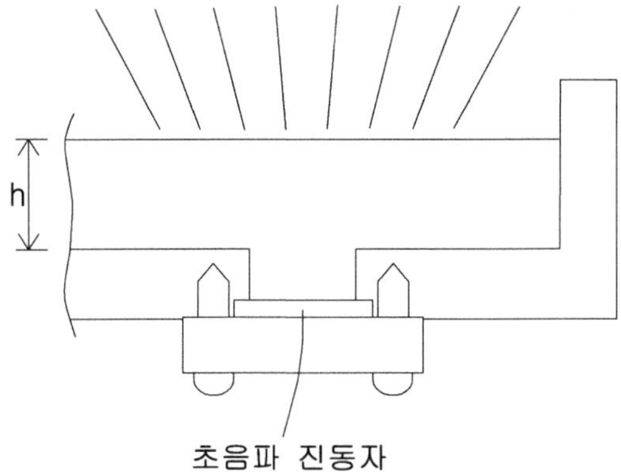

▌그림 46.7▌ 초음파 분무장치의 초음파 진동입자

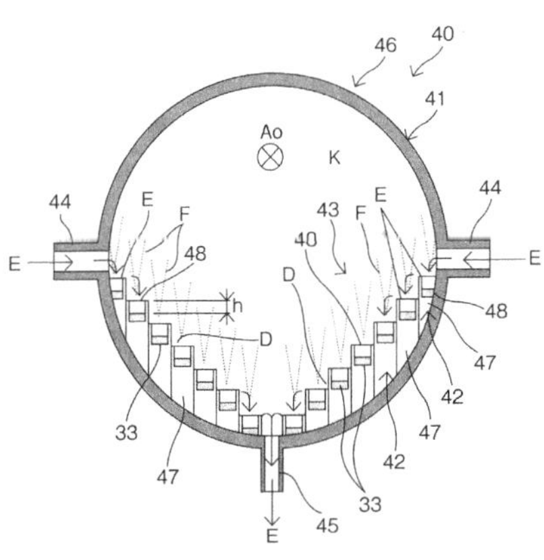

▌그림 46.8▌ 분무장치의 사용 예①

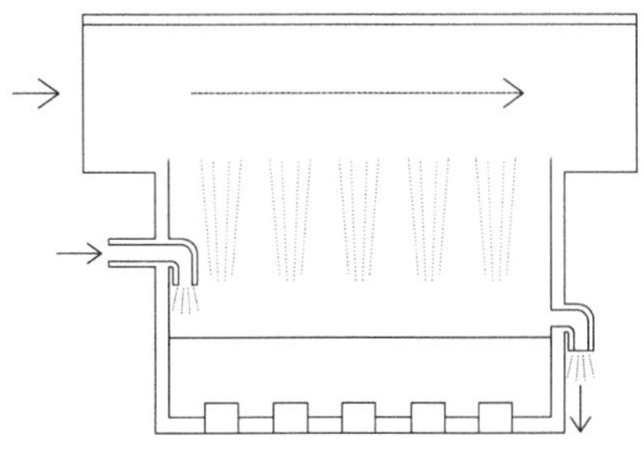

▌그림 46.9▌ 분무장치의 사용 예②

내용을 조금 소개하자면 (그림46.7)은 초음파 분사장치의 초음파 진동입자를 나타낸다. (그림46.8), (그림46.9)은 분무장치의 사용 예를 나타낸다. (그림46.10)은 공기의 유속과 물방울의 입도분포를 나타낸다. (그림46.11)은 압축기 입구 앞에 물입자가 증발한 경우의 소비동력 절감부분(사선부분)을 나타낸다. (그림46.12)는 압축 중에 물입자가 증발한 경우를 나타내고, 소비동력 절감부분을 보면 압축기 입구 앞에 물입자가 증발한 경우와 비교하면 효과는 약 절반으로 되는 것을 알 수 있다

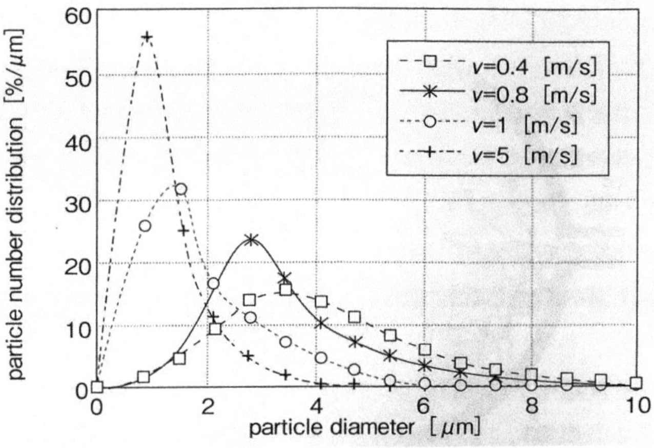

| 그림 46.10 | 공기의 유속과 물방울의 입도 분포

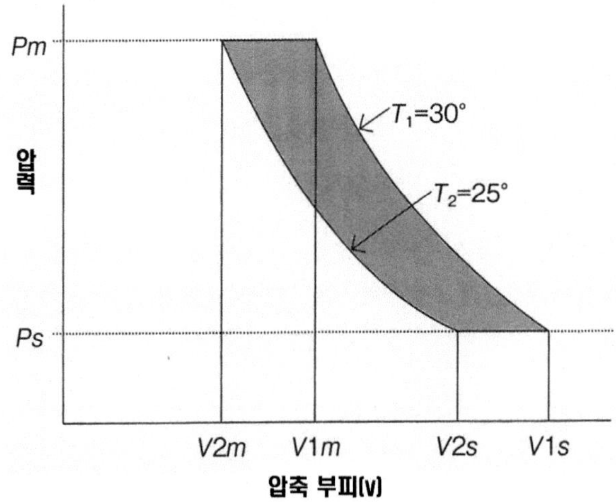

| 그림 46.11 | 압축기 입구 앞에 안개가 증발한 경우의 소비전력 절감분

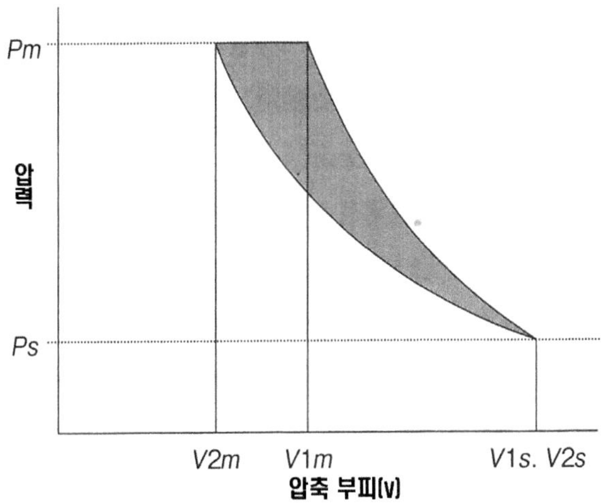

그림 46.12 압축기 안에 안개가 증발한 경우의 소비전력 절감분

본 실험은 원래 가스터빈의 성능향상의 연구였기 때문에 시험기는 터보 압축기를 사용 하였지만, 물론 스크류식이나 왕복동식에서도 적용이 가능하다. 분사장치의 설치비용의 부담이 크기 때문에 취급 유량이 큰 터보형이 대상이 되지만, 추측으로는 여러 대의 흡입구를 집합시킨다면 스크류식에서도 적용이 가능하다. 물 분사 장치의 상품화에 나설 제조 업체가 나와 줬으면 한다. 또한 계산상에서 온도저하에 따른 효율 높힘과 수증기를 압축하는 불필요한 증가 작업의 수지는 효율을 높이는 편이 크다. (1%의 물로 어림잡아 계산하면 온도저하에 따른 동력감소 4.1%, 증기 압축 추가 동력:1%, 분사기 전력:0.6% 합계 2.5%의 에너지 절감이 된다.)

▣ 2단의 흡입온도를 낮춘다.

당연히 2단 이후의 흡입온도를 낮추면 소비동력은 낮아지는 것은 지금까지 말한 대로 이다. 그러면 대체 어떻게 낮춰야 할까. 여기에서는 2단 및 3단 압축기에 대해서 서술 하려 한다.

(1) 급유식 스크류 압축기

중간 냉각기가 없는 2단 압축 부분의 입구 공기 온도는 순환유로 냉각되고 있기 때문에 오일의 온도에 의존한다. 이 오일의 온도(油溫)는 약 80℃가 되도록 컨트롤 하고 있다. 컨트롤의 목적은 오일속의 압축 공기속의 수증기가 액체인 물이 되지 않도록 하기 위해서 이다. 액체인 물이 오일 안에서 발생하면 오일의 열화가 빨라진다. 사실 이 80℃는 여름철 대기중의 온도(수증기)가 가장 많을 때의 조건으로 정해져 있다. 따라서 절대온도가 낮은 겨울철에는 오일온도를 낮춰서 2단의 압축공기의 온도를 낮춰 소비전력을 낮추는 것이 가능 하겠지만, 그런 기능이 있는 압축기는 안타깝지만 아직 개발되지 않았다. 사용자로서는 선택의 여지가 없다.

(2) 드라이 스크류식 압축기

2단 압축의 드라이 스크류식 압축기는 당연히 인터쿨러로 공기를 냉각시킨 만큼 2단의 작업이 줄고 에너지 절감이 된다. 46.2에서 서술한 것과 같이 1단에서의 흡입온도가 내려가면 소비동력이 올라간다고 표시 한 것은 2단의 입구 온도를 낮추지 않기 때문이다. 1단의 흡입온도를 낮춰 그 만큼 많은 공기를 빨아들이고, 2단의 입구온도가 같으면 2단에서는 같은 부피만 빨아들이기 때문에 입구압력이 상승한다. 1단의 압력비가 상승하면서 소비동력이 증가하는 것이다. 46.2에서 기술한대로 동력의 증가분 보다 공기량의 증가분 쪽이 크므로 에너지 절감이 된다. 실험에 의하면 인터쿨러에서 좀 더 식혀 동력 증가분을 없애는 방법을 제안한다.

이전의 드라이 스크류는 너무 식히는 것을 꺼려했다. 이유는 인터쿨러에서 발생한 드레인(액체의 물)이 2단의 탄소강의 스크류 로터 사이를 녹슬게 해 로터 틈이 없어져 들러붙어버리기 때문이다. 요즘에는 로터에 무전해 니켈도금[Electroless Nickel Plating]을 하여 방녹의 대책을 하고 있다. (주의 : 로터의 테프론 코팅을 하고 있지만 이것은 로터 사이의 틈을 작게 하여 누수 손실을 줄이기 위한 것이지 방녹 목적은 아니다. 보너스로 테프론 코팅은, 로터의 토출부 쪽으로 운전중 접촉하면 떨어져 나간다. 아직 제조업체에 따라서는 「인터쿨러를 너무 식히지 말아 달라」 라고 취급설명서나 방음 커버에 기재 되어 있는 경우가 있어 확인이 필요하다.

(3) 왕복동식 압축기

급유식 왕복동 압축기는 인터쿨러로 식힌 만큼 에너지 절감이 되지만 무급유식 왕복동 압축기에서 피스톤링에 카본을 사용하고 있는 경우 드레인(액체의 물)이 있으면 비정상으로 마모된다. 따라서 2단의 압축기의 입구에 드레인을 증발시키기 위해서 히터를 장착 한 경우도 있다. 카본링을 사용하고 있는 경우에는 너무 식히면 위험하다.

(4) 터보형 압축기

터보형 압축기에는 범용 분야에서는 2단 압축기와 3단 압축기가 있다. 어쨌든 인터쿨러에서 냉각한 만큼 소비전력은 내려간다. 인터쿨러의 냉각능력을 증가시키기 위해서 가장 손쉬운 것은 물의 양을 증가 시키는 방법이다. 통상 인터쿨러는 튜브 네스트관의 안에 물을 흘려보내고 있다. 관 제조업체는 그 유속에 제한을 하고 있지만 오버하고 있어도 거의 관의 부식은 일어나고 있지 않다. 실제로는 관판의 부식의 사례가 있지만 이것은 유속(유량)과는 관계없다고 생각된다. 자세하게 말하자면 공기를 너무 냉각하면 압축기의 흡입공기의 부피가 감소해 매칭이 어긋나서 서징 범위가 조금 좁아진다. 30년 전의 터보형 압축기는 이 어긋남을 조금 신경 썼지만, 유체 해석 기술이 진화하여 사용 범위가 확대된 현재는 이것을 신경 쓰는 운전은 필요가 없다.

여기서「환기팬의 운전방법」에서 서술한 생각과 닮은 생각의 에너지 절감을 소개하고자한다.

압축기 열을 회수한 냉각수를 쿨링타워에서 냉각하지만, 봄, 가을, 겨울도 쿨링타워의 팬은 운전해야만 하는가? 이것도「팬의 전력소비」와 팬을 운전하여 냉각수의 온도가 내려가는 것에 따라「압축기의 전력이 내려가는 양」과 비교하여 결정해야 하는 것이 답이다. 사용자 여러분이 꼭 확인하여 발표했으면 좋겠다. 저자인 나도 그 결과를 알고 싶다.

이번은 인터쿨러에서 냉각능력을 향상시켜 에너지절감을 하는 방법을 기술해 왔지만, 공기 냉각기의 오염으로 인한 냉각성능의 저하가 있어서는 안 된다. 성능 유지를 위해 정기적인 청소가 반드시 필요하다.

또한, 애프터쿨러에 관해 냉각을 시키면 시킬수록 후단의 드라이어의 부하가 적어져 종합적으로 보면 에너지 절감이 된다.

*

이상으로 압축기 사용자의 입장에서 기술해 보았다. 에너지 절감을 달성하는 것에는 이 책을 참고로 사용자인 독자 여러분 자기 자신이 도전할 필요가 있다. 꼭 도전하여 그 성과를 발표해 공표하기를 기대하고 있다. 게다가 세밀한 에너지 절감이 특징인 컴프레서, 주변기기 제조업체들에게도 여러 가지 방법으로 에너지 절감 사례를 발표하여 공표해 주기 바란다.

47 제습기 (드라이어)의 선택에 따른 에너지 절감사

1970년대에는 자동차 도장용 공기는 드라이어를 사용하지 않아 드레인에 의한 도장 불량이 나왔던 것이 기록되어 있다. 압축공기 중에 수증기를 제거하는 것에는 에너지 소비가 필요하며, 수분 제거량이 많을수록 에너지 소비는 증가한다. 이번에는 어떻게 그 에너지 소비를 줄일까에 대한 사용자 입장에서 각 방식을 비교하며 소개하고 싶다.

▣ 압축공기 중의 수증기와 드라이어 선택

노점

통상의 공기 중에는 반드시 수증기가 존재한다. 공기가 원료인 압축공기 중에서도 수분은 당연히 존재하며, 수증기가 포화하는 온도를 노점이라고 부른다. 노점 이하 온도의 물체에 압축공기가 닿으면 이슬을 발생시키고 이것을 드레인 이라고 부른다. 드라이어의 제습능력을 나타내는 방법으로 노점이 사용되고 대기압하의 경우는 대기압노점, 어떤 압력하의 경우는 압력노점이라고 부르고 있다. 대기압 노점과 압력노점의 환산은 제 4장에서 소개한 SMC의 소프트웨「습도와 노점의 계산」 기능으로 간단히 계산 가능하다.

제습방식

압축공기의 사용목적에 따른 요구노점은 다르며 다음의 2가지가 있다.

(1) 냉각방식

목적 : 압축공기중의 수증기량은 문제가 아니고, 드레인(물)이 나오지 않으면 된다. (드레인 레스(Drain less)라고 부른다.)

방식 : 압축공기를 냉각하여 수증기를 액체의 물(드레인)로 변환하여 응축 분리하는 방식.
통상적으로는 냉각에는 냉동기를 사용하지만. 정수나 공업용수, 쿨링타워의 물을 사 용하는 것도 있다. 추후 서술할 흡착 방식 보다 소비에너지가 적다.

용도 : 이른바 일반 공장 에어라고 불리는 압축공기는 에어 블로우나 에어 실린더, 에어 모터가 사용되어 상기 냉동식 드라이어를 사용한 방식으로 드레인레스에서 제습의 목적은 달성 된다.

(2) 흡착방식

목적 : 드레인(물)이 나오지 않는 것만이 아니라, 압축공기 중의 절대 수분량의 낮음(건조도)을 요구하는 경우

방법 : 알루미나 겔 등의 흡착제를 사용하여 수증기를 흡착 제습하는 방식으로 흡착 제습시에 에너지가 소요 됨

용도 : 도장이나 전자부품의 제조 라인 혹은 계장공기용에 사용됨.

사용방법 : 흡착식은 냉각식보다 제습량이 많은 만큼 에너지의 소비량이 많으므로 냉각식에서 상류로 제습한 뒤 하류의 필요한 곳만 사용한다.(그림7.1)

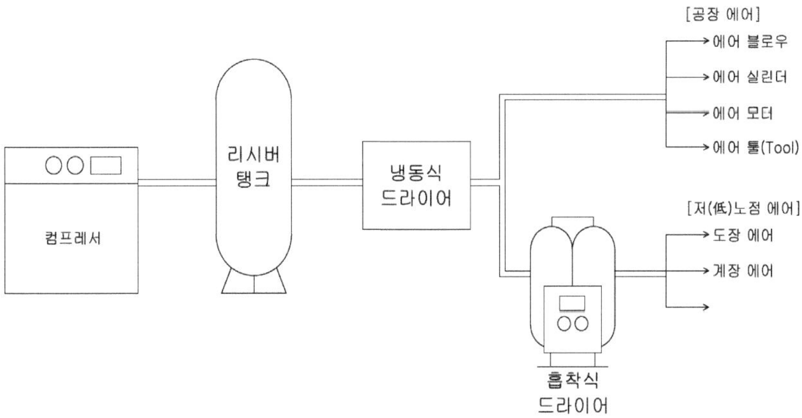

I 그림 47.1 I 드라이어의 사용방법

드라이어의 특징과 에너지 절감

(1) 직팽식 냉동기 방식

냉동기의 냉매에서 압축공기를 직접 냉각하는 방식으로 10,000㎥/h 이하의 유량으로 가격도 저렴하고 공장공기용으로서 일반적으로 넓게 사용되고 있다.(그림47.2) 소형으로는 냉각수를 사용하지 않는 공냉식이 많다. 압력 노점의 설정 범위는 5℃~20℃.

냉동기가 2대 있는 것은 부하 상태에 따라서 1대 또는 2대의 자동 운전 제어를 행하여 에너지 절약을 시행하고 있다. 최신형으로 인버터를 포함한 것은 냉동기의 회전수를 가변시켜 자동 부하 제어를 하는 것으로 에너지 절약하는 것이다. 카탈로그에 따르면 이전에는 부하 변동에 대해 소비 전력은 약 10%밖에 내릴 수 없지만 인버터기는 소비전력을 23%까지 낮출 수 있다고 한다.(그림47.3) 이 드라이어가 소형으로 공기 사용 측에 설치되어 있는 경우 주변 온도를 측정하고, 그 온도 변화에 응하여 압력 노점 제어가 가능한 기능을 가진 에너지 상품이 있어 과한 냉각을 방지하여 에너지 절감을 달성할 수 있다.

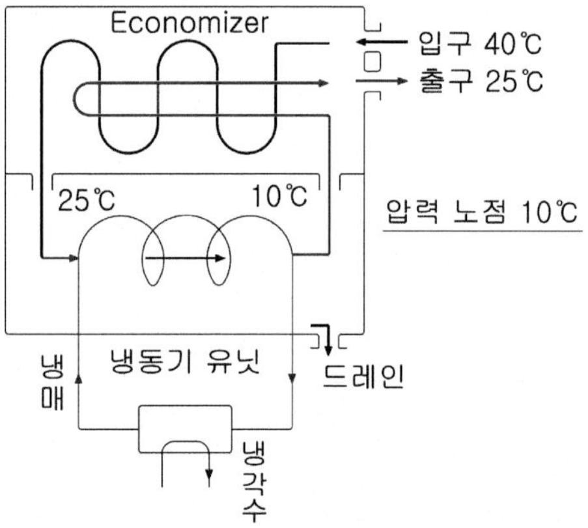

▌그림 47.2▐ 직팽식 냉동기 드라이어

절전의 목적으로

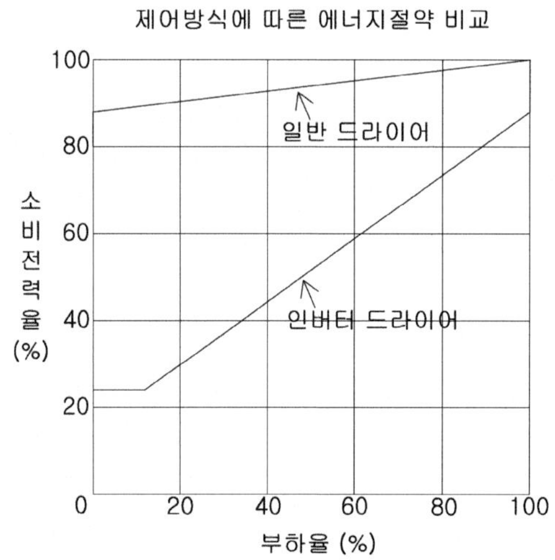

▌그림 47.3▐ 인버터식 드라이어 성능

① 시장의 압력노점을 높게 25℃ 이상으로 하고 싶지만 그것이 불가능하다. 즉, 쓸데없이 냉각해버리는 것이다. 또한 먼 거리(사용측 온도)에 서의 신호로 압력 노점을 제어하고 싶지만,

② 먼 거리에 떨어진 곳에서 신호를 수신하는 기능이 없다. 이상은 쓸데없는 과냉각을 방지하기 위해, 압축공기 사용 측의 환 경 온도보다 3~5℃로 낮은 압력 노점으로 설정하고 싶다. 압축공기 사용 측 공장의 실온(환경 온도)를 배려하여 노점의 설정을 변경한 케이스가 꽤 적은 것이 현상이다.

먼저 공장의 실온(T_1)과 드라이어의 설정노점(T_2)의 관계 기준(예를들면 $T_1-T_2=5℃$)를 정하여 그 기준에 따라서 부지런히 하루에 한번씩, 드라이어의 노점설정을 변경하는 것이 에너지 절감의 첫 걸음이다.

통상 압력 노점은 영도 이하가 아니므로 한랭지의 겨울철에 이 드라이어는 사용할 수 없지만, 원래 겨울철은 빙점 아래의 대기를 압축기가 빨아들이므로 공기 중의 수증기는 매우 적다. 압축기가 공기온도 0℃, 상대습도 100%의 공기를 빨아들인다고 하면 압력노점은 0.6MPa(6kg/㎠G)로 약 30℃이다. 즉, 애프터 쿨러의 출구 공기 온도를 예를 들면 45~50℃로 조정하고 공기배관을 보온처리하고 공장 사용의 말단 공기온도를 35℃이상이 되도록 하면 드레인은 발생 하지 않는다. 즉, 한랭지의 겨울철은 드라이어 운전이 필요하지 않으므로 드라이어를 바이패스하는 것이 좋다. 다시 말해서 바이배스 배관의 밸브를 열면 된다. 이것은 드라이어 동력 절감뿐만 아니라 압력 손실 절감(압축기 동력의 에너지 절감)도 된다.

(2) 칠러(Chiller) 냉각식 드라이어

냉매로 직접 압축공기를 냉각하는 것이 아니라 냉수를 냉동기에서 만들고 냉수로 압축공기를 냉각하는 방식이다.(그림47.4) 칠러 유닛을 가지는 것으로 인해 설비가 커지므로 중소형에서는 가격이 저렴한 직팽식 냉동기가 대부분 사용되고 있고, 본 형식은 10,000㎥/h 이상에서는 이 방식을 추천한다.

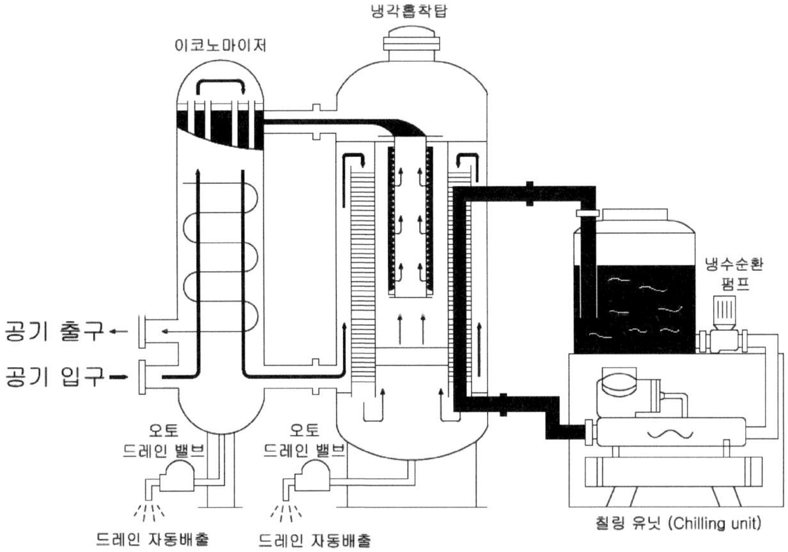

그림 47.4 칠러식 냉각식 드라이어

(3) 쿨링 타워식(Cooling Tower) 드라이어

생산현장의 대인공조에서는 전체 공조와 지점(spot) 공조 2가지 종류가 있다.

지점 공조의 경우는 압축공기를 말단에서 사용할 때의 환경온도는 여름철에는 35℃를 넘고,쿨링타워에서 냉각한 물로 제습한 압력하 노점 30℃의 압축공기로 결로 하지 않는다.(그림47.5)또한 겨울철은 압력하 노점 10℃ 이하의 압축공기를 얻을 수 있고 1년 내내 사용할 수 있다. 전력비는 직팽식 냉동기 방식과 비교하면 냉동기를 사용하지 않으므로 약 1/5로 격감한다. 실제로 이 형식을 사용하는 것은 압축공기 사용측 생산현장의 이해를 얻기 위한 설득 교섭 능력이 필요하며 실제로는 에너지 절감 선진 지구에서 채용 되었다. 지점 공조가 아닌 전체 공조의 경우는 여름철은 보다 압력 노점을 낮출 필요가 있으므로 여름철만 칠러를 사용하거나 정수를 사용한다.

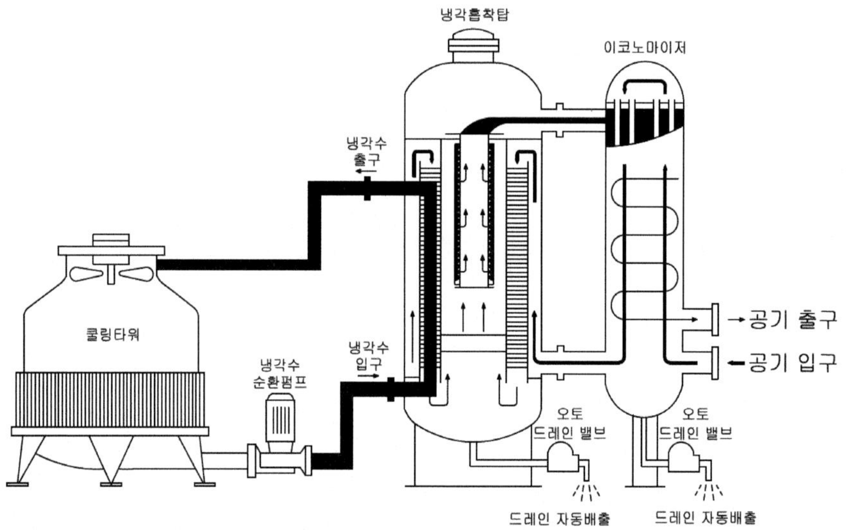

| 그림 47.5 | 쿨링타워식 드라이어

(4) 저온열원 사용방식

지금까지 서술해온 것은 저온을 얻기 위해서 냉동기나 쿨링타워를 사용하고 있지만 이번은 그것을 사용하지 않고 저온열원을 이용하는 것으로 저온열원으로서는 정수와 공업용수의 원수가 있다. 사용하는 것은 급수 펌프만이 필요함으로 매우 에너지 절감이 철은 수온이 환경온도 보다 낮아서 이용할 수 없는 경우가 있다. 1년 내내 압축공기 사용측의 환경온도와 정수의 온도를 비교하여 성립할지 아닌지를 검토한다. 전에 말한대로 쿨링타워식 드라이어와 같이 정수를 여름철만 사용하여 여름 이외에는 쿨링타워의 냉수를 사용하는 것이 베스트이다.

(b) 공업용수의 원수 이용

통상 하천에서 물을 얻지만 여름철에도 수온은 27~28℃로 1년 내내 사용 가능하다. 제습기의 냉수로서 사용한 뒤에 공장의 공업용수의 본관에 되돌린다. 사용전력은 물 펌프만이고, 지금까지 기술한 것 중 가장 에너지를 사용하지 않는 에너지 절감 드라이어이다.

(c) 공장 냉방수의 이용

정수 이용과 같이 그 이용은 여름철로 한정되어 있기 때문에 여름 이외에는 쿨링타워의 냉수를 사용하는 등의 노력가 필요하다. 위의 경우 어느 것이나 열 교환의 효율을 높이기 위해 상류에 열교환기(이코노마이저 : economizer)를 사용해야만 한다.(그림 47.2, 그림47.4, 그림47.5)

흡착식 드라이어의 특징과 에너지 절감

(1) 압력 스윙(pressure swing) 식(Heatless : 비가열재생)

압력 노점 -40℃이하의 노점을 얻는데 가장 저렴한 시스템이다.

압축 공기중의 수증기를 흡착제로 흡착하여 흡착제의 재생에 압축공기를 사용하고 그 후 대기에 버린다. 재생 공기의 소비량은 0.69MPa(7.0kg/㎠G)의 사용압으로 15~20%가 되며 매우 크다.(그림47.6)

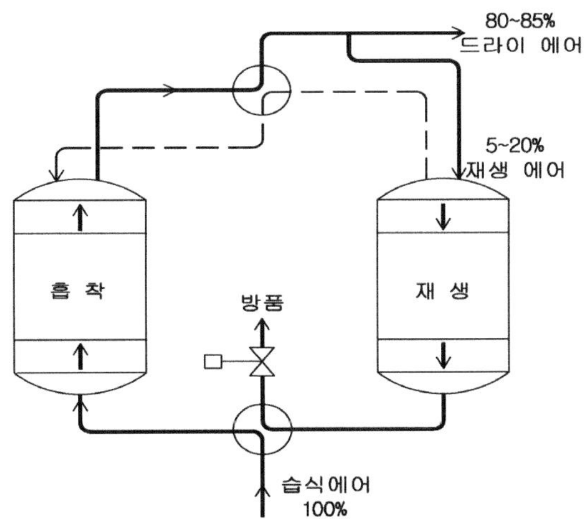

그림 47.6 비가열(Heatless)식 드라이어

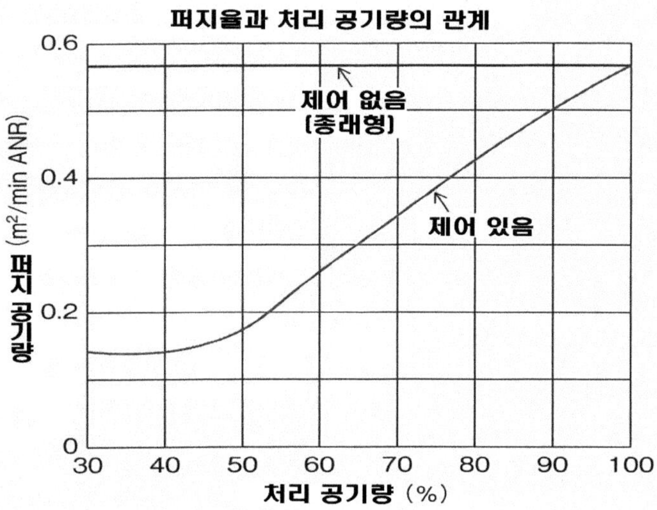

▌그림 47.7▐ 히트리스(Heat less) 퍼지량 제어 기능

종래의 타입으로는 타이머로 2개의 흡착탑의 전환(재생 사이클 :약 5분)을 하고 있으므로 처리 용량의 변화에 대응할 수 없었다. 즉 처리용량이 적어지더라도 재생 공기의 소비량은 변하지 않아 부분 부하에서는 재생공기의 비율이 증가하고, 더욱 효율이 나빠진다.

최신기종으로는 노점 모니터를 탑재하여 부하에 따라서 퍼지량을 제어하는 에너지 절감 타입이 상품화 되고, 카달로그에 의하면 퍼지량을 정격량의 약 25%까지 줄이는 것이 가능하다고 한다.(그림47.7)

단, 에너지 절감의 관점에서 보면 그 용도는 소형의 용량만으로 한정된다.

(2) 서멀 스윙(Thermal Swing)식(Heat : 가열재생)

압축 공기중의 수증기를 흡착제로 흡착하여 흡착제의 재생을 가열공기로 처리, 재생 및 냉각용의 공기는 전용의 블로워(Blower)를 사용하는 방식. 재생 사이클은 약 8시간으로 가열 재생 히터는 약 4시간 사용된다. 전에 언급한 압력 스윙 방식과 에너지 소비를 비교화면 1/2 이하이다.

흡착탑의 전환을 타이머가 아닌 노점 검지로 해보면 처리 용량의 변화에 대응 가능하여 저부하시의 에너지 절감이 가능하다. 또한 열원으로서 증기가 있으면 전기 히터 사용보다 에너지 비용은 더욱 저렴해진다.(그림47.8)

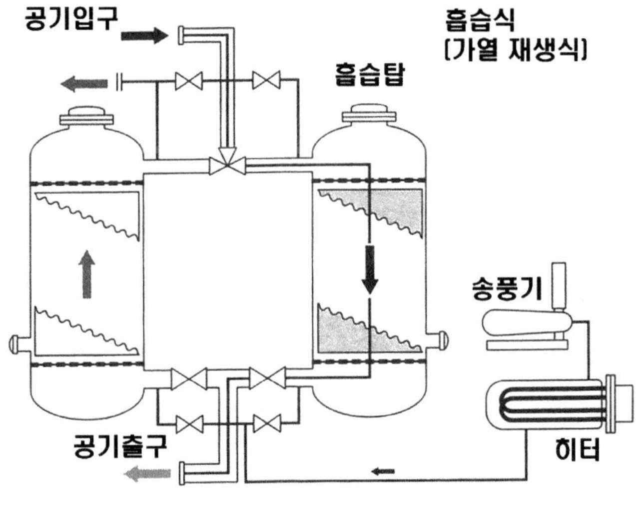

┃그림 47.8┃ 히트식 드라이어

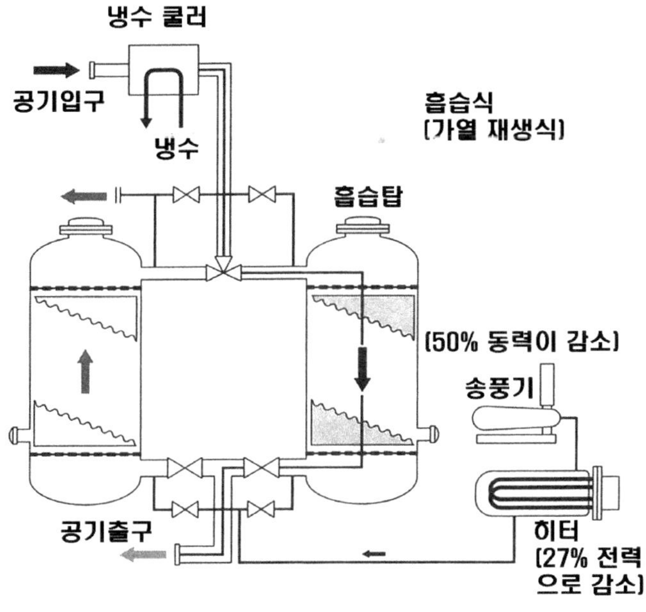

┃그림 47.9┃ 히트(Hcat)식 드라이어(냉수쿨러 포함)

이 드라이어의 상류에 냉수쿨러 혹은 냉동식 드라이어를 설치하면 이 드라이어의 부하가 줄고, 합해 보면 에너지 절감이 된다. 그림47.9의 예는 냉수 쿨러를 설치한 예로 가열 재생 히터의 전력은 27% 블로워의 능력도 50%로 감소하고 있다.

(3) 흡착식 드라이어의 소비전력 비교

아래 3종류의 8시간의 전력 소비량을 비교해보았다.

조건 : 드라이어 출구 공기량 : 9000N㎥/h
공기압력 : 0.6–0.7MPa(6.0~7.0kg/㎠G)
압력노점 : –40℃
압축기 원단위 : 0.1kW/N㎥/h
전력료 : 110원 /kW•

① 압력 스윙(Heatless : 비가열재생) 식
재생공기 : 1,700Nm/h x 0.10kW/N㎥/h x 8h x 110원/kW• = 149,600원/8h

② 서멀 스윙(Heat : 가열재생) 식
히터 : 130kW x 4h x 110원/kW = 57,200원/8h
블로워 : 11kW x 7.5h x 110원/kW = 90,750원/8h
합계 = 147,950원/8h

③ 서멀 스윙(Heat : 가열재생) 식
상류에 냉동식 드라이어 포함
히터 : 35kW x 4h x 110원/kW = 15,400원/8h
블로워 : 5.5kW x 7.5h x 110원 /kW = 45,375원/8h
냉동식 드라이어 소비전력 : 23kW x 8h x 110원/kW = 20,240원 /8h
합계 : 81,015/8h

소비전력비 = ① : ② : ③

압축기의 비열 이용

압축기의 애프터쿨러(After Cooler) 상류의 고온공기를 재생공기로 사용하는 방법으로 재생 히터가 불필요하다. 노점은 재생온도와 흡착온도로 정한다. 재생온도는 압축기의 토출온도로 토출압력과 최종 단의 입구온도에서 정해지고 흡착온도는 애프터쿨러의 출구공기 온도이므로 애프터쿨러의 냉각수의 온도나 수량에 따라 정한다. 즉 노점은 그 압축기의 운전조건에 따라 정하게 되고 그 결과에 따라 운전 되므로 지금까지 서술한 드라이어와 완전히 다르다. 흡착식이지만, 노점은 전항 47.1.3에서 소개한 흡착식 드라이어보다 나쁘고, 계장공기나 도장용에서는 사용할 수 없는 공장 공기용이며, 가격이나 소비전력은 47.1.2항에서 소개한 냉각식과 비교한다.

압력 스윙(Heatless : 비가열재생) 식이나 서멀 스윙(Heat : 가열재생) 식은 압축공기가 흡착제를 흡착행정의 1회만의 통과이지만 이 비가열 이용 방식은 재생행정과 흡착행정의 2회 통과하는 것으로 압력손실이 큰 것이 특징이다. 장치 전체를 크게 하여 압력손실을 줄이지 않으면 전체적으로 에너지 절감 효과는 얻을 수 없다.

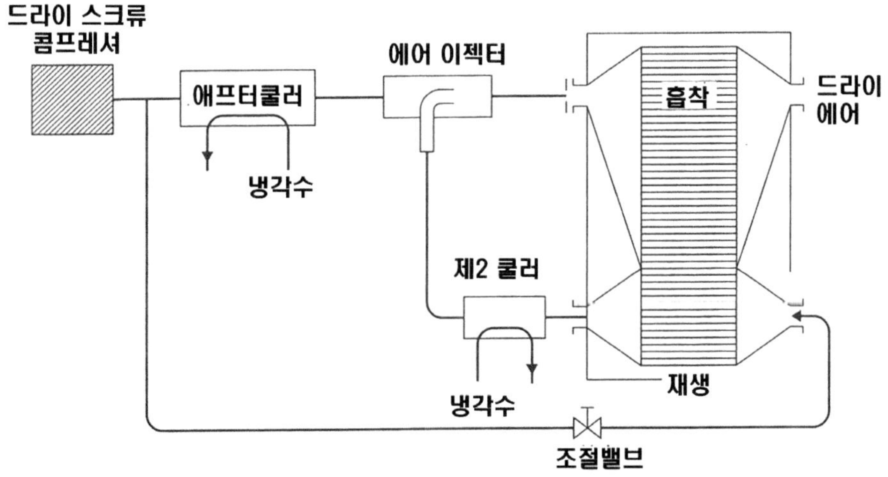

▎그림 47.10▎ 로터리식 드라이어

(a) 로터리식

드라이 스크류식 압축기에는 압축기를 직결하여 운전하는 로터리식의 드라이어가 상품화 되어 있다. 소비전력은 제조업체의 카달로그에는 0.2kW의 로터 회전동력이라고 있다. 압력 노점은 +10℃~−25℃로, 전에 서술한 것과 같이 압축기의 토출온도와 애프터쿨러의 출구온도에 의존한다.(그림47.10)

비교대상은 7.1.2의 냉각식 가운데에서 가장 에너지절감 성능이 나쁜 직결식 냉동기 방식과 비교한다.

조건 : 처리 공기 유량 : 4,000㎥/h
압축 공기 압력 : 0.69MPa(7.0kg/㎠G)
입구온도 : 40℃
로터리식 드라이어 압력 손실 : 0.05MPa(0.5kg/㎠) 가정
직팽식 냉동기 방식 압력 손실 : 0.012MPa(0.12kg/㎠) 가정

로터리식 드라이어의 소비에너지 :

압력 손실 만큼의 압축기 상당 전력(3%) :

0.09kW/㎥/h x 4,000㎥/h x 0.03 = **10.8kW**

로터 회전동력 : **0.2kW**

합계 = 11.0kW -①

직팽식 냉동기 방식의 소비 에너지 :

압력 손실 만큼의 압축기 상당 전력(0.78%) :

0.09kW/㎥/h x 4,000㎥/h x 0.0078 = **2.8kW**

드라이어의 소비전력(냉동기 전력) = **9.7kW**

합계 = 12.5kW -②

이와 같이 두 식의 계산으로는 ①,②는 오차범위에 큰 차이는 없다.

이번 로터리식 드라이어 압력손실을 0.05MPa(0.5kg/㎠)로 상정했다. 실제로는 정확한 차압은 측정하지 않으면 모르지만 실물은 겉모습이 매우 작으며 필요한 장소에 압력계는 없고, 정말로 에너지 절감이 됐는지 아닌지 사용자는 실상을 알 수 없는 실정이다.

실제의 차압은 0.04~0.12MPa(0.4~1.2kg/㎠)로 추정된다.(사용자 정보에 의함)

실제로 이 드라이어를 사용중인 사용자는 현장의 아날로그 압력계가 아닌 디지털 차압계로 드라이어의 차압을 정확하게 측정하여 실태를 확인해야하며, 지금부터 구입을 검토하는 경우는 압력손실을 제시, 보증해야 하며, 위와 같은 계산으로 정말 에너지 절감을 하는지 아닌지 확인할 필요가 있다. 제조업체의 카탈로그에는 이 중요한 정보가 표시되어 있지 않다. 덧붙여 이 드라이어는 비교한 직팽식 냉동기 방식보다 가격은 3~5배이다. 단지 꽤 간결하게 뭉쳐져 있어서 공간을 취하지 않는 다른 큰 메리트가 있다.

(b) 전환식

종래의 서멀 스윙(Heat : 가열재생) 식의 히터를 사용하지 않고, 압축기의 토출온도를 사용한 방식으로, 로터리식과 다른 것은 크기를 자유롭게 결정할 수 있기 때문에 압력손실을 줄이는 선택지가 있다.(그림47.11)

터보형 압축기에 사용되었지만, 터보형은 공기압력 0.69MPa(7.0kg/㎠G)에서는 3단압축이며, 각 단의 작업량이 적으므로 토출온도가 드라이 스크류보다 낮고, 충분한 재생온도를 얻을 수 없다. 그것을 극복하기 위해 최종단 압축기(3단)의 입구온도를 인터쿨러의 물의 양으로 제어하는 방법을 고안하여 실용화 하여 자동차 회사에서 사용 되었다.(그림47.12)

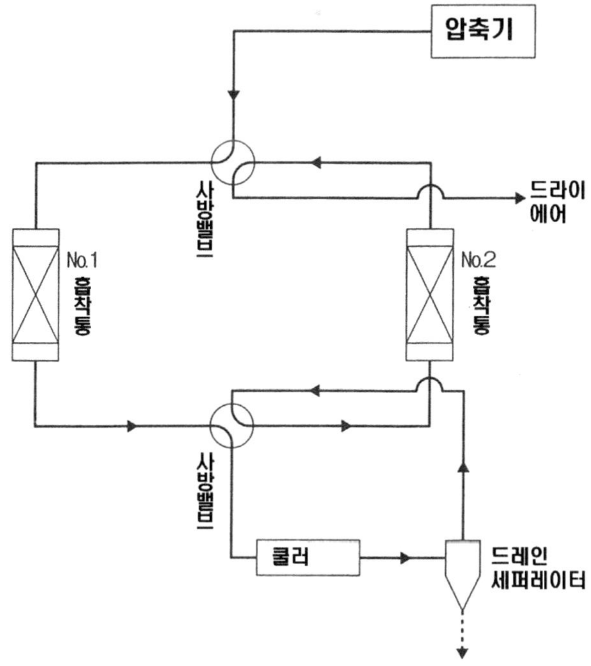

▌그림 47.11▐ 압축기 비열 이용 전환식 드라이어

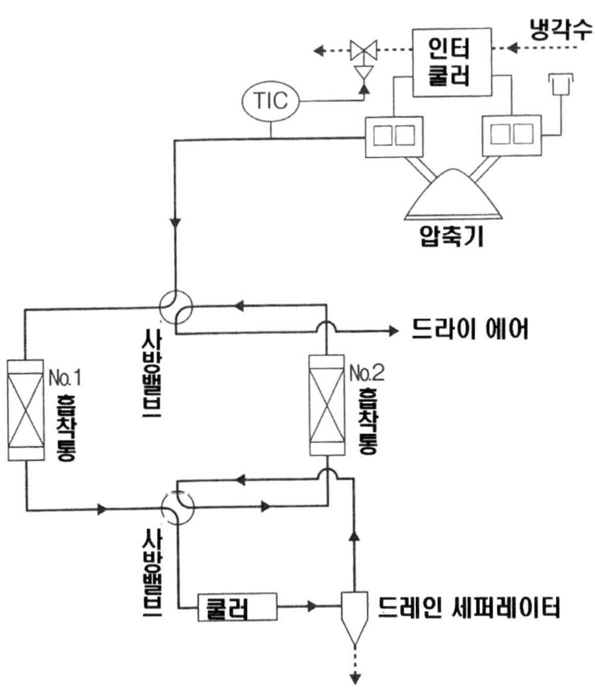

▌그림 47.12▐ 압축기비열 이용 전환식 드라이어(재생온도 제어식)

이 특허의 유효기간은 이미 지나서 자유롭게 사용가능하다. 결점이라고 하면 최종단 압축기(3단)의 입구온도를 높이는 아이디어 때문에 그 단의 압축기의 동력이 증가하는 것이다. 10℃ 상승 시킨 경우 동력 상승의 전체의 비율은 약 0.7%가 된다.

또한 공기의 사용량이 적으면 정해진 재생시간으로는 충분히 재생할 수 없는 가능성이 있다. 이것은 여열(餘熱)이용 드라이어의 최대 결점이지만 이것을 극복하기 위해서 압축기의 부하시간을 적분하는 방법을 제안하고 있다.(그림47.13)

다른 방법으로서 재생 후의 결점악화를 검출하여 전환시간을 제어하는 방법이나, 재생, 완료 시에 재생 공기 온도나 흡착제의 온도의 변화를 검출하여 제어하는 방법, 흡착만의 공기온도나 흡착제의 온도를 검출하여 제어하는 방법 등을 생각할 수 있다.

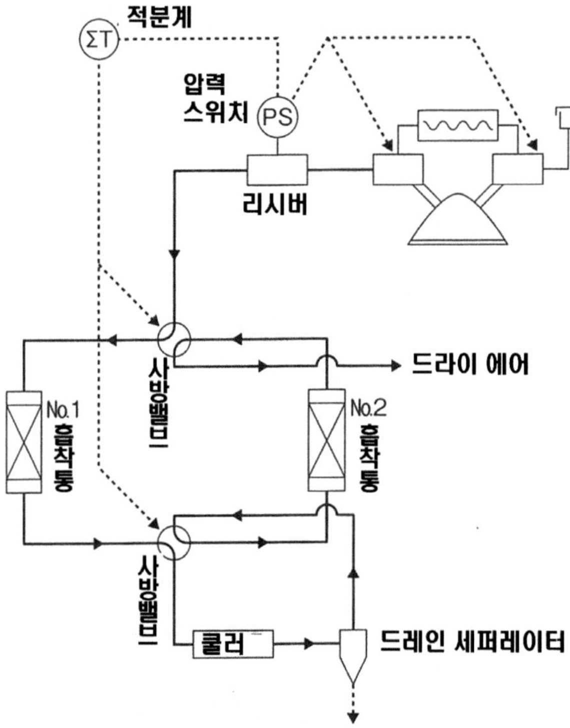

| 그림 47.13 | 압축기 배열 이용 전화식 드라이어(전환 시간 제어식)

당사 연구소에서 드라이어 본체를 설계한 적은 없지만, 드라이어 제조업체와 공동으로 에너지 절감 드라이어를 개발한 경험은 있다. 뒤돌아보면 당시는 에너지 절감에 중요한 압력 손실에 대한 관심이 적었던 것 같다. 이 책에서는 그 점이 중요하다고 판단하여 어디까지나 사용자의 관점이지만 끈질기게 언급하였다. 같은 문제를 안고 있는 독자에게는 꼭 도움이 될 것이라고 자부한다.

그러나 이 밖에 분자 레벨로 공기를 분리하여 수증기만 통과하는 고분자의 막(중공사막식, 멤브레인식)을 사용하는 방법이 있고, 압력노점이 낮은 용도로 사용하고 있다. 에너지 절감의 관점에서 충분한 검토가 이루어져야 하고 동시에 드레인(물)로 인한 피해를 줄이기 위한 노력이 필요하다.

48 에어 컴프레서 설치 장소

이번 장에서는 공장 전체 가운데 도대체 어디에 압축기 설비를 두어야 하는 것인가. 특히 주의할 점은 공장부지 경계에서의 소음과 에어 배관의 길이 이다. 환경기본법 제3조에 의거하여 지역, 장소에 소음의 제한이 있지만 가장 제한이 적은 공장 지구의 차선을 가진 도로에 인접한 지역에서도 야간은 60dB이하, 가장 엄격한 특정지역은 40dB이하로 의무화 되어 있다.

▣ 문제가 있는 설치장소

(그림48.1)은 지금까지 자주 볼 수 있었던 배치장소의 예를 나타낸다.
이배치에서 구체적으로 어떤 곳에 문제점이 있는지 아래에 나열하겠다.

① 압축기가 부지 경계선에 가깝고, 압축기실의 소음대책이 필요하다.

② 쿨링타워가 부지 경계선에 가까우므로 저소음 타입의 고가 기종이 필요하다. 제조업체 카달로그에 따르면 수량 50㎥/h 급, 거리 2m 위치에서, 저소음형으로 63dB, 초소음형으로 57dB이다.

③ 압축기와 에어 사용자와 떨어져있으므로 에어 배관이 길어진다. 따라서 배관의 비용이나 압력손실이 증가한다.

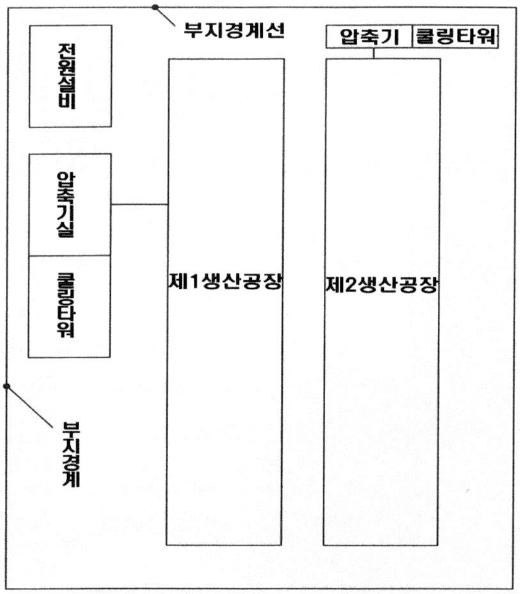

| 그림 48.1 | 문제가 있는 압축기의 배치

▣ 소음대책의 3가지 접근방법(Approach)

소음대책으로는 흡음, 차음, 거리감쇠(距離減衰)의 3가지 방법이 있지만 가장 저렴한 대책은 거리감쇠 이다.

압축기실의 벽을 두껍게 하여 차음 효과를 높혀도 환기구는 필요하게 되며 환기구에 흡음 덕트(Duct)가 필요하게 될 것이며, 또한 경계에서 멀수록 거리감쇠를 이용할 수 있다. 쿨링타워와 냉각수 펌프는 압축기의 옆에 인접하면 냉각수 배관의 길이를 짧게 할 수 있다.

소음대책으로서 쿨링타워는 압축기와 같이 방안에 넣어 소음을 차단하는 것이 불가능하므로 압축기실과 쿨링타워를 생산설비의 중앙으로 설치하는 것을 제안한다.(그림 48.2)

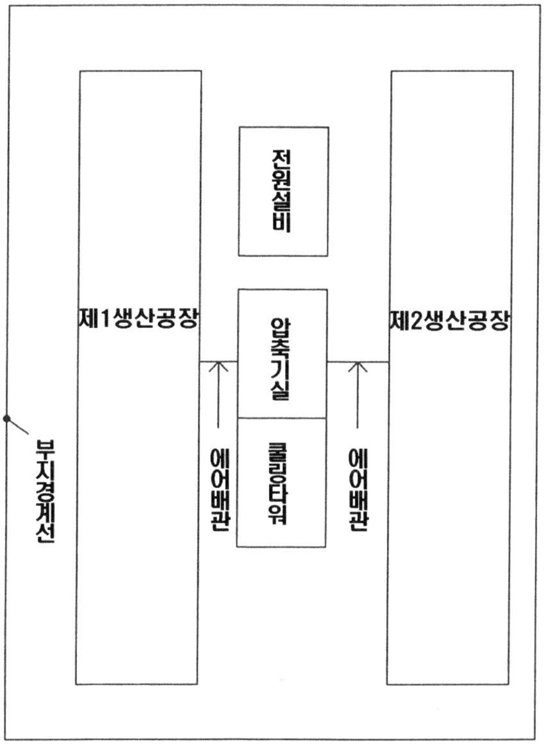

▎그림 48.2 ▎ 바람직한 압축기의 배치

49 다른 사용압력에서의 에너지 절감

▣ 부스터(Booster) 이용

에너지 절감 목적으로 공장공기의 운전압력을 조금씩 내리면 사용자측에서 압력 저하에 견뎌내지 못하는 장소가 발생한다.

예를 들면 통상 압축기의 운전압력이 0.5MPa로 일반 사용자의 사용압력이0.4MPa라고 한다. 그러나 어떻게 해도 일부의 사용자가 0.5MPa압력이 필요한 경우는 부스터(승압기)나 증압 밸브(압축공기를 동력으로 하는 부스터로 감압밸브에 비교하여 증압 밸브라고 칭한다)를 사용한다.

부스터는 왕복동식이 사용하기 쉽고 일반적으로 넓게 사용되고 있다.(스크류나 터보는 입구 압력의 변동이 대응하기 어렵다. 입구 압력이 일정한 경우에 대용량에 사용 된다.) 왕복동의 부스터는 출구쪽의 압력까지 압축한다.

증압 밸브는 압축공기를 동력으로 하므로 전원이 불필요하여 편리하다. 유량범위는 0.4~1.9N㎥/min으로 출구 압력은 감압밸브와 같이 핸들로 임의로 설정할 수 있다.

단지 압력비2의 경우 출구 공기량과 같은 양의 공기를 소비한다. 매우 비동력이 나쁘므로 사용 대수가 적은 동안에는 증압 밸브를 사용해도 사용대수가 많아지면 부스터로 전환하는 것을 검토해야만 한다.

▣ 라인(Air Line)의 바이패스(By Pass)제어

통상의 자동차 제조공장에서 소위 일반 공장 공기 라인(P=0.5MPa)과 도장 공기 라인(P=0.9MPa)등 적어도 2종류의 라인이 있다. 압축공기에서 습도에 따른 요구되는 품질도 다르다. 공장 공기라고 해도 주조나 기계 가공, 조립라인에서는 사용압력이 다른 것이 많고, 우리나라의 에너지 절감 선진 대형 공장에서는 고압, 중압, 저압의 3종류의 라인을 준비하는 경우가 많아졌다. 대형 화학 공장이나 발전소는 계장공기 라인과 플랜트 에어라인과는 꼭 분리하고 있다.

여기에서는 2개의 라인이 있는 경우에 고압 라인에서 저압 라인으로 바이패스 제어한 경우의 에너지 절감 효과를 시뮬레이션 한 결과를 소개한다.

(그림9.1)은 바이패스 제어 밸브를 설치한 그림으로 그림9.2는 종래의 계통도. 저압라인은 0.6MPa, 고압 라인은 0.9MPa를 상정하고 있다.

에너지 절감의 원리는 저압 압축기의 그룹의 효율이 나쁜 부분 부하 운전을 없애고, 저압 라인의 수요 변화량은 고압에서의 바이패스 공기를 공급하여 사용한다.

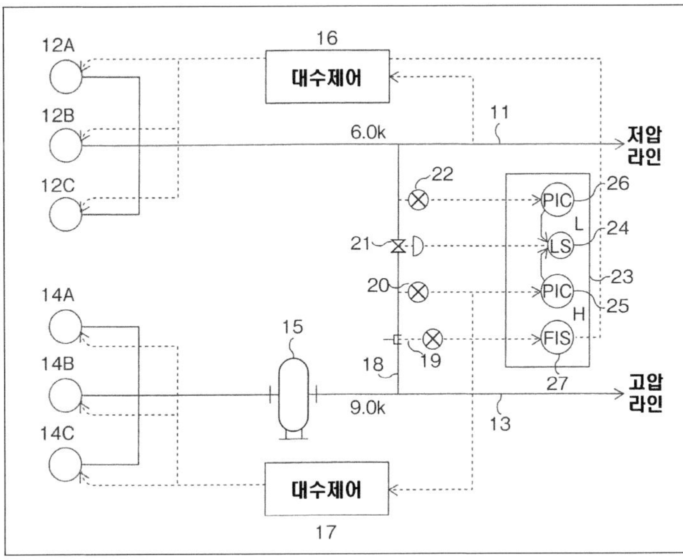

11 : 저압라인

12A~C : 저압쪽 압축기

13 : 고압라인

14A~C : 고압쪽 압축기

18 : 연결라인

21 : 바이패스 제어밸브

▎그림 49.1▎ 고, 저압라인 사이에 바이패스 제어밸브를 설치

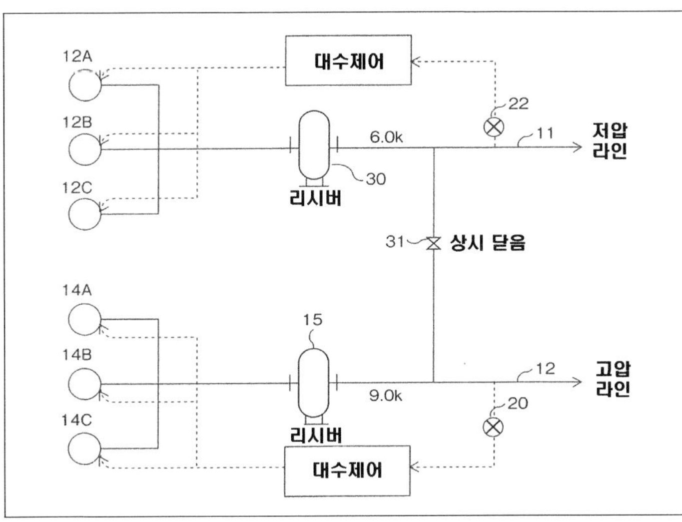

11 : 저압라인

12A~C : 저압쪽 압축기

13 : 고압라인

14A~C : 고압쪽 압축기

18 : 연결라인

21 : 바이패스 제어밸브

▎그림 49.2▎ 고, 저압라인 사이에 바이패스 제어밸브를 설치하지 않음

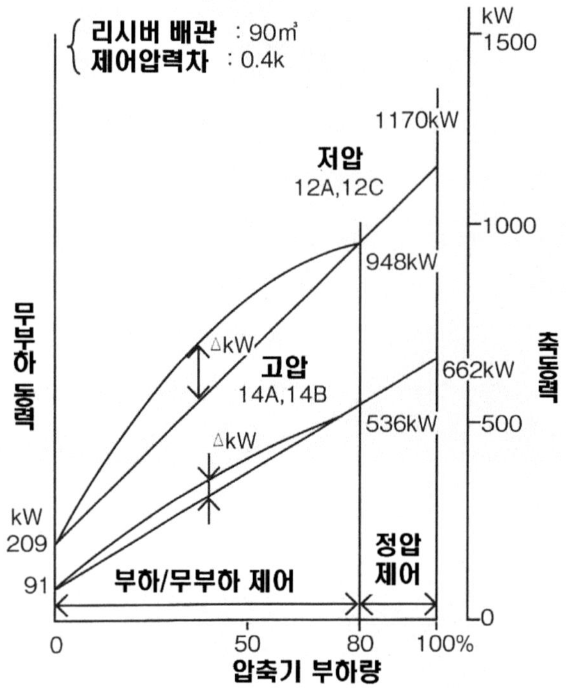

┃그림 49.3┃ 터보형 압축기의 부하 동력선

(그림49.3)은 터보압축기의 부하동력선으로 △kW는 부하 무부하 전환 시 방풍 손실을 나타내고 있다. (표49.1)은 바이패스 제어밸브를 사용한 경우의 각 부하 상태의 소비동력을 계산한 것으로 (표49.2)는 바이패스 제어밸브를 사용하지 않고, 저압라인과 고압라인을 각각 독립하여 대수제어한 경우의 소비동력을 계산한 것 이다. 합계 축동력을 비교하면 바이패스 제어 밸브의 사용은 에너지 절감의 효과가 있는 것을 알 수 있다. 당연히 라인이 고압, 중압, 저압의 3종류의 라인이 있는 경우도 응용 가능하고, 대형 화학 공장이나 발전소의 계장공기 라인도 플랜트 에어 라인의 경우도 응용 가능하다.

게다가 이 발명은 큰 자동차 회사에서 사용되어, 아직 이 특허는 출원까지 20년 이상 지났으므로 유효기한이 끝나서 누구든지 사용 가능하다.

〈표 49.1〉 고, 저압 라인의 각 부하상태의 소비 동력(바이패스 제어 밸브)

부하상태			저압 20%	40%	80%	120%	160%	200%	240%	280%
저압	12A L_B	(15000m³/h) (1170kW)	-	-	12000 948	15000 1170	15000 1170	15000 1170	15000 1170	15000 1170
	12B L_B	(15000m³/h) (1170kW)	-	-	-	-	-	15000 1170	15000 1170	15000 1170
	12C L_B	(15000m³/h) (1170kW)	-	-	-	-	-	-	-	12000 948
	필요량	m³/h	3000	6000	12000	18000	24000	30000	36000	42000
	공급량	m³/h			12000	18000	24000	30000	36000	42000
	합계L_B	kW				1170	1170	2340	2340	3288
고압	14A L_B	(7000m³/h) (662kW)	4500 477	7000 862	6000 567	7000 662	7000 662	2000 295	7000 662	7000 662
	14B L_B	(7000m³/h) (662kW)	-	2000 295	-	5000 505	1000 200	-	4000 446	1000 200
	14C L_B	(13000m³/h) (1175kW)	-	-	-	-	13000 1175	13000 1175	13000 1175	13000 1175
	필요량	m³/h	1500	3000	6000	9000	12000	15000	18000	21000
	공급량	m3/h	4500	9000	6000	12000	21000	15000	24000	21000
	합계L_B	kW	477	957	567	1167	2037	1470	2283	2025
합계 축동력(kW)			477	957	1515	2237	3207	3810	4623	5325
비교 예(표9.2)와 비교			△228	△160	±0	△305	△10	±0	△137	±0
ON.OFF횟수/hr(저압/고압)			0/25	0/35	0/0	0/14	0/22	0/35	0/	0/22

〈표 49.2〉 고, 저압 라인의 각 부하상태의 소비 동력(대수제어)

부하상태			저압 20%	40%	80%	120%	160%	200%	240%	280%
저압	12A L_B	(15000m³/h) (1170kW)	3000 515	6000 740	12000 948	15000 1170	15000 1170	15000 1170	15000 1170	15000 1170
	12B L_B	(15000m³/h) (1170kW)	-	-	-	3000 515	9000 880	15000 1170	15000 1170	15000 1170
	12C L_B	(15000m³/h) (1170kW)	-	-	-	-	-	-	6000 7400	12000 948
	필요량	m³/h	3000	6000	12000	18000	24000	30000	36000	42000
	합계L_B	kW	515	740	948	1685	2050	2340	3080	42000
고압	14A L_B	(7000m³/h) (662kW)	1500 250	3000 377	6000 567	7000 662	7000 662	2000 295	5000 505	7000 662
	14B L_B	(7000m³/h) (662kW)	-	-	-	2000 295	5000 505	-	-	1000 200
	14C L_B	(13000m³/h) (1175kW)	-	-	-	-	-	13000 1175	13000 1175	13000 1175
	필요량	m³/h	1500	3000	6000	9000	12000	15000	18000	21000
	합계L_B	kW	250	377	567	957	1167	1470	1680	21000
합계 축동력(kW)			765	1117	1515	2642	3217	3810	4760	5325
ON.OFF 횟수/hr(저압/고압)			62/30	83/34	0/0	62/35	62/14	0/35	83/14	0/22

50 에어 블로우 (Air Blow)의 에너지 절약 대책

공기압 시스템의 에너지 절약 중, 본 장에서는 에어 블로우를 돌리는 실제의 공장내의 실정과 새로운 에너지 절감 기술을 소개하고자 한다.

▣ 에어블로우(Air Blow)의 실태

무인공장에서의 에어블로우(Air Blow)의 사용량이 증가한다.

작업자가 사용하는 에어건의 사용에 있어서 수동(에어 건)의 에어블로우(Air Blow) 작업현장에서는 인간의 눈으로 필요의 여부를 판단해야 하므로 필요 이상으로 사용하는 것은 적지만 공장의 설비가 무인화 되면 불순물(찌꺼기, 칩, 먼지, Oil등)의 확인이 인간의 눈으로 불가능하기 때문에 세척, 세정용의 에어블로우 사용량이 증가한다.

▌그림 50.1▌ 압축공기 사용의 분할

일본의 도요타 혼마치 공장의 발표에서는 (그림50.1)과 같이 청소용 에어블로우(Air Blow)의 용도에 압축공기의 50%가 사용되고 있다고 보고 되어있으며, 에어블로우가 압축공기의 가장 큰 에너지 절감 포인트인 것을 알 수 있다.

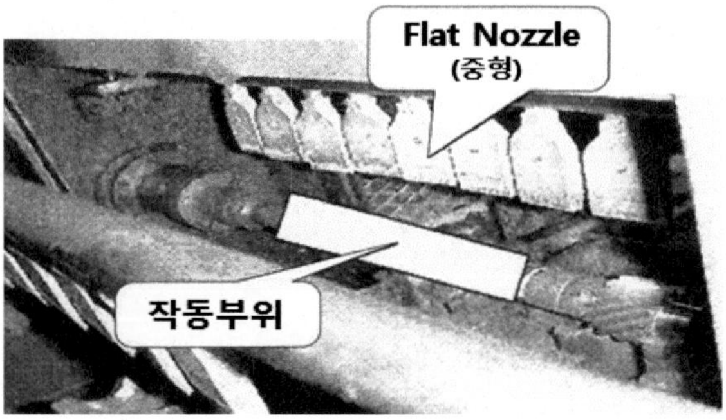

(a) 개선 전

(b) 개선 후

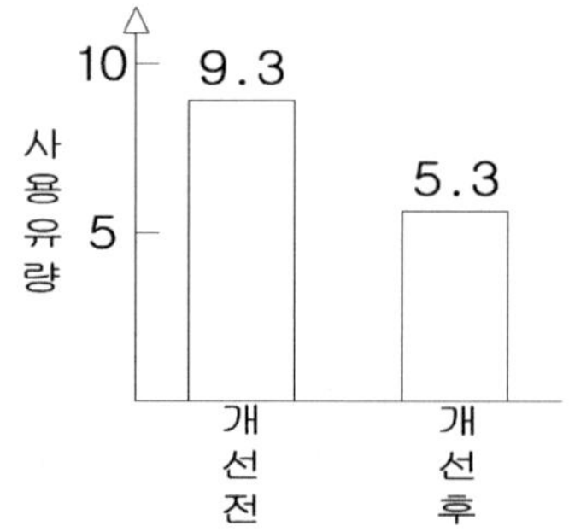

그림 50.2 노즐 교환의 예

노즐(Nozzle)교환에 따른 에어블로우의 삭감 사례

(그림50.2)는 Flat Nozzle 노즐에서 에너지 절약형 노즐로 교환 하여,약 40%의 사용 공기를 줄인 사례이다.
방법의 예시는 다음과 같다.

① 분진 날림 (기계가공 : 선반, 연마)는 간헐(間歇) 송풍으로 노즐을 교환한다.
② 냉각(열처리 후의 냉각)이나 수분제거(담금질 시 물기 제거)의 간헐운전 노즐을 교환 한다.
③ 연속 송풍은 루츠 블로워(Roots blower)타입으로 교환 하였다.

또한, 노즐 필요압력은 10 ~ 20kPa, 워크 충돌압력은 5~10kPa가 되도록 조정하였다.

예: 분진 날림(간헐운전 6초/10초)
노즐 교환 삭감량 : 1500NL/m 1,710,000원 / 년 / 1개소
예: 수분 제거(연속 운전)
루츠 블로워(Roots Blower)로 교환 시 삭감량 : 8400NL/m
31,000,000원 / 년 / 1개소

또한 국내의 자동차 부품 공장에서는 노즐 교환으로 30%의 공기 소비량을 줄이고,50,000,000원의 연간 전력비를 줄인 사례가 있음을 보고한바 있다.
다른 자동차 부품 제조사에도 풍부한 실적과 우수한 기술자를 갖추어 노즐 교환 공사를 실시하여 큰 성과를 냈다. 이제는 작은 제조업체들도 이러한 사례들을 중심으로 에어 블로워의 실태를 파악하여 그 원리를 습득하여 실행함으로서 에너지 절감 효과를 누리는 노력을 실시해야 할 것이다. 한층 더 이러한 노즐 교환보다 더 효과가 큰 것은 압축공기 사용이 아닌 송풍기의 저압공기로 변경하면 소비전력은 1/4로 낮출 수 있다. 실제로 블로우에 필요한 압력은 워크 충돌압으로 5kPa~10kPa이기 때문에 원리적으로 압축공기를 사용할 필요는 없다.

■ 스마트 그리드(Smart Grid) 파이핑(Piping)에 따른 에너지 절약

현재 현장에서 사용하는 에어 블로우(Air Blow)는 대부분의 사용 케이스가 간헐(間歇) 블로우(Blow)이며, 연속 블로우는 거의 없다. 본 연구소의 경험에서도 하나의 현장에서 200건의 에어블로우 가운데 연속 블로우는 3-5건 밖에 없었다.
송풍기는 간헐운전이 불가능 하므로(물리적으로는 가능하지만 에어블로우로서 사용할 수 없다), 간헐 블로우에 편리한 압축공기가 사용되고 있는 것이 현실이다.

간헐 에어블로우의 용도에 송풍기를 사용하는 방법으로서 필자는 아래와 같이 스마트 그리드 파이핑을 제안한다.

간헐 블로우의 집합화

그림50.3은 제안 예의 하나로 간헐 에어 블로우의 사용자(U) 그물코 상태의 저압 배관(그리드 파이핑)으로 연결되어 여러 대의 송풍기와 그리드 파이핑에 가장 가까운 옥상에 설치 되어 있다. 저압의 배관은 공기의 부피가 크고 유속이 빠르므로 압축공기의 배관보다 배관의 압력 손실이 커지기 때문에 가능한 한 배관의 길이를 짧게 할 필요가 있다.

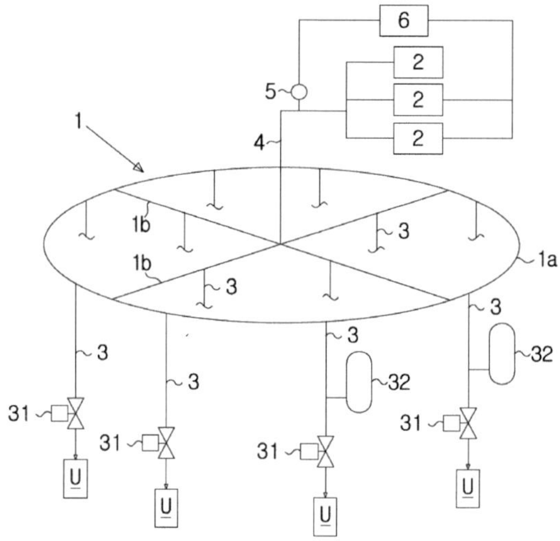

32 – Air Tank 2 – 송풍기 1a, 1b – 그리드 파이핑
5 – 압력발신기 6 – 대수제어반 U – Air Blow 사용처

┃그림 50.3┃ 에어블로우용 스마트 그리드 파이핑(1) (송풍기를 옥상에 설치)

그것을 극복하기 위해서는 사용자에게 가장 가까운 옥상에 송풍기를 설치하는 것을 제안한다. 여러 대의 송풍기는 대수제어장치로 제어한다. 압축공기일 때와 비교하여 저압 공기 사용으로 간헐작동 블로우 개시가 늦어 지장을 주는 경우는 32의 공기탱크를 설치하여 블로우 지연을 개선하는 것이 가능하다.

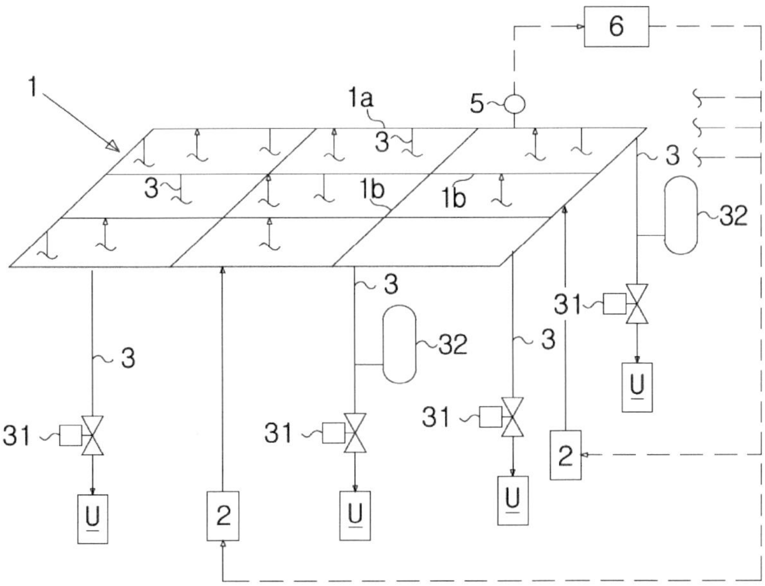

▌그림 50.4▐ 에어블로우용 스마트 그리드 파이핑(2) (송풍기를 바닥에 설치)

그림50.4에서는 송풍기를 옥상에 설치하지 않는 경우로 저압 배관의 길이를 최소로 하기 위하여 생산설비가 있는 바닥에 에어블로우 사용자와 융화 되도록 설치하는 방법의 제안이다.

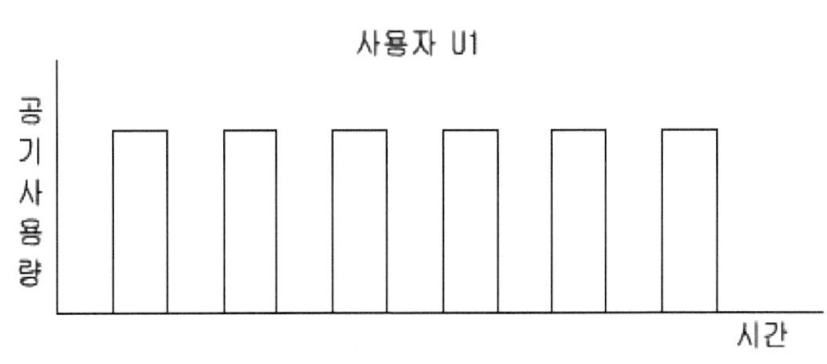

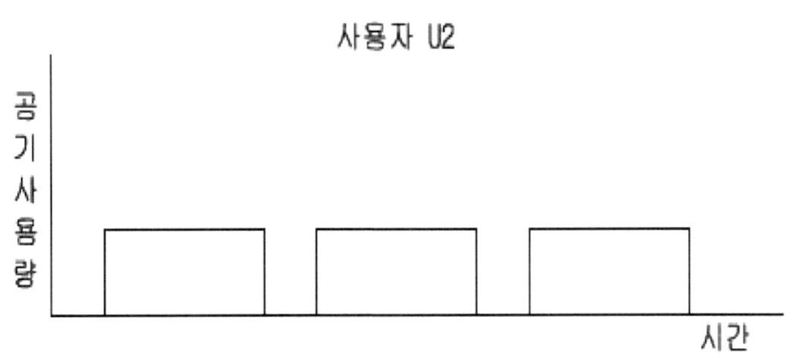

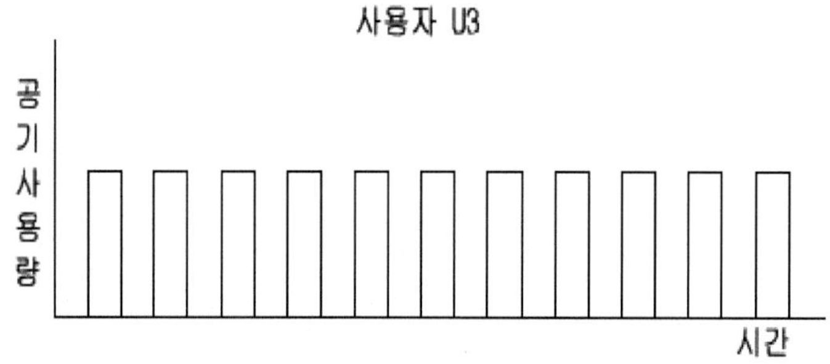

| 그림 50.5 | U1, U2, U3의 사용공기 3패턴

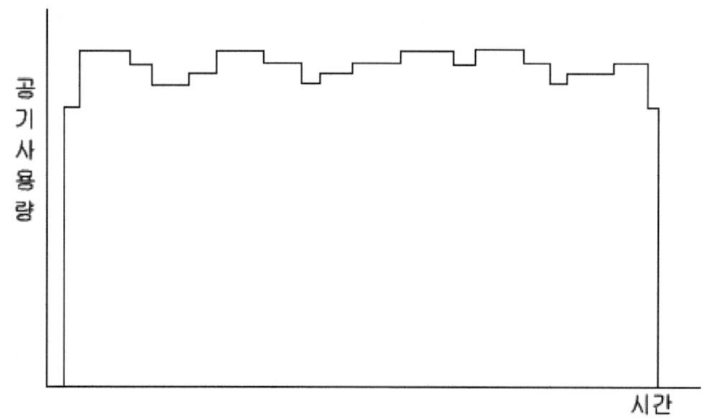

| 그림 50.6 | U1, U2, U3의 사용량의 합계

그림10.5의 U1, U2, U3은 간헐 에어 블로우의 3패턴을 나타내고 있다. 그림50.6은 U1, U2, U3의 합계 사용량을 나타내고 있다. 수많은 간헐 에어 블로우를 더하면 합계 사용량이 지극히 평준화인 것을 나타내고 있다.

위와 같이 한대의 간헐 에어 블로우와 한대의 송풍기의 조합으로는 성립하지 않지만 여러 대의 간헐 에어 블로우를 연결하면 송풍기를 사용할 수 있는 것을 나타내고 있다.

다양한 전력공급과 축전설비를 연결한 스마트 그리드 시스템은 현재 세계에서 개발되고 있는 중 이다. 본 연구소 에서는 그 유용한 이름을 스마트 그리드 파이핑 이라고 이름 붙였으면 한다. 이 제안의 스마트 그리드 파이핑이 성립하는지 확인하기 위해 SMC가 무료로 공개한 소프트웨어를 사용하여 압력 분포를 계산해 볼 필요가 있으며 파이핑 도면을 기초로한 P&I도면이 있다면 아주 유용하게 사용될 것이다

단, 이 계산은 정적 계산이다.

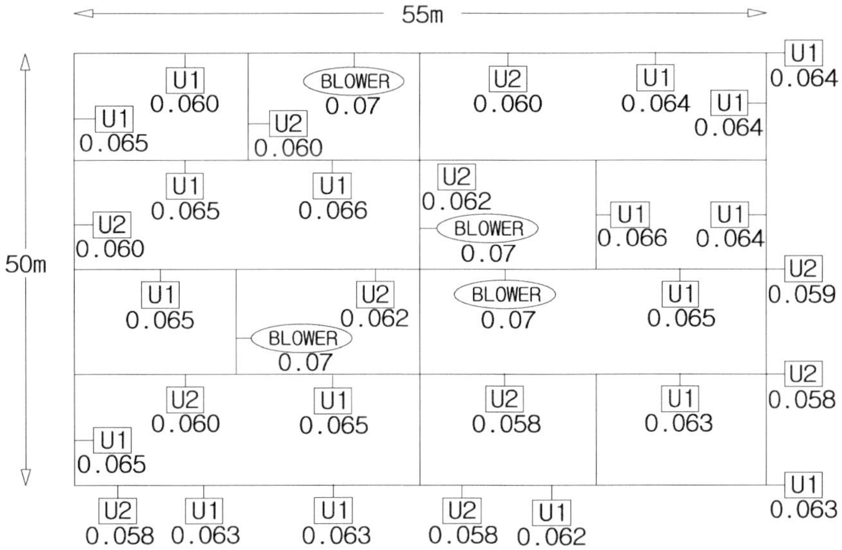

| 그림 50.7 | 스마트 그리드 파이핑의 압력분포

그림50.7에 대하여,

사용자 U1 : 1m^3/min 소비
사용자 U2 : 2m^3/min 소비
U1 + U2 = 18(개소)에 배치되어 있다.
배관 사이즈는 25mm
송풍기는 4대(유량은 10m^3/min 출구 사이즈는 100mm)
그리드 배관의 사이즈는 50mm
공간은 50m x 55m
(또한, 압력단위는 MPa)

이 계산을 예시(정적 계산)에서는 송풍기의 토출압력은 0.07MPa로 말단의 블로우 노즐의 압력은 0.058MPa(필요압력은 0.050MPa)이 된다.

이 계산 결과에서는 사용자에서의 압력은 0.058MPa로 에어 블로우로서 충분한 압력을 얻고 있다. 즉 압축기를 사용하지 않고 송풍기 사용만으로 가능하다는 것을 나타내고 있다.

실제의 스마트 그리드 파이핑의 시공은 기존 설치된 공장 공기 배관과 평행하여 설치하게 되므로 외관상으로는 기존 설치된 배관이 2줄이 되는 것이 된다.

대형 자동차 공장에서 만약 실현된다면 어느 정도 소비전력을 낮출 수 있을까 계산해 보자.

압축기의 원 단위(토출량 = 0.55MPa) = 0.090kW/㎥/h
루츠 블로워의 원 단위(토출량 = 0.6MPa) = 0.022kW/㎥/h

T공장 110,000㎥/h(터보 8대)의 절반을 에어블로우 용도로 가정하고 루츠 블로워로 교환 가능하다고 하면,

110,000 x 0.5 x (0.090 - 0.022) x 7000h x 110원/kWh
= 2,879,800,000 / 연간 (약28억원/연간)

연간 약28억원의 절감이 가능한 것이다.

블로워(Blower 송풍기) 선택 방법

사용 공기원은 기본적으로 루츠 블로워 이지만 최고 토출압력 0.06MPa에서는 배관의 압력 손실이 크거나 하는 사정으로 압력에 여유가 없는 경우도 있다.

대응 압축기를 검토하면 다음과 같다.

- 급유식 스크류 압축기 :
  0.4MPa이하에서는 운전 불가능 → 실격
- 2단압축 드라이 스크류식 압축기, 2단압축 터보형 압축기 :
  압력을 내려도 동력은 내려가지 않는다 → 실격
- 0.07MPa 이상 :
  1단압축 터보형 압축기,
  1단압축 드라이 스크류 압축기(애프터쿨러 포함)
- 0.06MPa 이하 :
  루츠 블로워(사용온도에 주의)

공기압축기의 사용 공장에서 전체 전력사용량의 약16~20%가 압축공기 전력량이며 그 중 에어 블로우의 전력수요가 압축기 공기의 50%라고 한다.

이 블로워용 공기가 본 장에서 소개한 스마트 그리드 파이핑으로 바뀐다면, 변경한 곳은 송풍기화로 약 1/5의 전력이면 충분하게 된다. 전부 변경한다면 국내의 공장 전력사용량의 8%나 삭감이 가능한 것이다. 이것은 매우 임팩트 있는 숫자이다.

본 연구소에서는 이와 같은 사실들을 많은 경험을 통하여 사례를 가지고 있다. 많은

공장들에게 이러한 현상들을 깨닫고 적용할 것을 당사의 아카데미를 통하여 여러 차례 소개한 바 있다. 바라건대 독자 중 자사의 설비로 검토하고 싶다 라거나 또 정부관계자로 국가 에너지 절감의 하나로서 추진을 검토하고 싶다 라거나 혹은 대학 등의 연구 기관 등에서 연구하고 싶다고 생각하는 분이 계시다면 꼭 본 연구소를 불러주길 바랍니다.

51 공기 누설량 파악

누설 전체량의 파악

일반 공장에서는 공기가 누설 된다면 실제 이용 공기량의 20%에 해당 한다는 보고가 있다. 이것은 매우 낭비되고 있는 것이다.

공기 누설 확인 방법의 한 가지 예를 들면, 휴일 및 공장 정지 시를 노려 토출압력을 보유하는 것에 필요한 토출량을 측정하는 것이 일반적인 것이다. (그림51.1)은 압축기의 집합관에 유량계를 붙여 하루의 공기사용량의 변화를 조사한 것이지만, 이 공장은 심야(深夜)에는 조업을 대부분 정지하고 있으므로 심야의 공기사용량이 누설량으로 간주하는 것이 가능하다.

공장 전체의 누설량을 파악하는 방법은 아래와 같은 방법이 사용된다.

공장 휴일에 배관 선단의 밸브를 잠그고, 압축기를 운전하여 압축기 부하율을 측정한다.(그림51.2)

$LQ = Q \times T_1 / (T_1 + T_2)$

LQ : 누설량

Q : 압축기의 토출량

T_1: 평균 부하 시간

T_2: 평균 무부하 시간

여기서 주의 할 점은 T_1은 압축기의 방풍밸브가 닫혀 있는 시간으로 방풍밸브가 열려있는 동안에는 압축기의 부하가 걸려있어도 공기를 토출하지 않으므로 T_2의 시간에 포함된다. 이 T_1, T_2시간의 측정은 방풍밸브의 앞에 서서, 방풍 밸브가 조금이라도 열려서 방풍음이 들리는 때는 무부하 시간 T_2에 포함되는 것으로 한다. 압축기에 따라서는 이 방풍 시간이 10~15초간 계속 되는 경우도 있다.

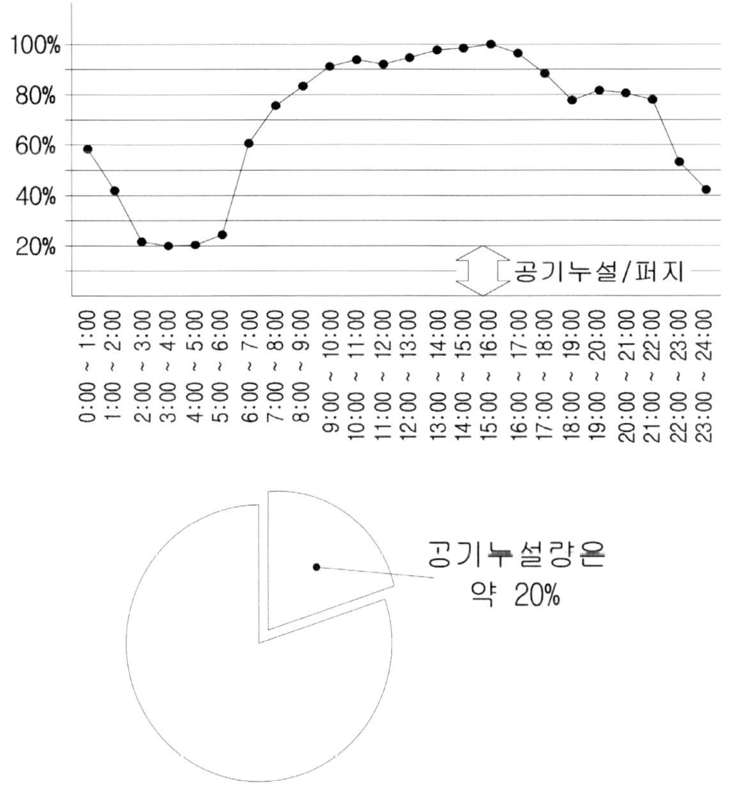

▌그림 51.1▐ 공기 누설은 전체의 20%에 해당한다.

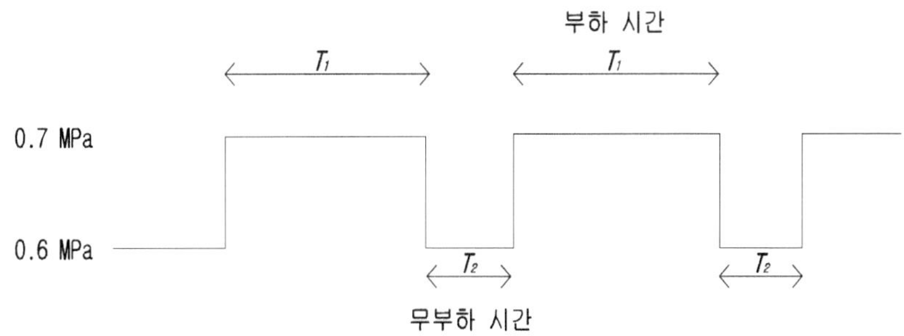

▌그림 51.2▐ 공장의 공기 누설 측정

공기 누설의 측정 방법

이전은 비눗물로 거품을 만들어 누수 부위에 발라 누수 부위를 발견하고, 그 거품의 직경과 시간을 측정하여 누설량을 계산하는 방법도 소개되었다. 현재는 초음파의 음압 레벨을 검출하는 누설 테스터가 시판되고 있다. 누설 검출에는 편리하고 도구로서 매우 유효하다. 그러나 만약 검출되었다 하더라도 누설량의 구체적인 값을 알지 못하면 대책

비용 대 효과를 계산할 수 없다.

누설 방지에 대한 대책의 필요여부의 판단 기준으로서 본연구소에서의 제안은 튜브(관)의 누설대책비용은 저렴하므로 그 양의 크고 작음을 묻지 말고 전부 실시하는 것이다. 그 밖의 누설은 1㎥/h 이상 누설되는 곳을 방지실시 대상으로 하는 것이다.

누설 테스터 사용으로 같은 측정 장소에 2곳 이상의 누설이 있으면 음압 레벨로 검출하므로 최대치를 측정한다. 따라서 1곳 밖에 검출 되지 않는다. 그 누설 장소의 대책 후 재차 같은 장소에서 측정하면, 남은 누설을 검출하는 것이 가능하다. 한번의 측정으로 전 누설량의 절반이 검출되고, 대책 후의 2번째 측정에서는 첫번째의 측정으로 검출 하지 못했던 누설량을 검출하여, 새로운 첫번째 누설의 절반의 양이 검출 가능하다고 한다.

■ 누설 대책

먼저 개별 라인마다 공급 STOP밸브(체크밸브)를 설치하는 것이 중요하다.(그림51.3)

각 에어 라인을 사용하지 않을 때 누설을 방지하기 위해 라인 정지 시에 이 STOP밸브ⓐ를 닫는다. 전체 에어 라인에 이 공급 STOP밸브가 달려 있는데 (그림51.1)의 심야 조업 정지 시에 20%의 공기누설이 있을 수 없다. (그림51.3)의 ⓑ는 더욱 더 후단의 공급 라인의 STOP밸브라고 하지만 라인의 가동 상황에 맞추어 적절하게 설치하는 것이 좋다. 각 공급 STOP는 조작하기 쉬운 곳에 설치하길 바란다.

이 밸브는 여단이 용도밖에 사용하지 않으므로 당연히 열 때의 압력손실 은 적고, 볼밸브(2B 이하)나 버터플라이밸브(3B 이상)를 사용해야 한다. 저항이 큰 글로브밸브를 사용해서는 안 된다.

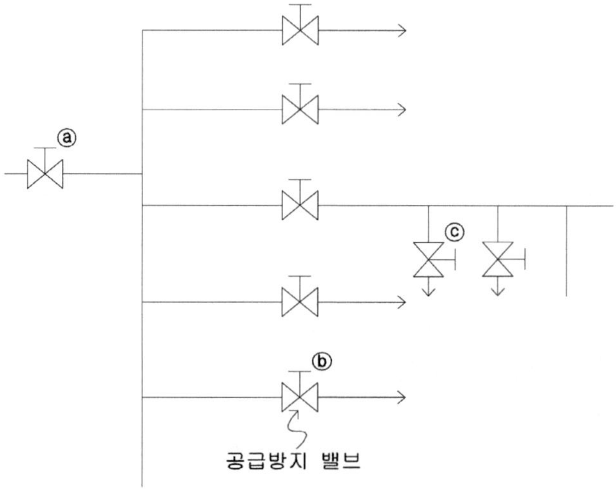

▌그림 51.3▌ 공급 STOP밸브의 설치

누설 장소

어떤 자동차 부품 공장 안의 한 구획에서 누설 장소를 측정하니 결과는 아래와 같았다. 덧붙여서 합계 누설량은 114개소에서 96.6N㎥/h였다.

① 기기 본체에서의 누설 : 65개소 (57%)
  내역 : 에어 실린더, 오일러, 전자밸브, 밸브의 패킹, 레귤레이터, 에어건, 필터, 그 밖의 기기 등

② ①의 기기 접속 부분에서의 누설 : 20개소 (18%)

③ 배관에서의 누설 : 29개소 (25%)
  가스배관의 계수, 비닐 튜브, 고무호스, 동관 계수 등 특히 한군데에서 2N㎥/h 이상이 샌 것은 오일러 3곳, 고무호스, 레귤레이터, 에어 모터가 6곳 이었다.

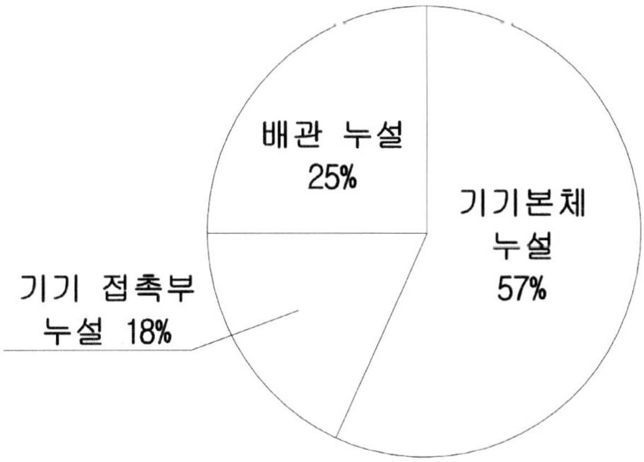

|그림 51.4| 누설의 비율

52 에어 컴프레셔로부터 열회수

■ 압축기에서의 배열

압축기의 이론 축동력은 아래의 식으로 나타낼 수 있다.

이론 축동력 = $R(T_2 - T_1) \times 1/(n - 1)$ (식①)

n : 폴리트로프 지수

R : 가스 정수

T_1: 흡입 온도

T_2: 토출 온도

식①에서 압축에 필요한 동력은 공기의 온도 상승이 되는 것을 알 수 있다. 압축 작업 이외의 소비동력은 전부 기계 손실로, 윤활유의 가열에 사용되며 약 5%정도이다. 즉 전체 소비 에너지 안의 95%가 공기를 가열하고, 그 에너지를 수냉식 압축기라면 냉각수에, 공냉식 압축기라면 대기에 버리고 있다. 또한 구동기인 모터의 효율은 정격 90~96%로 그 로스분도 대기나 냉각수에 버려지고 있다.

온풍(溫風)회수

공냉식 압축기는 압축기실의 환기편에서 서술했지만, 모터입력 100~110%의 열풍을 배출한다. (그림52.1)은 그 열을 겨울 난방용으로 이용한 예로 필자는 미국에서 본 적이 있고, 미국의 압축기 제조업체가 열 전환 회수기를 붙인 압축기를 상품화 했다.

55kW의 압축기라면 55kW의 난방용 전기히터를 넣은 것과 같다.

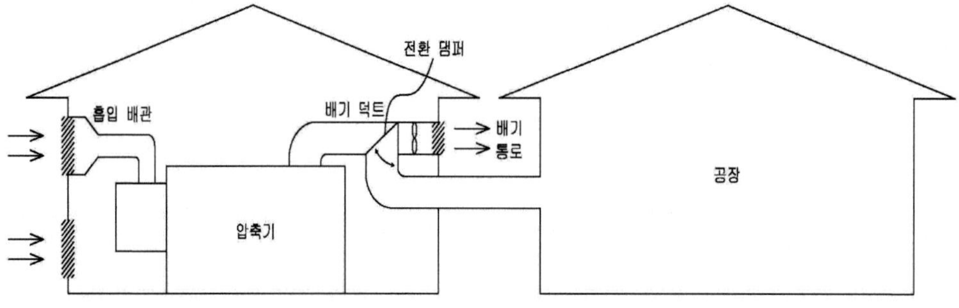

▌그림 52.1▐ 공기압축기의 배열 이용

▶독일 맥주와 압축기

식①에서 사용한 전력은 공기의 온도 상승에 사용되면, 압축된 공기에는 온도 이외에 추가된 에너지는 없는가? 라는 의문이 생기는 독자도 있을 것이다.

압축 전 $E_1 = R/(n-1) \times T_1 + Ap_1v_1$
압축 후 $E_2 = R/(n-1) \times T_2 + Ap_2v_2$
E : 공기 내부의 에너지
R : 가스 정수
n : 폴리트로프 지수
p : 압력
v : 부피

어기서 보일사클의 빕칙으로 $p_1v_1 = p_2v_2$
따라서 $Ap_1v_1 = Ap_2v_2$즉 압력공기의 내부 에너지는 압축 전과 압축 후와 같고(에너지 불변의 법칙) 에너지의 변화량 $\triangle Ea$는 온도의 차이가 된다.

$$\triangle Ea = E_2 - E_1 = (T_2 - T_1) \times R/(n-1)$$

그러나 실제로는 압력이 있는 공기는 에어실린더를 구동하고, 에어 블로워로 철가루를 불어 날려버리는 에너지를 가지고 있다. 그 높은 압력 에너지를 사용할 때는 실제로는 팽창할 때에 작업($\triangle Ea$)을 하여 공기의 온도는 떨어지고(T_3) 있는 것이다.

$$\triangle Eb = E_2 - E_3 = (T_2 - T_3) \times R/(n-1)$$

영국의 BBC제작 비디오「우주로의 길」에 따르면 예전 독일에서는 기온이 낮은 겨울에만 맥주를 만드는 것이 가능했다. (이유: 기온이 높으면 발효할 수 없다.) 여름에도 맥주를 마시고 싶어져, 저온(T_3)을 얻기 위해서 린데라고 하는 회사가 압축기를 만들어 압축공기를 팽창시켜 저온을 만들었다.
이 저온화 기술로 공기를 액화시키고, 그 증발 온도의 차이에서 공기를 분리하는 방법이 나아가 공기분리 기술이 되어 공기에서 탄소를 꺼내고 그 액체 탄소에 액체 수소를 합쳐서 지금의 미국의 우주로켓의 엔진이 되었다.
즉 독일 맥주가 압축기의 기원인 것이다.

온수(溫水) 회수

수냉식은 축동력의 약 95%가 공기 냉각기에서 열 교환된다. (그림52.2)는 공기냉각기의 온수 회수의 예 이다.

예1) 통상 인터 쿨러와 애프터 쿨러는 40℃의 배수를 얻을 수 있다. 40℃에서는 온도가 낮고, 수요용도는 적지만, 보일러의 급수용 등으로 사용 할 수 있다.90% 이상의 열량을 회수 할 수 있다. 제조업체 표준의 쿨러를 그대로 사용하고 있다.

예2) 공급수를 40℃까지 올려서, 배수를 50℃이상으로 올린 예이다. 겨울철의 난방용으로 사용한다. 이 예도 제조업체 표준의 쿨러를 그대로 사용하고 있다. 90% 이상의 열량을 회수 할 수 있지만 압축기 2단의 입구온도가 46℃로 높은 만큼 압축기의 비동력은 나빠지지만 회수열량은 매우 크다. 급수 온도 40℃에서 여름철 압축기는 운전 불가능하므로 겨울철만 이용하게 된다.

예3) 쿨러의 내부를 분할하여 냉각수용과 온수용으로 분리하여 열교환을 하는 방법. 일년 내내 히트펌프(열펌프)의 열원에 사용하는 목적으로 온배수를 85℃로 계획했다. 회수량은 30~50%로 적지만 일년내내 냉난방으로 사용가능하다. 실제로 자동차 회사에서 사용되었다.

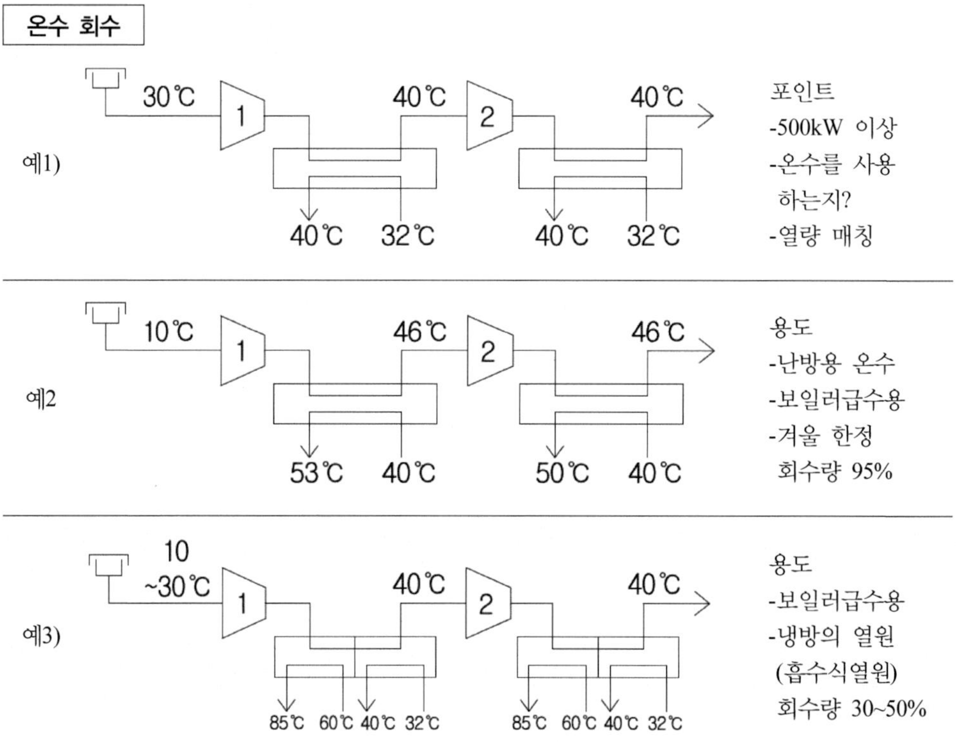

그림 52.2 공기냉각기의 온수 회수 흐름

실제로는 배관의 설치비가 필요하므로 500kW 이하가 아니면 투자회수가 어렵다. 온수가 알맞게 좋은 수요처가 있는지 열량의 매칭이 잘 될지가 결정적인 항목이 된다. 실제로 회수 온수를 보조 열원으로서 사용하면 성공하기 쉽다. 설치비를 저렴하게 하기 위해서 압축기를 온수 축열조(蓄熱槽) 위에 둔 예가 있다.

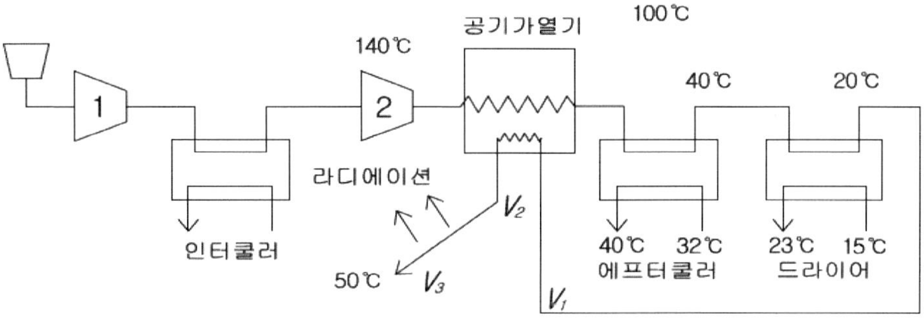

$$\frac{V_3}{V_1} = \frac{273+50}{273+20} = 1.1$$

▎그림 52.3▎ 압축공기의 가열(1)

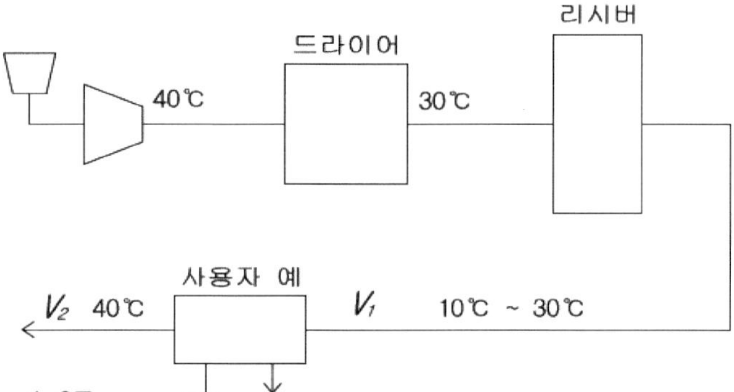

$$\frac{V_2}{V_1} = \frac{273+40}{273+20} = 1.07$$

▎그림 52.4▎ 압축공기의 가열(2)

압축공기의 가열

(그림52.3)은 압축공기의 애프터쿨러 전에 G/G 열교(熱交)(공기와 공기의 열교환기)를 설치하여 냉각식 드라이어에서 나온 공기를 가열한다. 이 예로는 20℃에서 60℃까지 가열된 공기가 공장까지의 배관의 방열로 50℃까지 내려간 상태에서 말단으로 사용된다. 부피는 10% 증가하며 즉 10%의 에너지절감이 된다.

(그림52.3)의 예로는 압축기에서 압축공기를 사용하는 공장까지의 배관이 길면, 배관을 보온해도 열이 빠져 나가버리는 경우가 있다. (그림52.4)의 예는 그것을 극복하기 위한 사용측에 가까운 장소에서 온배수를 확보하여 가열한 케이스 이다. (그림52.3)은 비교적 소규모인 공장에서 사용되며,(그림52.4)는 큰 공장에서 배관이 긴 경우에 사용되고 있다.

53 에어 컴프레셔 에너지 절감 순서

▣ 압축기 에너지 절감 달성 차례

압축기의 에너지 절감 달성에 관해 시행착오를 겪지 않고 확실하게 나아가기 위해서는 그 순서가 중요하다. 아래에 대표적인 순서를 제안하겠다.

순서1 경영책임자의 방침 결정

경영책임자는 에너지 절감 실행 조직을 만들어 목표를 설정하고 조직에게 권한을 준다. 특히 에너지 절감 실행 조직의 권한을 명확하게 하지 않으면 라인과의 조정이 곤란해진다.

순서2 목표의 설정

공장의 전체 에너지 사용량 중에서 압축기 사용전력량의 비율을 보고 압축기 에너지 절감의 할당을 정한다. 기본이 되는 투자 회수 기간을 정하여 경영 책임자의 결재를 받는다.

순서3 현장 파악

일주일간 압축기 및 드라이어, 냉각수 펌프 등 소비전력과 사용공기량을 측정한다. 최대 5분간의 적분치를 일주일분을 로깅 한다. 전력은 각 기기 마다 총 합계를 측정하고, 공기유량은 총 합계로 측정한다.

순서4 현장 분석

측정한 일주일분의 소비전력을 사용 공기량으로 나누고 원 단위를 내서 소비 전력(합계 전력)과 사용 공기량(합계 공기량)과 같은 그래프에 표시한다. 그 그래프에서 원 단위가 나쁜 시간대를 추출한다. 그 추출한 시간대의 악화의 원인을 확인한다.

예 :

① 압축기의 무부하 상태가 많다.

② 사용 유량이 적을 때에 원 단위가 나쁘면 공기 누설이 많다. 또는 압축공기를 사용하고 있지 않을 때 라인의 공기 배관의 원 밸브 닫는 것을 잊어버린다. 또는 라인마다 잠그는 밸브가 없다.(누설량은 공기 사용량이 변화하여도 일정하고 공기 사용량이 적어지면 비율이 커진다.)

③ 사용 유량이 많을 때 원단위가 나쁘면 배관 사이즈가 작아서 압력 손실이 크므로 운전부하가 높아진다.

④ 압축기의 운전조합이 나쁘다… 등이 있다. 필요에 따라서 압축기를 잘 아는 전문가의 의견을 듣는다.

또한, (그림53.1)은 전력, 원 단위 데이터 이다.

전력만 본다면 6:00에 공장 가동 준비로 압축기의 대수가 증가하고, 12:00에 부하가 줄고, 14:00에 부하가 돌아오며, 24:00 부하가 줄어 있다.

원 단위의 변화를 보면 가장 효율이 좋은 6:00-12:00까지로 시간대에 따라

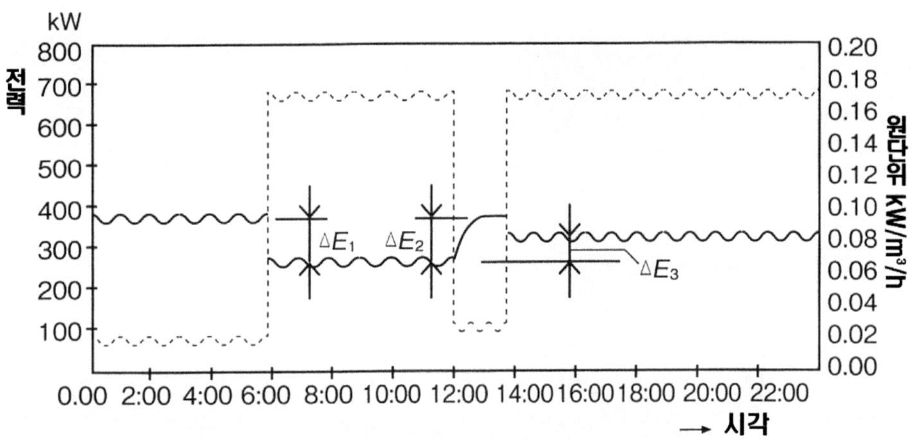

| 그림 53.1 | 전력, 원 단위 데이터

심야 시간 △E_1

점심 휴식시간 △E_2

오후 시간 △E_3

의 각각의 원인을 찾을 필요가 있다는 것을 알 수 있다. 누설량은 부하에 관계없이 일정하면 △E_1, △E_2는 부하가 작으므로 누설량의 비율이 커진 것과 압축기의 무부하 운전이 많은 것이 원인으로 추정되며, 대책으로는 누설 대책과 심야용 소형기 또는 인버터기를 도입하는 방안 이다. △E_3는 운전의 조합이 오전과 오후로 변한 가능성이나 오후는 기온이 상승하여 흡입온도, 냉각수 온도의 상승 가능성이 있다. 상세 분석에는 다른 날의 데이터와 비교하는 등, 더 조사하여 원인을 규명할 필요가 있다.

순서5 최신 기술정보를 수집

압축기 제조업체, 드라이어 제조업체, 공기기계 제조업체와 컨택하여 최신 기술과 기존 설치 기기의 성능과 비교하여 갱신의 가능성을 검토한다.

순서6 실행내용을 결정

순서5의 검토항목의 목표 투자 회수기간을 계산하여, 순서2의 목표기준으로 실시 내용의 계획을 세워서 경영책임자에게 결재를 받는다.

순서7 검증방법의 결정

실행 전에 검증방법을 결정한다. 특히 공기 유량 측정 절대 값의 정밀도는 나쁘므로 (±3% 정도) 유량계를 도중에 교환하면 오차는 단순하게 2배(±6%)가 된다. 개선 전과 후는 같은 유량계를 사용하여 상대 유량차로 증감량을 판정하는 것이 좋다.

착수 순서는 일정표에 따라서 기본적으로는 납기가 긴 것부터 착수한다. 통상은,

① 압축기 신규 구입
② 압축기 개조
③ 최신 대수 제어반
④ 에너지 절감 드라이어 구입
⑤ 운전압력을 낮춘다
⑥ 에어블로우 대책
⑦ 공기 누설 검출
⑧ 온도 관리

의 순서이다. 그러나 단기간에 비용을 들이지 않고 성과를 내는 방침의 경우 순서는 반대로 ⑧⑦⑥⑤④③②①의 순이 되지만 낡은 설비로 지금까지 에너지 절감 대책을 실행하지 않았던 경우는 ⑧⑦⑥⑤만으로도 10~20%의 전력 절감 성과를 높일 가능성이 있다. 자세한 것은 아래에 기술한다.

▣ 압축기의 갱신 및 개조검토 착안점

전력소비의 중심인 압축기의 검토는 매우 중요한 항목이지만, 압축기 본체에 있어서 최첨단의 기술(치형분석, 흐름분석)을 사용한 분석 개선은 10년 이상 전에 이미 끝났으며 획기적인 개발 테마는 남아있지 않다. 테마로서 최근 실시되고 있는 것은 성능을 다소 희생하여 재료나 인건비를 낮춘 비용 절감과 반대로 비용을 들여서라도 압축 단수를 증가시키거나 압력 손실을 적게 하여 성능을 좋게 개선한다. 즉, 모델 체인지로 콤팩트(작게) 해진 기종은 압력손실이 증가하여 성능이 나쁠 가능성이 있으므로 주의를 요한다. 유일하게 진화한 것은 최근 보급된 인버터 이용에 의한 용량 조정 능력이 큰 효과가 있어 에너지 절감에 큰 기여를 하고 있다.

따라서 10년 이상 낡은 압축기의 경우가 아니면 갱신이나 개조에 의한 에너지 절감은 기대할 수 없다. 기존 설치된 압축기가 구식인 경우, 제조업체는 납품실적표를 가지고 방문하여 갱신이나 개조를 제안하고 있다. 오버홀 서비스맨에게 확인 받는 것도 좋다. 에너지 절감 목적의 압축기 갱신은 위와 같이 최근 기술의 진보가 없으므로 압축기 본체의 성능향상이 아닌 「컴프레서의 크기에 따른 에너지 절감」에서 말한 대로 유닛의 대형화 이다. 단 범용 압축기의 최대 용량은 600kW이다. 그 이상은 카달로그에는 있지만 수주 생산으로 부품의 재고가 없으므로 자기 자신이 소유할 필요가 있으며 값이 비싸다. 또한 1000kW 이상은 크기에 의한 성능향상이 적고 에너지 절감의 관점에서 본 대형화의 효과는 작아진다. 베이스 유량과 부하 변동폭을 확인하여 유닛 크기의 재검토, 부하 변동분은 스크류의 인버터제어로 대응하는 것이 이상적이다.

또한 스크류식 압축기의 개조는 비용 대비 효과로 성립되지 않고 메뉴로서 준비되어 있지 않은 것이 현실이지만, 터보형 압축기는 비용 대비 효과가 성립하므로 메뉴가 있어 아래에 소개 한다.

▣ 터보형 압축기의 개조 및 개선

사용압력 변경에 따른 압축기의 개선

용적형 압축기는 에너지 절감 활동의 성과로 운전압력을 낮추는 것이 가능하고, 그대로 소비전력이 내려가서 그 활동이 성과로 직접 이어지게 된다. 그러나 터보형의 경우 압력을 낮추는 쪽이 곤란하기 때문에 개조하여 사용하는 경우가 존재하게 된다.

개조방법으로서는 3가지 방법이 있다.

① 임펠러 컷(Impeller Cut)

(그림13.2) 참고. 통상 최종단의 임펠러의 바깥 부분의 날개만 잘라서 공기에 주는 작업량을 줄이는 것으로 압력을 낮춘다.

② IGV(inlet guide vane)으로의 변경

흡입제어밸브를 그림45.5(119쪽)에서 표시된 IGV로 교환한다. IGV는 빨아들인 공기에 선회를 주어서 압축기(임펠러)의 작업량도 줄어든다.

③ 압축기 본체의 교환

운전압력을 낮추면 소비동력이 줄어들기 때문에 모터에 여유가 생기므로 처리유량을 증가 할 수 있다. 유량을 증가시키고(임펠러의 흡입량을 증가시키므로 전부 새로운 것으로 교환할 필요가 있다) 토출압력을 낮춘 새로운 압축기 본체로 교환 한다. 임펠러 컷이나 IGV의 변경으로도 압력은 낮춰도 유량은 증가할 수 없다.

위의 ①②③의 비용 대비 효과를 계산하여 이 투자가 성립하는지 아닌지를 검토한다.

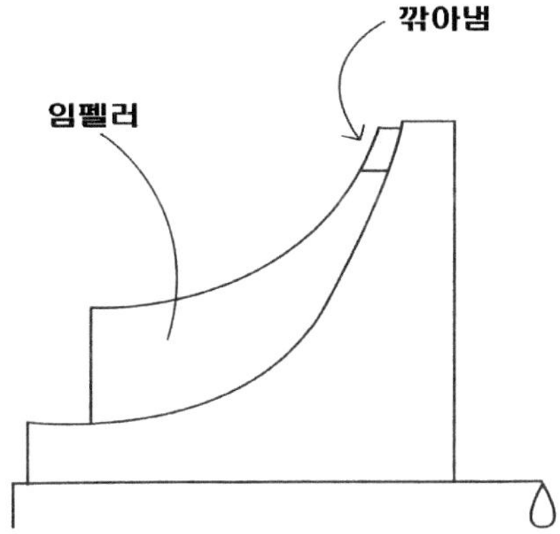

▌그림 53.2▐ 임펠러 컷

IGV(inlet guidc vanc)으로 교환

「5. 컴프레서의 제어에 따른 에너지 절감」 에서 설명한 대로 IGV는 부분 부하의 성능 향상이나 간절기, 동절기의 비동력 향상에 큰 효과를 발휘한다. 15년 이상 낡은 터보에는 IGV가 아닌 버터플라이 밸브가 흡입제어 밸브로서 사용되고 있을 가능성이 있으므로 확인하길 바란다. 이 교환의 투자회수는 1~2년 정도면 충분히 회수 되고 남는다.

케이싱의 녹 방지 대책

그림 53.3 인렛 케이싱(inlet casing)에 대하여 디퓨저 부의 공기유속이 가장 빠르며, 이 면의 거칠기가 성능에 큰 영향을 준다. 이 면이 도장이면 경년열화 하여 벗겨져 녹이 슬고 면이 거칠어져 성능이 떨어진다. 니켈이나 크롬 도금(무전해 니켈 도금)으로 녹이 스는 것을 보호하는 방법을 추천한다. 일부 대기업 사용자는 자체적으로 실시하고 있다.

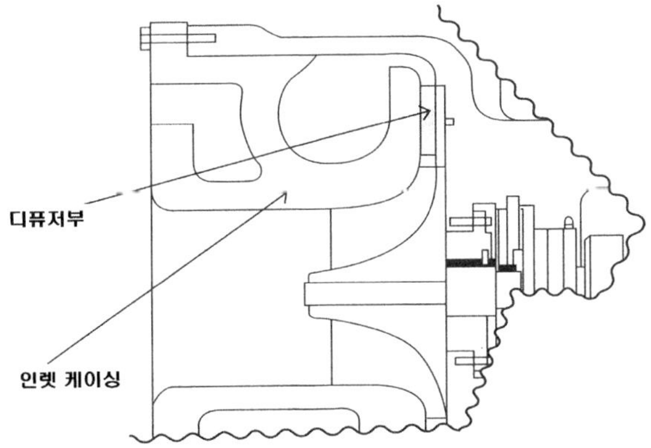

▌그림 53.3▐ 인렛 케이싱

공기압축기와 압축공기의 에너지 절감에 대해 살펴보았지만 소비자 기업은 지금까지의 에너지절감 달성 레벨에 따라 이후 대처가 각각 다르고, 투자 예산의 규모도 천차만별 이다. ①압축기 신규 구입, ②압축기 개조, ③최신 대수제어반, ④에너지절감식 드라이어구입, ⑤운전압력을 낮춘다, ⑥에어블로우 대책, ⑦공기 누설 검출, ⑧온도관리의 8항목 중 독자 자신의 상황에 맞게, 착수하기 쉬운 항목부터 착수하는 것을 추천한다.

▶독일 맥주와 압축기

에너지 절감 계획을 세우고 시도하여 에너지 절감을 달성 했을 때에는 최고의 성취감을 느낄 수 있다. 회사에겐 이미지 및 이익 창출, 고객에게는 에너지 절약을 통해 관리 비용을 절감, CO_2절감으로 사회에 공헌, 계획부터 달성하기까지의 경험 및 자신의 기술도 향상 시키며 실력도 쌓을 수 있다. 이 책을 통하여 에너지 절감에 대하여 자신을 가지고 도전하기 바란다.

54 에어 컴프레셔 구입에 관한 주의 사항

에너지 절감, 비용절감, 편리한 관리, 환경보호에 적합한 공기 압축기는 온도 조건으로 동력이 변화하지만 대체 어떤 사양과 조건으로 계약하면 좋을까.

■ 흡입공기의 흡입구

용적형 압축기(왕복동, 스크류)는 흡입온도의 변화로 1단의 작업량은 변화가 거의 없다. 따라서 흡입구가 방음 커버의 바깥에서 직접 공기를 빨아들인 경우와 방음 커버 내부의 높은 온도의 공기를 빨아들이는 2종류의 경우이다.(그림54.1) 사용자에게 있어서는 당연한 것이지만, 온도가 낮은 쪽이 같은 소비동력에서 빨아들이는 공기량이 많기 때문에 효율이 좋으므로, 방음 커버의 바깥에서 공기를 빨아들일 것을 사용서에 표시해야 한다.

그림A는 어떤 제조업체의 드라이 스크류식의 사례이고, 그림B는 급유식 스크류 사례이다. 같은 제조업체라도 드라이 스크류식은 에너지 절감을 고려하고 있으며, 시장가격이 저렴한 급유식 스크류는 에너지 절감에 관심이 없는 것을 알 수가 있다.

터보형 압축기도 당연히 흡입온도가 낮은 쪽이 에너지가 절감 된다. 방음 커버의 내부의 공기를 빨아들이는 방식을 취하는 상품은 없으리라 생각되지만 1단의 터보 블로워에서는 모터를 냉각한 공기를 흡입하는 상품이 있다. 모터 냉각팬을 없애는 것으로 제조비용을 낮추는 것이 가능하지만 에너지 절감에서 어긋난다.

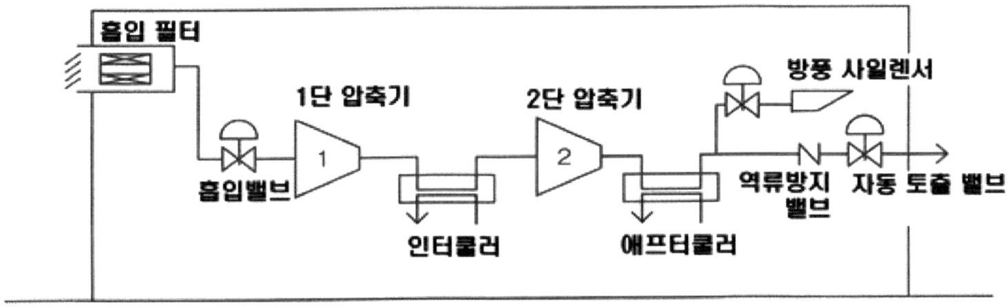

그림A. 커버 밖에서 흡입

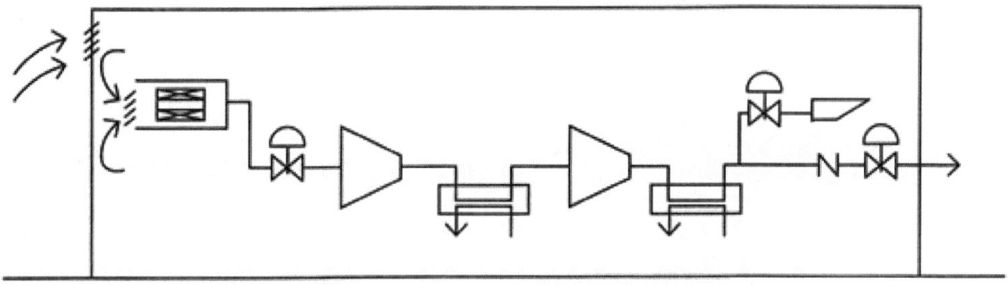

그림B. 방음 커버 내부에서 흡입

▌그림 54.1▐ 방음 커버의 흡입구 위치

▣ 흡입온도와 보증(계약) 동력

앞에서에 말한 대로 용적형 압축기(왕복동, 스크류)는 흡입온도의 변화로 1단의 작업량은 변화하지 않기 때문에 제조업체에서의 성능보증 시험으로 온도 환산을 하면 안 된다. 실제로 어떤 제조업체에서는 근거 없는 환산방식을 가지고 계산 하고 있어 이론수식과 함께 환산 값을 정정시킨 경험이 있다.

터보형 압축기에서 흡입온도의 변화는 토출유량과 소비동력을 크게 변화시킨다. 통상적으로 토출압력과 유량이 가장 적은 여름철 조건으로 계약 하는 것이 좋다. 실제로 사용하는 건 낮은 온도이기 때문에 가능하면 간절기나 동절기 조건의 데이터도 요구하고 싶다. ESCO 사업용으로는 연간 동력을 보증 조건으로 했기 때문에 평균기온으로 계약하여 제조업체의 시험 시에는 동절기, 간절기, 하절기의 각각의 데이터 수집을 미리 계약조건에 넣는 경우가 종종 있다. 급유식 스크류의 제조업체 시험 시에도 흡입온도의 변화에 따른 데이터도 수집하여 DATA화해야 할 것이다.

▣ 냉각수 온도

인터쿨러 압축기는 인터쿨러 에서의 냉각 능력이 성능을 좌우한다. 흡입온도와 같이 2단, 3단에서의 입구온도가 낮을수록 성능이 좋아진다. 따라서 제조업체에서의 성능실험에서는 사양 온도까지 냉각수의 유량을 감소시켜 온도를 조절한다.

시운전에 참여할 때는 정격량보다 많게 한 사례의 성능 향상 데이터 수집을 추가로 의뢰하여 실제 에너지 절감 운전 계획에 이용하는 것이 좋다.

▣ 압축기의 성능보증

기본적으로 KS (한국 공업 규격)에 따르는 것을 추천한다. KS는 보다 엄격한 ISO를 참고로 갱신하고 있다. 단 제조업체에 따라서는 최신의 KS에 따르는 것을 꺼리는 경우가 있다. 갱신 전의 KS 쪽이 겉보기에 좋은 성능을 제시할 수 있기 때문이다. 사용자는 최신 KS 로 기준한 것인지 표시할 것. 사용자는 최신 KS적용으로, 같은 압축기의 성능 표시가 다르더라도 놀라지 말 것.

① 터보형 압축기

KS B 6350(1998) KS B 6351(1986)에서는 다음과 같은 규정이 있다.

용량 : 마이너스는 인정하지 않는다.

등온 효율의 마이너스 유도 = 6 - 0.05E

E : 등온 효율(중간 냉각기가 있는 경우)

시험삼아 70%를 대입해보면,

등온 효율 마이너스 유도 = 6 - 0.05 × 70 = 2.5%가 된다.

축동력의 유도로 고치면 2.5/70 = 3.6%가 된다.

한편, 압축기 제조업체는 용량은 KS와 같고 마이너스는 없이 축동력은 +4% 이 내의 계약이 오랜 기간 관습이 되어 있다.

② 용적형 압축기(왕복동, 스크류)

〈표 54.1〉 시험에 따른 허용 편차

표준상태(기저상태)에 따른 부피 유량(Qv) (m^3/s) x 10^3	부피 유량 %	비(比) 에너지 %	부피 유량이 0일 때 소요동력 %
Qv < 8.3	±7	±8	±20
8.3 ≤ Qv < 25	±6	±7	±20
25 ≤ Qv ≤ 250	±5	±6	±20
Qv > 250	±4	±5	±20
참조) 이 표의 허용차는 압축기의 제작공차 및 시험 중 측정 허용차를 전부 포함. * 제조업자에 따라 규정 된 경우			

KS B 6351에는 상기의 (표54.1)처럼 되어 있다.

용적형 압축기의 공차는 매우 크다. 공기량이 공차의 합계 ±4%에서 ±7%라는 것은 8%에서 14%의 유량폭의 불균형을 인정하고 있다. 일본제의 정밀도가 높은 공작기계를 사용하여 제조한 것이라면 있을 수 없다. 지금까지의 성능 표시를 무리해서 제시한 것을 변경할 수 없으므로 공차를 크게 한 것으로 추정된다. 따라서 사용자는 안타깝지만 계획은 공차의 중앙값을 사용하는 것이 아니고 최악의 값을 선택해둬야 한다.

터보형 압축기의 축동력의 통상 유도는 +4%로 스크류식의 비동력의 유도는 +5%에서는 공정한 비교가 될 수 없으므로 비교조건을 맞추고 싶다. 비동력에서 +4%를 추천한다.

▣ 모터의 효율

E-TECH 연구소는 모터의 설계를 집적 한적은 없으나 사용자의 입장에서 다년간 모터의 효율에 대하여 관심을 가지고 각 모터 생산자들의 축동력과 효율에 대하여 관심을 기울였다.

모터의 손실은 구리 손실, 냉각팬 동력, 축 베어링 손실이라고 생각된다.

1980년대의 1000kW급의 2폴의 모터는 효율 지정을 하지 않아도 96%의 효율이 있었다.

2011년에 구입한 동급의 모터의 효율은 고효율 지정을 해서 간신히 95.5%였다.

왜 효율이 나빠질까? 어쩌면 비용을 줄이기 위해서 모터 치수를 작게 하여 구리 손실이 증가하고, 온도 상승이 높아져, 절연 등급을 B종에서 F종으로 내열 등급을 높혀서 냉각 풍량을 증가시켜 팬의 동력도 증가한 것으로 추정된다.

어떤 모터는 효율 지정 없이 성적표에서 96%를 달성하였다.

유도 모터에 관해서 에너지 절감의 효과를 모터의 원가 절감을 통하여 모터는 비용절감을 우선하여 효율을 희생하는 것으로 추정된다.

따라서 구입자는 먼저 모터의 효율에 관심을 가지고 과거에 구입한 압축기의 모터의 시험성적표를 확인하여 과거와 동급 이상의 효율을 제조업체에게 요구하는 것부터 시작하자.

압축기 제조업체의 사양서 에는 모터의 효율이 기재 되어있지 않지만 구입조건으로서 기재하는 것을 요구해야 할 것이다.

또 60Hz 기구는 50Hz용의 모터를 유용하면 냉각팬의 동력이 증가하여 효율은 반드시 50Hz보다 나빠진다.

그러한 에너지 절약을 무시한 압축기 제조업체와 모터 제조업체가 최근까지 존재하고 있었던 것을 알게 되어 놀랐다. 이것도 사용자가 모터의 효율에 관심이 적은 것이 하나의 원인일 것이다.

유도전동기

유도전동기의 경우, 인버터 구동시의 고조파 성분에 의하여 미끄럼이 크게 되며, 모터 효율의 저하를 초래하게 된다. 저 회전속도 영역에서는 전동기 코일 온도 상승의 한도로 인하여 회전속도 제어 범위가 제한된다.

영구자석 / 동기전동기(IPM)

영구자석을 전동기 회전자에 포함시켜, 회전자의 손실전력을 없애고 전동기 효율을 높인다.

동기 전동기 이므로, 회전자의 위치 검출이 필요하며, 압축기 본체 진동의 영향을 피하기 위하여 회전자 위치 검출은 펄스 발생기에서 검출 하지않고, 무센서(Sensor-less) 동기 전동기가 채용된다.

제어측면에서는 동기전동기이므로, 탈조(급속한 속도변화나 과부하시에 제어펄스와 전동기의 회전속도가 동기를 잃어 버려, 제어 불가능한 상태로 되는 상황)에 의한 전동기 정지를 방지하는 것이 중요한 문제로 볼 수 있다.

전동기의 온도, 회전속도 변화에 따른 특성변화 등, 각 운전 상태에서의 보정사양이 결정되어, 압축기 운전특성에 맞추어 탈조대책이 실시되고 있다.

(그림54.2)는 무센서 영구자석 전동기 구동 압축기의 회전속도 제어상의 문제점과 탈조대책을 나타낸다.

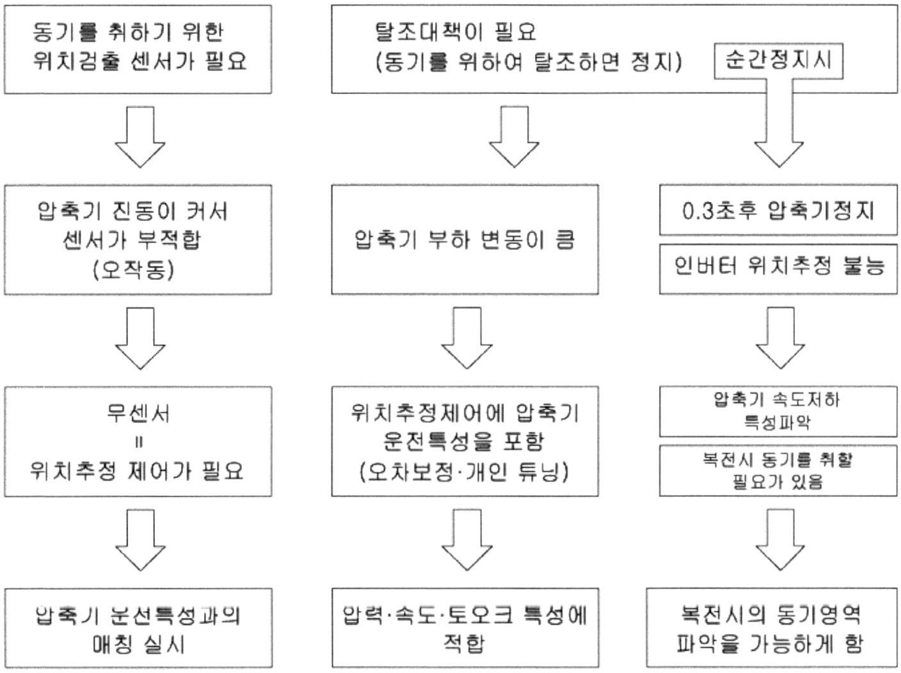

▌그림 54.2▐ 무센서 연구전동기 구동압축기의 회전속도 제어와 탈조대책

구조면에서는 SPM(Surface Permanent Magnet)와 Reluctant Torque를 유효하게 이용할 수 있는 IPM(Internal Permanent Magnet)이 있다. 유도전동기와 구조 비교를

그림 54.3에, 그리고 대표적인 인버터 제어시의 전동기 효율을 (표 54.2)에 정리한다. 공기압축기의 성(省)전력 성능평가가 입력전력에 근거한 비에너지로 이루어지고 있기 때문에, 전공기의 고(高)효율화는 장래 더욱 발전할 것이 분명하다.

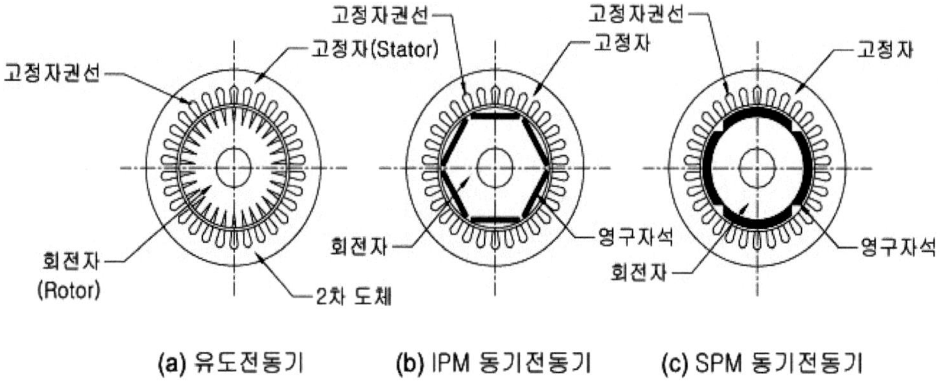

┃그림 54.3┃ 유도전동기와 영구자석 동기전동기

〈표 54.2〉 인버터 구동전동기의 전동기 효율

37kW 전동기 형식	유도 전동기			
	표준		고효율	
인버터 구동시	전동기 효율	손실(kW)	전동기 효율	손실(kW)
100% 부하시	89	4.2	92	3.1
50% 부하시	87	4.8	90	3.7

영구자석 동기전동기					
SPM(페라이트자석)		IPM(페라이트자석)		IPM(네오지움자석)	
전동기 효율	손실(kW)	전동기 효율	손실(kW)	전동기 효율	손실(kW)
90	3.7	92	3.0	93.5	2.4
89	4.1	91	3.3	93.0	2.6

PART III

일반환경보호와 에너지 절약

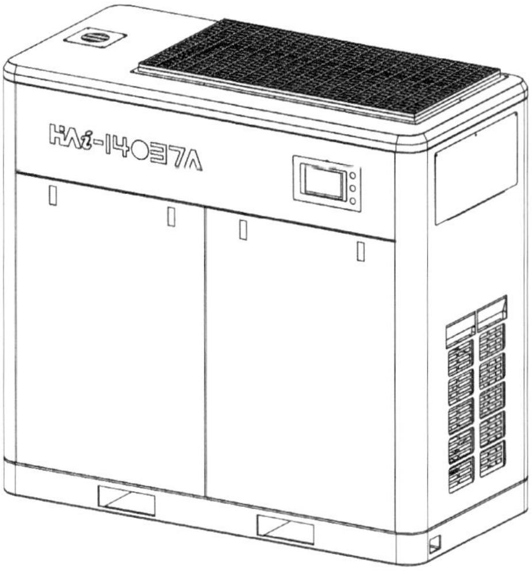

55 지구환경 보존을 위하여

지구 온난화로부터
인류의 문명은 위협받고 있습니다.
우리는 에너지절약 · 리사이클링 ·
신에너지 개발 · 환경보호를 향해
무한질주를 하고 있습니다.

소프트 · 매니지먼트(경영)에서의 신환경 대책

I. 지구온난화 대책의 추진에 관한 법률 (일본의 예)

1) 지구온난화 대책의 목표로 가는 방향

① '일본 정부는 2015년 7월에서 2030년까지 온실가스 배출량을 2013년도 대비 26% 감축하겠다는 약속 초안을 유엔에 제출함
온실가스 배출량에 따른 정확한 규정 및 방법을 제시하여 온실가스 감소.
② 온실 효과 가스의 새로운 장기적·계속적인 삭감

에너지 사용의 합리화에 관한 법률(에너지 절약법)의 개정

1) 개정의 목적

내 · 외적으로 에너지를 둘러싼 경제적, 사회적 환경에 대응하는 연료자원의 유효한 이용 확보. (이산화탄소의 약 9할의 발생 기원으로 있는 에너지 사용·중단, 사용량 억제를 요구하고 있는 철저한 사용합리화의 추진)

2) 법률개정의 요지

① 공장 · 사업소에 알맞는 에너지 사용 합리화의 철저
- 에너지 다량소비 공장의 경우, 현행 제1종 에너지 관리지정공장에 알맞은 계절적인 에너지 사용 합리화의 적용을 촉진하기 위하여 합리화에 알맞은 장래 계획(3 ~ 5년)의 작성, 제출 의무와 조치의 강화(판단 기준에 비교하여 현저하게 불충분한 경우, 합리화 계획 작성지시, 공표, 명령, 벌칙(벌금))

- 중규모에너지 소비 공장(제2종 에너지관리 지정공장)의 신규창설(에너지 관리자의 전임, 에너지절약 강습수강자의 의무, 에너지 사용상황의 기록의무)과 조치(판정 기준에 비교하여 현저하게 불충분한 경우 권고)

② 자동차, 가전, OA기기등의 9기기를 더하여 톱러너 방식의 도입에 의한 에너지 소비효율과 개선의 추진

※ 판단 기준은 공장에 있어서 에너지 사용의 합리화와 적절하고 유효한 실무를 생각하기 때문에 에너지관리에 있어서 유의할 사항 및 합리화의 목표에 관해서 통상대신 결정하는 것

개별기술의 표준에서 관리수법의 표준화로

1) 종래의 ISO는

① 제조자의 효율화・공평한 경쟁

② 소비자의 편리성・안전성을 목적으로 한다. 「개별기술표준」

2) 최근의 동향은

① 「관리수법・구조」를 표준화

품질관리 시스템으로서 ISO9000시리즈 (폐사ISO9001발행NO JQA-1075)

환경관리 시스템으로서 ISO14000시리즈

ISO9000과의 상이점은

ISO 9001
JQA-1075
認証取得工場で生産しています。

인증취득공장에서 생산하고 있습니다.

누구를 위해 : 지구・시민・생태계에서의 환경보호

목　　적 : 환경에 적합한 기업활동
환경에 적합한 제품생산
환경오염의 계속적 저감

대　　상 : 모든 타입, 모든 규모의 조직(회사・법인・사업체・기업체・

조합・상점・연구소), 공적이나 사적인 사항을 불문하고, 선진국도 개발도상국도.

관 련 법 규 : 환경기반법, 대기오염방지법, 수질오염방지법, 하수도법, 악취방지법, 소음규제법, 공해방지 관리자법, 에너지절약법, 폐기물처리법, 재생자원 이용촉진법, 용기・포장 리사이클법, 노동안전위생법, 화학물질 관리법(PRTR법), 기타

3) 식품위생 관리시스템 HACCP

(Hazard Analysis Critical Control Point의 약……위해분석・중요관리점)
대상업종・식품 : 1)유 및 유제품 2)식육제품 3)어육가공제품
4)통조림・인스턴스식품

① HACCP 도입의 배경

식 중 독 / P L 법 / 식품의 국제화 ⇨ 안전위생의 요구가 높아짐 ⇨ HACCP

② HACCP 는……

제조공정 전체의 흐름중에서 중요한 관리포인트를 특별히 정하고, 중점적관리를 하는 일련의 시스템

- HACCP 도입의 장점
  고품질·안전성의 향상→공업신뢰도의 획득·생산성의 향상→고효율의 경영
- 요구하는 설비조건
  우수한 세정성이나 살균성, 오물이 쌓이지 않음, 메인터넌스가 용이
- HACCP 지원법
  HACCP 도입의 촉진을 목적으로 하는 자금・세제면의 우수(시설・설비의 정비)

4) 노동안전위생(OH & S) 경영 시스템 BS8800

① 규격의 목적 : 위험경영(Risk Management), 위험의 최소화, 장래의 위험 회피

제정의 취지

i 종업원 및 기타 사람의 위험을 최소한으로 한다.
ii 시장내에서의 책임있는 이미지(신용)을 확립하기 위하여 조직을 지원한다.
iii 비즈니스 파워맨을 개선한다.

ⅳ 모든 업종분야의 조직(소규모에서 대규모)에도 적응가능하다.
ⅴ 기존의 경영시스템을 보정하고, 동시에 ISO9000・14000과의 통합을 가능하게 한다.

② OH & S 취득의 효과
ⅰ 노동안전위생으로의 대응은 눈으로 보이는 관리가 가능하게 된다.
ⅱ 한층나아진 화재방지로 이어진다.

Ⅱ. 하드(Hard)면에서의 신환경 대책

우리가 현재용이하게 입수할 수 있는 에너지는 전기와 화석연료가 있습니다. 그중에 공기압은 일반산업에 있어서 유압이나 전기 에너지와 동일하게 정・건조・연소 등 모든 분야에 이용되고 있습니다. 업종별로 압축공기의 사용량은 다르지만, 일반 공장의 경우 그 전력사용료는 전체의 약 20% 전후가 됩니다. 압축공기는 조작성이 좋고, 쉽게 자원을 구하지만, 낭비도 많은 것입니다.

컴프레셔　　　　돈먹는 벌레

라고 하는 것을 아십니까?
공기를 압축하면 열이 발생합니다. 이 열의 발생을 어떻게 낮추느냐 하는 것이 COMPRESSOR의 성능을 좌우합니다. 불필요한 열은 전기 에너지를 낭비하고 CO_2를 증가시켜 온난화를 일으키게 됩니다. 성능이 좋고, 환경에 우수한 COMPRESSOR를 선택하는 것이 지구환경 보전에 공헌합니다.

56 공기압축기(AIR COMPRESSOR)의 선택

1) 오일 윤활식

압축 행정 중에 오일을 분사하여 압축 행정 중에 발생하는 에너지를 빼앗아 각부공간의 실링이나 윤활을 한다. 압축 공기 중에 포함된 오일은 COMPRESSOR 내부에 설치된 OIL SEPARATOR에 의해 여과 되어 깨끗한 압축 공기를 생산 현장에 공급한다. 그렇지만, SEPARATOR에서 여과된 압축 공기 중 에는 미량의 오일 성분이 함유된다.

- 오일 윤활식의 장점
  a) 토출 공기량이 많다.
- 단점
  a) 압축 공기중에 유분을 포함 → 에어 용도의 한정
  고청정화를 위해서는 필터류를 설치.
  b) 산업 폐기물이 많다. → 유분을 포함한 드레인의 처리가 필요.
  소비 부품류의 폐기 처리 필요.
  (윤활유, OIL SEPARATOR, 오일필터 등)

2) 오일프리식

압축 행정 중에 윤활제를 일체 사용하지 않는 드라이식과 폐사처럼 오일대신 물을 분사하는 습식(물윤활식)이 있다. 폐사의 물윤활식은 드라이식에 비교하면 효율이 25~30%정도 좋다.

(폐사의 ZU・ZUV・HAi-14000 시리즈는 단한방울의 오일도 사용하지 않습니다.)

- 장점
  a) 고청정의 압축공기를 얻을 수 있다. → 압축공기 용도의 다양화.
  b) 보수관리의 용이화. → 소비부품이 적다.
  드레인의 처리가 간단.
  c) 환경관리 대응의 용이화 → ISO14000시리즈로 대응

d) 식품위생관리 대응기기 → HACCP시스템으로 대응

- 단점

a) 토출공기량이 적다. → 이문제는 고효율 물윤활식으로 해결!
메인터넌스 비용 공수는 드라이식 2단 압축기의 절반이하입니다.

왜 OIL FREE 機를 선택하는가?

크린 에어 +고효율 + 에너지절약 + 환경(CO_2 · 산업폐기물 · 화석연료)

소비자의 필요성

선진산업의 에어용도의 질 · 양의 확대

생산성의 추구(근년은 기계공장도 오일 프리화 지향)
고정도 기기로의 대응(반도체 · 계장관련 등)
안전위생상(약품 · 화학 · 병원 · 식품 등)
N_2 가스등의 대체(IC · 세라믹 관련등의 건조)

57 공기압축기(AIR COMPRESSOR)의 분류

■ 오일 윤활식

(압축공기중에 유분을 포함)

오 일 윤 활 식			
싱글스크류	트윈스크류	스크롤	왕복동
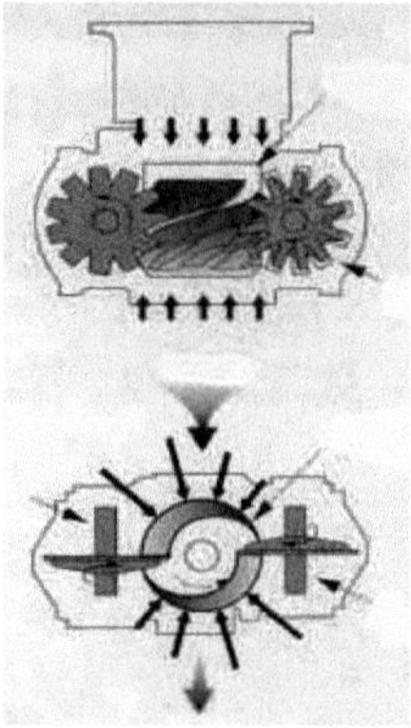	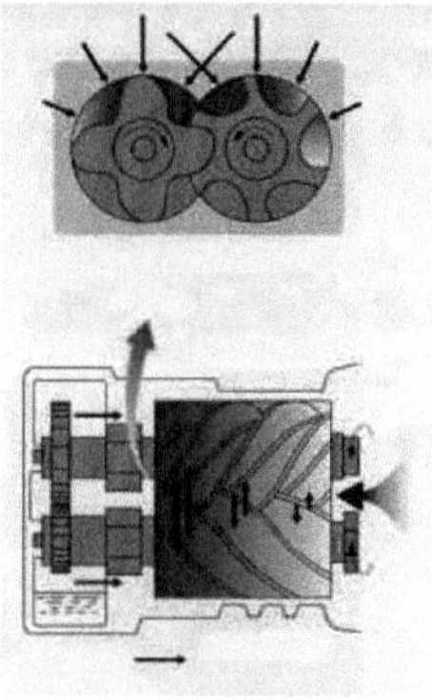	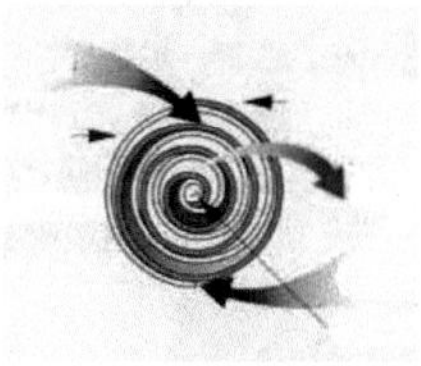	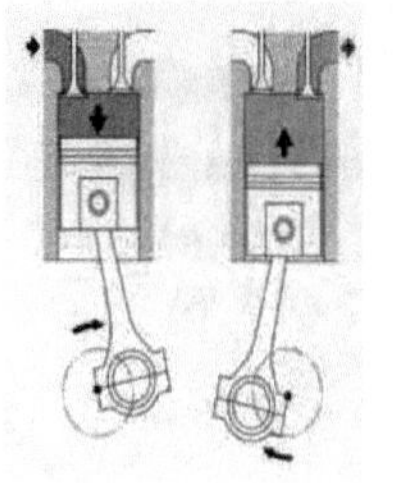
60년에 고안되어7 0 년대에 상품화 되었다. 1개의 스크류로터와 이것에 직행하는 1쌍의 대칭적으로 배치된 게이트로터로 되어있다. 압축행정중 스크류로터에스러스트・레이디얼 하중이 걸리지 않고, 다이나믹밸런스가 좋기 때문에 OVERHAUL시간이 길다. 소음・진동도 낮고, 효율이 좋다.	SRM치형은 50년대에 개발되었고,압축실의 블로워홀에 의한 누출 대책으로서 어쩔수 없이 고속운전을 했다. 60년대에는 비대칭 치형에 가깝게 되어 어느 정도 성능이향상 되었다. 진동・소음이 적다. 압축행정중에 압력에 의한 암・수로터에 스러스트 하중과 레이디얼 하중이 걸리기 때문에 축이 큰하중을 받는다.	1900년 초반에 고안되어 60년대에 상품화 되었다. 인볼류트 곡선 등으로 형성 되어LAP을 180°로 한 상태로 치형의 맞물림과 양 LAP에 의한 경계된 용적 변화로 압축 된다. 압축 행정이 길고 전단효율이 좋다. 압축 행정중 선회 스크롤의 압축공기 압력에의한 스러스트 하중이 발생되므로 대형보다는 소형에 적합.	역사적으로 가장 오래되고, 구조가 간단하지만, 소음・진동이 크다. 또한, 단열압축이기 때문에 효율이 나쁘다.
오일은 압축 행정중에 분사되어 등온압축에 가깝게 된다. 단열압축에 비하여 효율이 좋다. 토출시 공기온도는 약80~90℃ 정도 된다.			오일은 크랭크케이스에 넣는 분사식 윤활 압축행정은 단열압축

■ 오일레스 · 오일프리

(압축공기중에 유분을 포함하지 않는다.)

습 식 (수윤활)	건 식 (무윤활)		
싱글스크류	트윈스크류	스크롤	왕복동
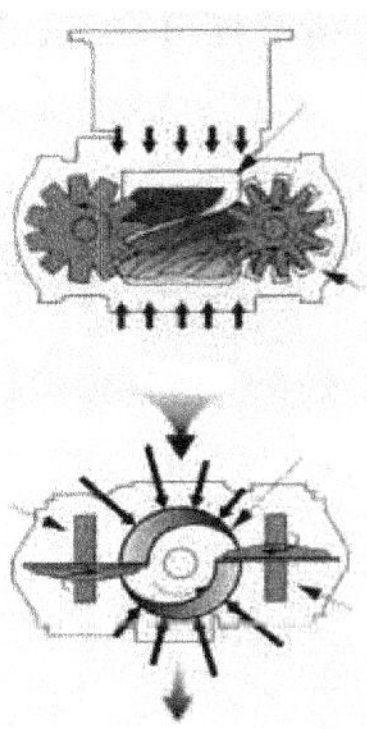	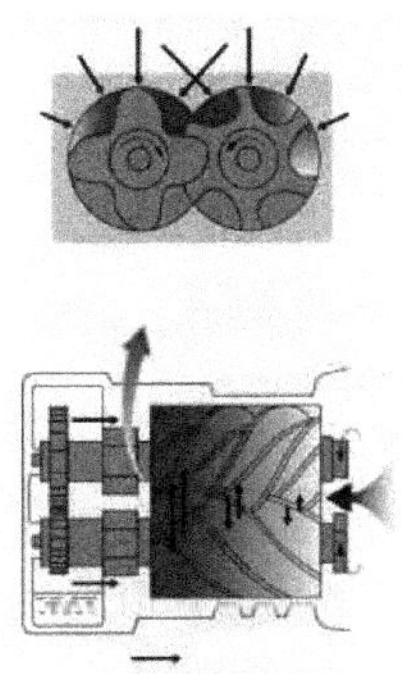		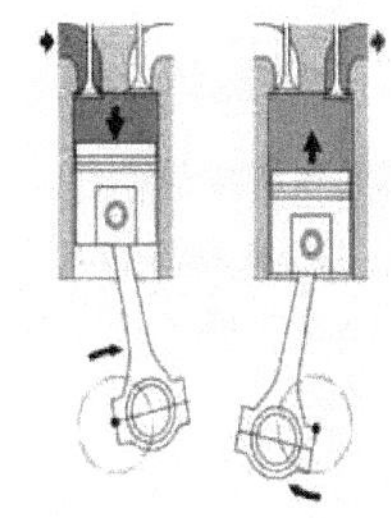
압축 실내에 오일을 대신하여 물을 분사하기 때문에 효율이 드라이식에 비교하여 상당히 좋다. (1단압축으로25~30%) 저속에서 고속성까지 효율이 대부분 변화하지 않는다. 압축시의 리크가 적기 때문에 고속회전할 필요가 없다. 축은 밀봉윤활이기 때문에 압축공기 중에 오일이 혼입될 걱정이 없다. 폐유 등이 없고, 산업폐기물이 없나.	압축실의 각부 공간에서의 공기누출을 감소하기 위하여 고속회전할 필요가 있다. 축부에는 오일을 사용하고, 압축실을 메카니칼실 등으로 격리. 압축공기 중에 축부의 오일이 혼입될 위험이 있다. 저속회전으로는 압축효율이 극단으로 저하한다.	압축실의 공간을 실링하기 위하여 습동부재를 사용한다. 습동부재의 내구성에 문제가 남아있다.	습동부재(피스톤링 등)의 마모에 의한 토출 공기량의 저하가 크다. OVERHAUL 시간이 짧다.
압축행정중에 오일을 분사하는 목적 1) 열교환(압축열 즉, 그 열을 냉각하는 작용을한다.) 2) 밀폐(압축실각부의공간을 밀폐하여 공기의 누출을 감소시킴) 3) 윤활(축등, 각부의 윤활) 등온압축에 가까운 상태가 되어 효율이 좋다. 토출시 공기온도는 약35~40℃로 낮다.			단열압축으로 효율이 나쁘다.20℃의공기를 7kgf/㎠까지압축하면 토출시공기온도는 약 250℃의고온이 된다.

58 압축공기 시스템의 에너지 절약에 대하여

낮은 공기압 유지를 실현

NO	항 목	해 결
1	사용압력을 내린다.	말단에서의 사용압력을 내린다. (압력을 0.1MPa(1kg/㎠)감소로 약8%의 전력저하)
2	AIR 누출의 제거.	불필요한 공기의 소비삭감. 누출량의 계산식은 $Q = 7.6d^2(P+0.1)\times 10$ Q = (ℓ/min), d = 노즐경(mm), P = 게이지압(MPa)
3	무부하·부분부하 운전의 회피.	자동발정, 대수제어반의 채용.
4	설치방식의 변경.	분산방식 : 송기LOSS(압손실)의 저하. 집중제어 : 대수제어와의 결합에 의한 부분부하의 해소(전부하 운전화)
5	에너지절약 기기의 채용.	공기소비량에 비례하여 회전 제어에 의한 소비 에너지가 바뀌는 인버터기·엔진구동기의 채용. 소비에너지를 적게한 COMPRESSOR의 채용. (토출시 공기량에 의한 소비 에너지비)
6	정기보수 관리의 시행.	정기보수 관리에 의한 예방보전의 실시. 보수 관리 기간이 긴 기종의 선정
7	폐기물이 적다.	오일, 오일 엘레멘트, 오일 세퍼레이터등 소모부품이 적은기종의 선정.

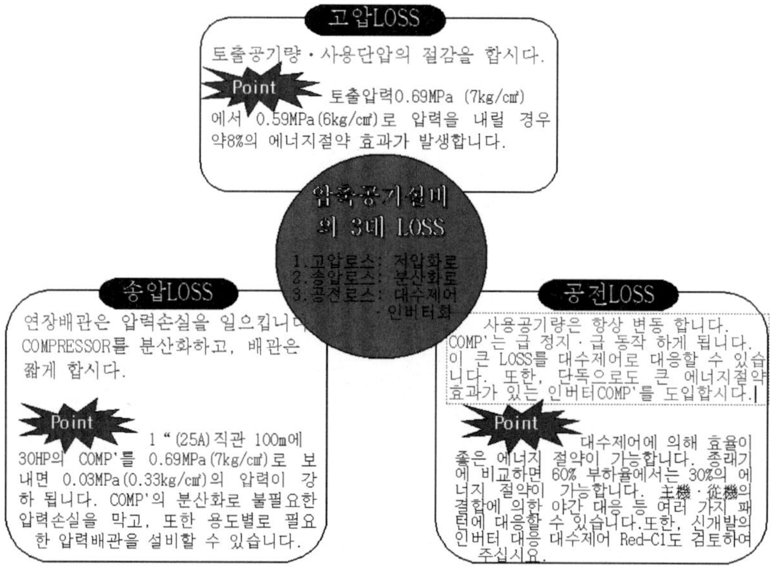

59 관리방식의 차이에 의한 전력량 비교

LAY-OUT	관리방식	전력량(년간)	조 건	설 비 투 자	비 고
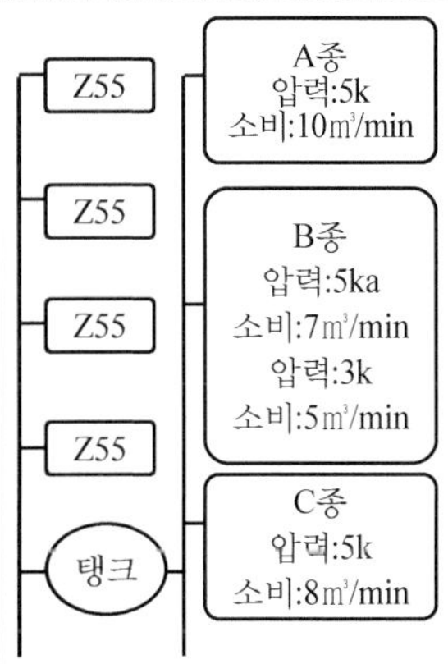	집중개별방식	5,785 만원	1)상기소비량은 최대치로하고, 최대 부하는 1일 5회 30분간 2)평균부하율은 COMP 토출량의 70% 3)연간가동시간 4,000시간(250일/년 · 16시간/일) 4)전기요금65원/KW 5)Z555AN9.1㎥/min 6)집중COMP'실에서 각동까지의 압손실 1.5~2kg/㎠	현장	1)집중관리하기 때문에 관리가 용이. 2)배관의압손실 · 에어누출등의 LOSS가 많다.
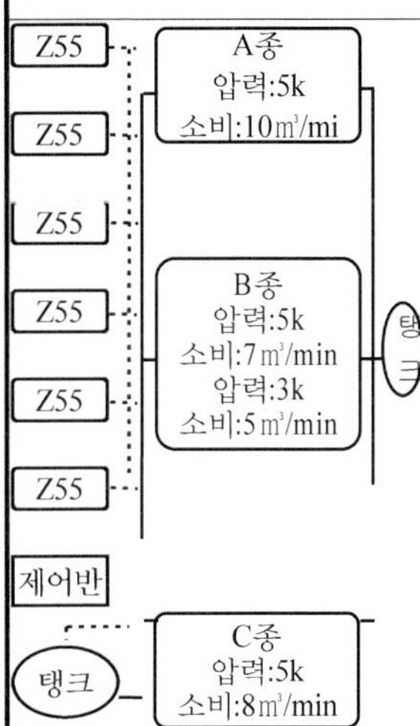	집중대수제어방식	4,884 만원	상동	1)대수제어반(포함 압력)4대용1대 2)각기모듈Ⅱ추가(자동발정사양4대분 3)탱크3㎥을3대추가(각동의말단에 설 치함) 4)배관을 루프로한다 5)배선 · 배관공사비	1),2)는 위와동일 3)배관을 루프모양으로하고,COMP'실부터 제일먼곳에 탱크를 설치하여 순간적인 압력 저하를 방지 한다.
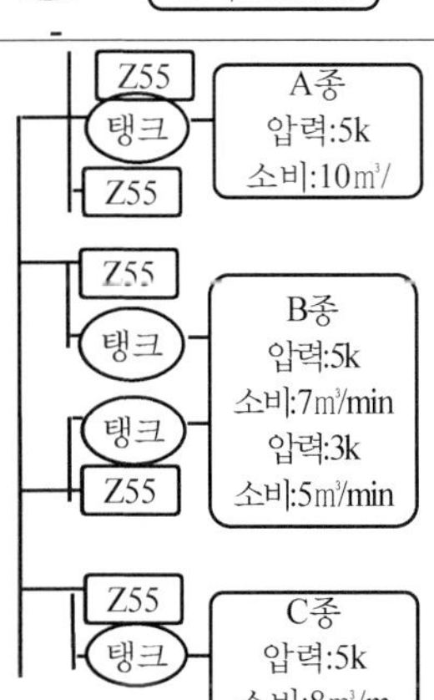	분산저압 · 자동발정방식	4,628 만원	1)~5)는 상기와 동일 6)COMP'부터 각동으로의 압손실 1kg/㎠	1)ZV37A추가 1대 2)A동2대모듈Ⅱ추가(자동발정사양) 2대분 3)탱크1㎥3대 추가 4)배관은 각동으로 접속하고, 밸브로 각동간을 연결한다(배관공사비) 5)각동마다 COMP'실의 설치 또한, 동내에 설치	1)각동마다관리를 필요로 한다. 2)저압용탱크용량은 저압에 의한 압력에 비례하여 증가한다. 3)압력손실 · 에어누출 LOSS가 감소된다. 4)COMP'(Z55)설정압력을7K→6K로 낮추면 에너지절약 효과 6%

60 에너지 절약의 사례

낮은 공기압 유지를 실현

일본 H사

1 에너지 절약 분석

공장원가 절감활동

⇩

일반 전기에 비하여 2번째로 많은 공장 에어

⇩

절감에 주력하였다

에너지 사용비율

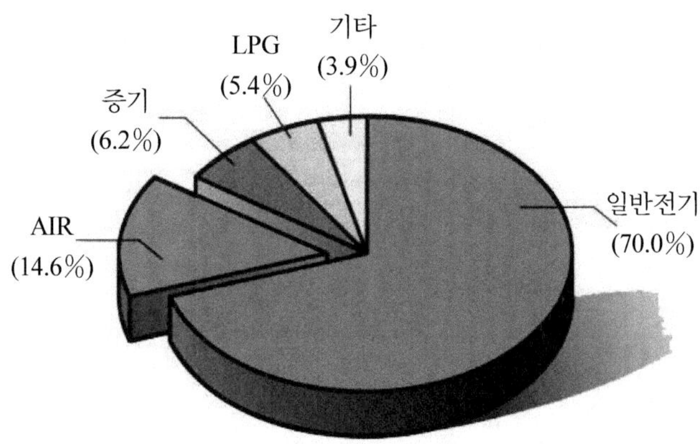

2 개선의 진행

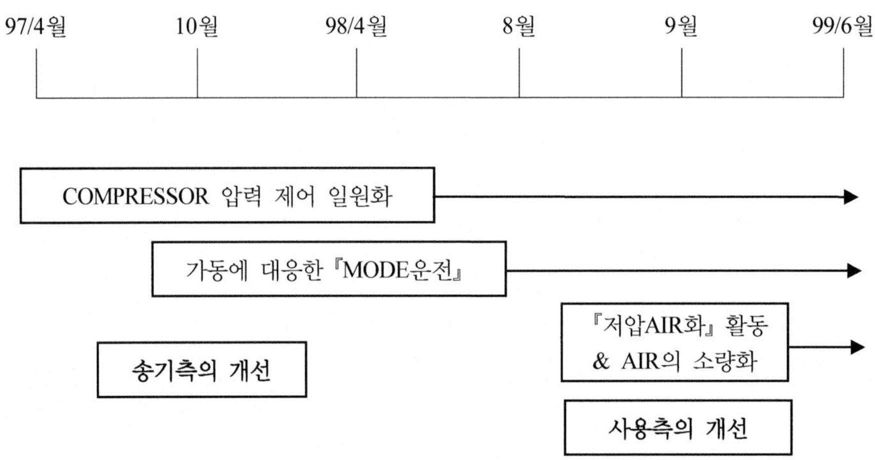

3 개선의 목표……저압화

⇩

송기 시간은 문제 있습니다만, 압력은 어떤 일부장치의 영향으로
송출압력을 크게 할 수 있다.
※ 어떤 일부장치: 조립라인의 『너트러너』→ 전체의 3%

⇩

AIR에 대응할 『공장방침』……압력은『3kg/㎠』목표.
※ 조립 라인등에서 토크 관련 AIR 기기는 제외

⇩

개선의 진행방향

제4기계공장(모듈공장)
생 산 품: T/M부품가공(밸브, 슬리프외)
인 원: 23명
근무상태: 주 · 야 2교대
설비대수: 175대

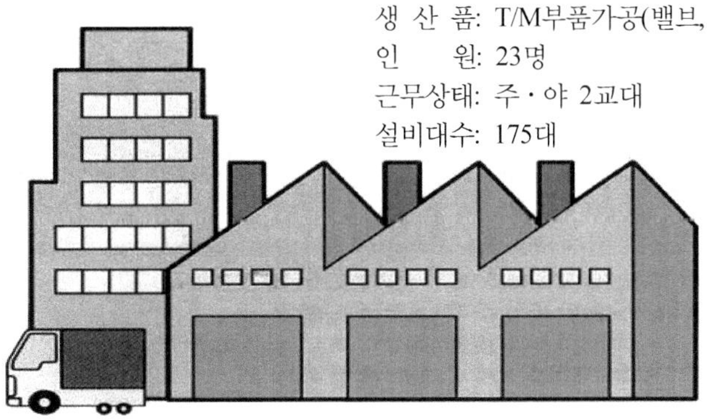

효과 확인 후 전공장 확대!

4 AIR 사용량의 확인

	개선전	1차개선	2차개선	목표
설치 방식	집중	분산	분산	송기LOSS 절감
COMPRESSOR 형식	TURBO	Z-SCREW ZV37AS-R	Z-SCREW ZV37ASL-R	운전LOSS 절감
압 력 (kgf/㎠)	5.3	5.0 (소요동력37KW)	3.0 (소요동력30KW)	고압LOSS 절감
전 력 량 (KWh/day)	740	475	525	
AIR 효율 (N㎥/KWh)	6.62 (4900/740)	7.78 (3500/475)	8.0 (4200/525)	
원 단 위 (원/N㎥)	23	20	19	
CO_2삭감량 (Kg/day)	-	31.8	25.8	개선전과의 비교

저압AIR에 의한 부대효과

- AIR 누출의 감소…………AIR 압력이 낮기 때문
- 공장소음의 감소…………AIR BLOW음이 낮기 때문

5 AIR BLOW의 확인

1) 소비장소의 확인(파악)

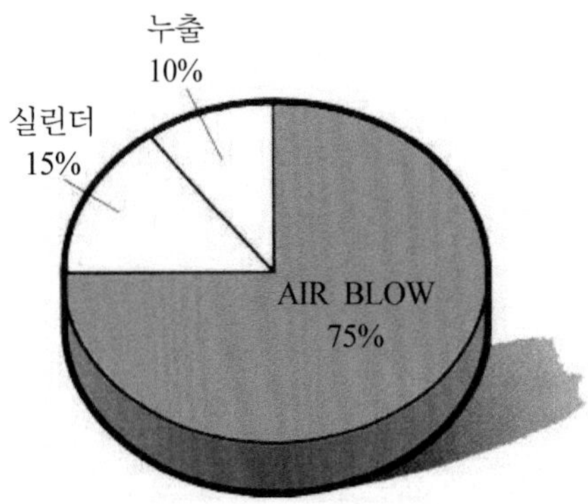

2) 소비방법의 확인(파악)

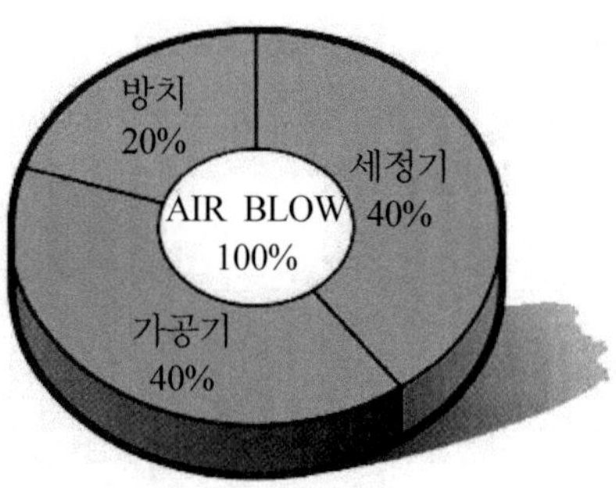

3) 확인시의 POINT(5W1H)

- Where……… 불필요한 장소를 불고 있지 않습니까?
- How………… 높은 압력으로 불고 있지 않습니까?
  노즐부터의 거리는 멀지 않습니까?
- When………… BLOW 시간은 길지 않습니까?
- What………… 세정의 액은 떨어지지 않습니까?
- Why………… 당사에 AIR BLOW가 필요 합니까?
- Who………… 누군가 확인을 하였습니까?

6 저압화의 개선효과

1) AIR 소비량의 대폭절감

AIR 소비량 비교	1,400㎥/일 감소한다.

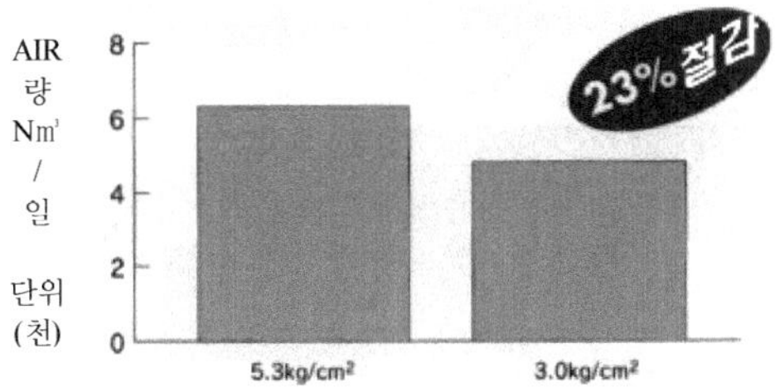

2) 소요 동력의 대폭절감

AIR 소비량 비교	1,400㎥/일 감소한다.

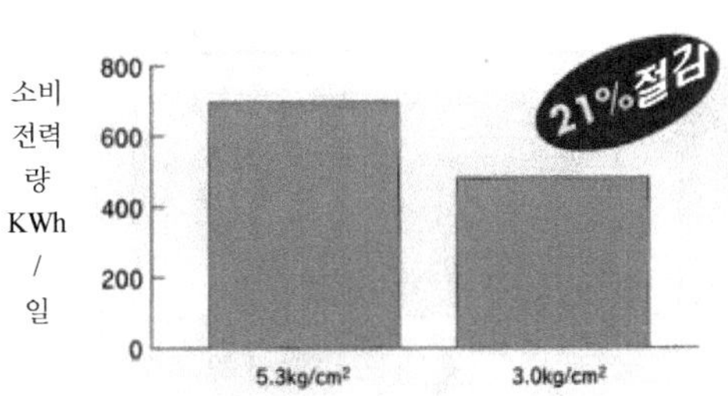

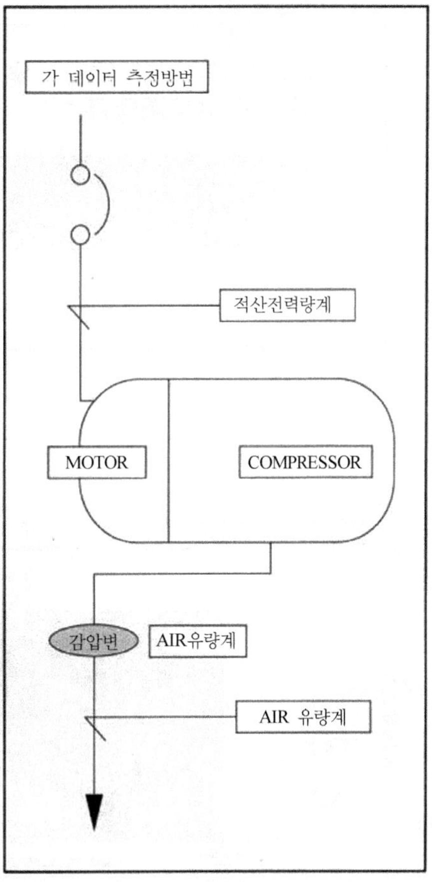

3) AIR 누출량의 대폭절감

압력이 낮으면 누출은 적다!

고압LOSS : 이 작은 공장만으로도 3,050KWh/월 이면
년간으로는 36,600KWh/(402만원)의 에너지가 절약 되었다.

7 송기 LOSS의 추구

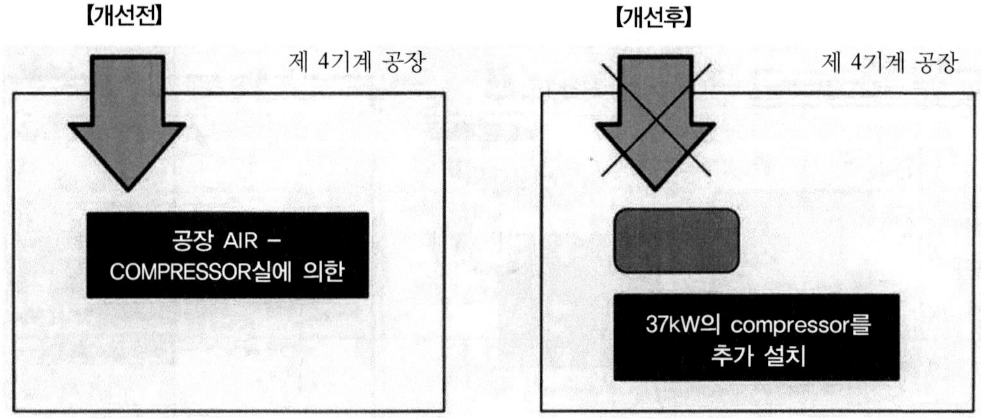

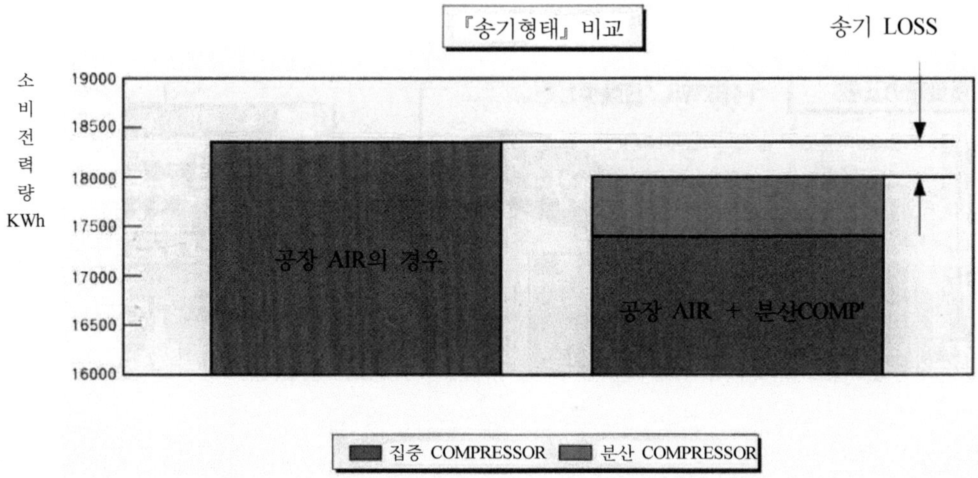

송기LOSS : 실험의 효과, 위의 그래프에 의한 분산 COMP'를 가동하는 방법이
675KWh/일 절감할 수 있는 사실이 증명되었다.

8 공전 LOSS의 추구

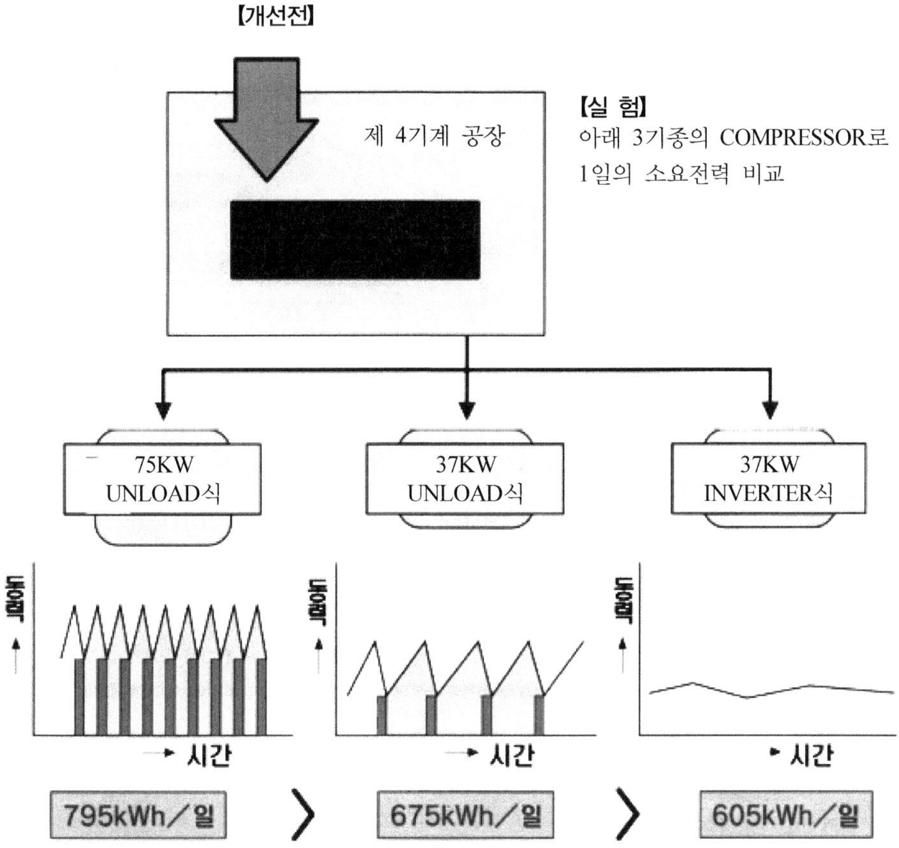

공전LOSS : 필요량에 맞추어 COMPRESSOR를 선정하고, 이에 더하여 인버터 방식을 채용한다면,
115max23%(3,990KWh/월)의 에너지 절약이 되고,
동급출력에 비교하여도 인버터 방식이,
10%(1,470KWh/월, 17,640KWh/년, 194만원/년)
의 에너지가 절약 되는 것을 알수있다.

9 3대 LOSS의 종합

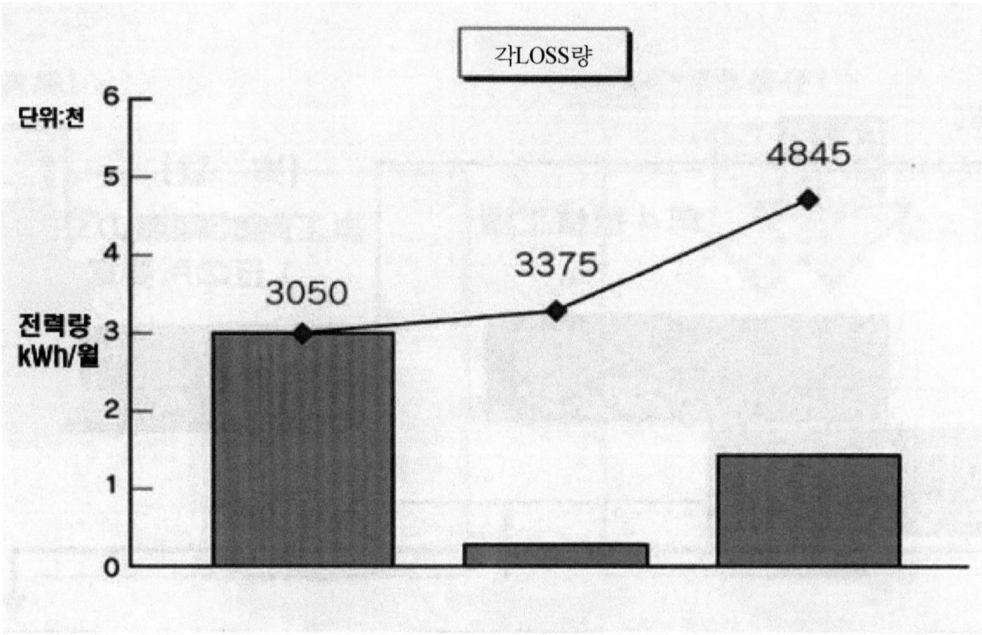

위의 그래프에 의하면,
『고압LOSS』 가 가장크고, 그다음에 『운전LOSS』 , 그다음에 『송기LOSS』 의 순으로 된다.
종합LOSS에 대해서는 **4,845KWh/월** 되고, 년간으로는 **58,140KWh** 된다.

10 LOSS가 없는 이상적 형태의 추구

	준수 사항	주의 사항
저압 AIR화	1.한계,저압 에어로 가동할 수 있는 라인 으로 만듦 2.저압은 처음부터 『AIR의 소량화』 를추진	1.조립 등의 작업효율에 영향을 미칠 경우에는 어느쪽이 이익 인지 비교
COMPRESSOR 분산화	1.사용부서에 가까운 장소에서 AIR를 생산	1.메인터넌스, 운전관리를 고려 2.사용자측의 이해가 필요(사용자 점검)
COMPRESSOR 용량적정화	1.사용량에 맞추어 COMP'를 설치 2.부하변동을 고려하여 인버터를 도입	1.부하량에 여유가 없기 때문에 RECEIVER TANK를 설치

OIL INJECTION 범용기 ⇨ OIL FREE INVERTERCOMPRESSOR의 도입
오일식을 오일 프리식으로 교체

▣ OIL FREE INVERTER COMPRESSOR 도입시 년간 ₩ 10,856,000 절감

효과1 : 전기요금의 삭감

● 오일식 범용기

기 종	오일식 37KW기
입력측 출력	41.1KW
에어 소비율	70%
모터 구동력	90%
소비율에서의 전력량	37.0KWh

● 오일프리 인버터

ZUV37AS-R
41.1KW
70%
70%
28.8KWh

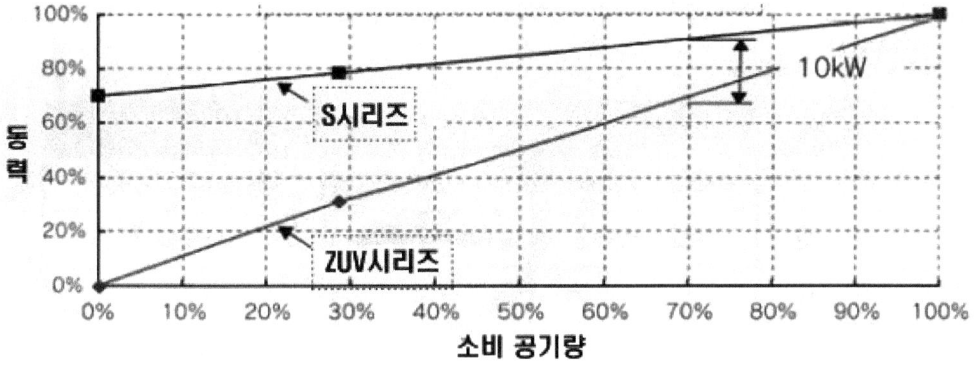

※전기요금 110원/KWh, 년간 7200시간 가동

OIL FREE INVERTER COMP' 도입에 의한 장점

☆1시간으로 삭감할 수 있는 전기요금은…1,100원 CO_2 삭감량은…1.2KgC
☆1년간으로 삭감할 수 있는 전기요금은…7,920,000원 CO_2 삭감량은…3,600KgC

효과2 : 메인터넌스 비용과 폐기물처리의 경감

<table>
<tr><th colspan="2">항목 년간 비용</th><th>오일 윤활식</th><th>VS</th><th>물 윤활식</th><th colspan="2">항목 년간 비용</th></tr>
<tr><td colspan="2">드레인 처리
(전기요금,흡착제)</td><td>1,200,000</td><td>></td><td>0</td><td colspan="2"></td></tr>
<tr><td colspan="2">윤활유
윤활유 폐기</td><td>135,000
100,000</td><td>></td><td>5,000</td><td colspan="2">윤활수</td></tr>
<tr><td>소모품 필터
엘레멘트</td><td>에어엘레멘트
오일필터
오일세퍼레이터
폐기처리</td><td>350,000
100,000</td><td>></td><td>135,000
10,000</td><td>에어엘레멘트
워터필터
폐기처리</td><td>소모품필
터
엘레멘트</td></tr>
<tr><td colspan="2">메인터넌스·산업폐기물비용</td><td>1,885,000</td><td>></td><td>150,000</td><td colspan="2">년간 1,735,000원의 삭감</td></tr>
</table>

대수제어반의 도입
일본의 자동차부품제조 N사

25% OFF

Z556AS-R× 4대를 대수제어 ·············· 1999년6월 제안서제출

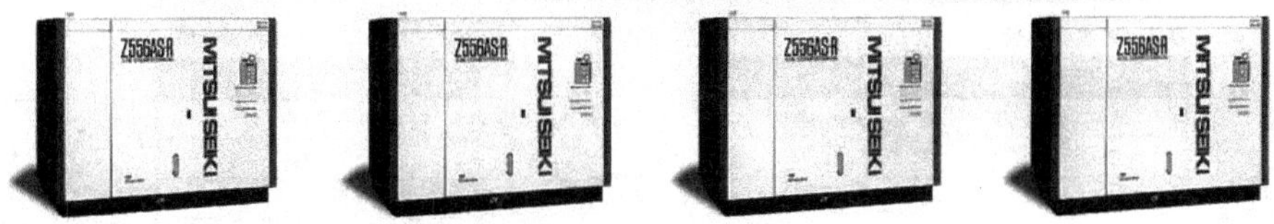

1호기

2호기
운전상황:80~100%

3호기
운전상황:80~100%

	정지 및 무부하운전 중복시간	시간 총계
평 일	4:50~7:50 20:00~24:00	7× 5=35시간
토요일	5:40~9:40 11:00~17:20	10시간
일요일	휴 일	-
총 계		45시간

★ 따라서 4호기는 1주간중 45시간은 중간부하로 운전을 하고 있는 것으로 됩니다.

대수제어반 도입에 의한 장점

- 상기 4호기의 시간대로 다른 1~3호기와의 균형에의한 상황에 대응하여 1대를 정지할 수 있도록 합니다.
- 사이클 운전을 실시할 경우에 의해 운전시간의 평균화를 도모하여 메인터넌스의 간소화로 이어집니다.

☆ 1주간으로 절약할 수 있는 전기요금은······

55KWh÷ 0.93× 45시간× 110원 = 약 253,000원

☆ 1개월간으로 절약할 수 있는 전기요금은······

253,000× 4주간 = 약 1,012,000원

☆ 1년간으로 절약할수 있는 전기요금은······

692,000원× 12개월 = 약 12,144,000원

범용기 ⇨ 인버터의 도입

일본 카나가와현 다카마스시 O사

20% OFF

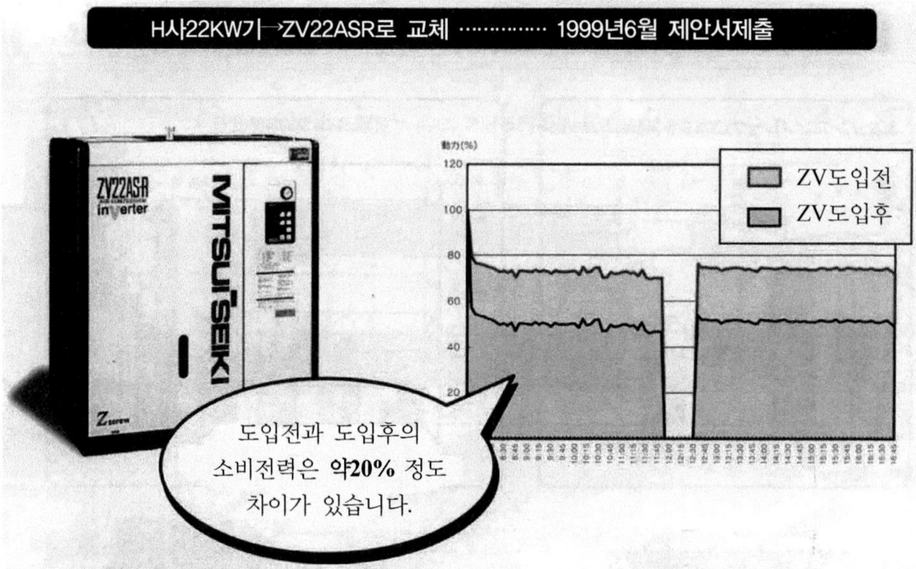

인버터기는

공기소비율에 대응한 모터의 소비전력은 선택 !!

H사 22KW기

모터입력측 출력·· 24.4KWh

공기소비율········52%

소비전력율········74%

실소비전력········18.0KWh

⇩

H사 22KW기

모터입력측 출력·· 24.4KWh

공기소비율········52%

소비전력율········**52%**

실소비전력········**12.7KWh**

인버터기 도입에 의한 장점

☆ 연간 7,200시간 가동

전기요금 1KW당 110원

(18.0—12.7)× 7,200시간× 110원

=4,197,600원

1년간으로

約420만원의 전력비 절약에 성공!

D사엔진 COMPRESSOR의 도입

배관 사이즈 변경에 의한 압손실 경감

치바현 고가라츠미시

40% OFF

Z1505AL → ZD230A2로 교체············ 1999년4월 제안서제출

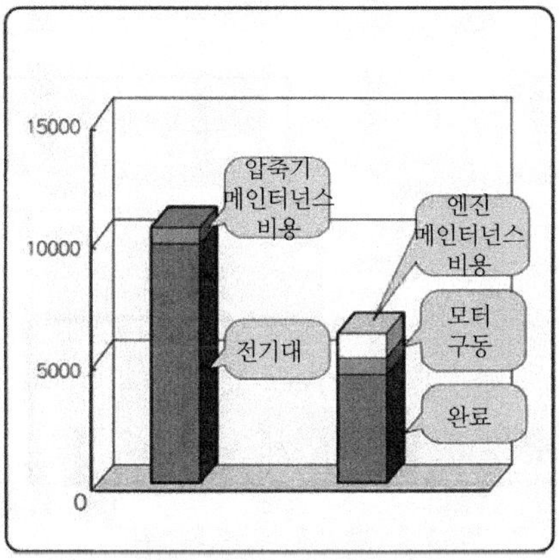

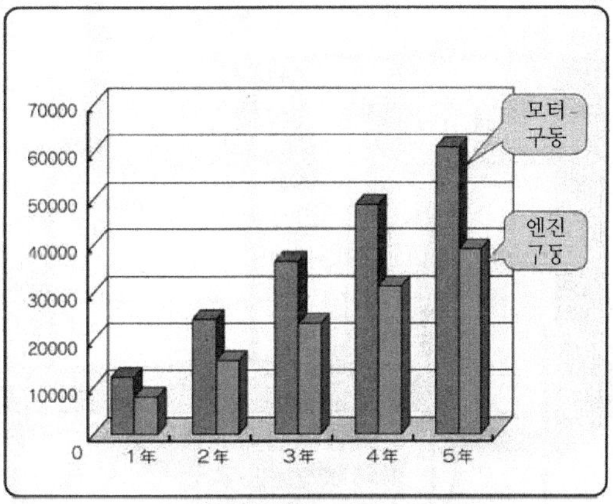

엔진콤프레셔 도입에 의한 장점

☆ 엔진식으로 변경할 경우에
1년간 약2,927만원의
경비 절약이 가능!!

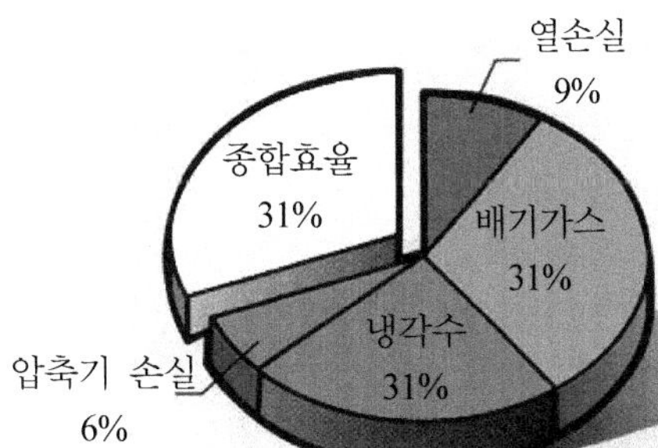

에너지 이용 효율(엔진구동)

배관 사이즈 변경에 의한 압손실 경감
군마현 이세자키시 M사

공장내 메인배관을 $1\frac{1}{4}$" → 3" 변경………… 1999년9월 제안서제출

M사에 관한 배관사이즈로 인한 압손실의 차(배관연장:110m)

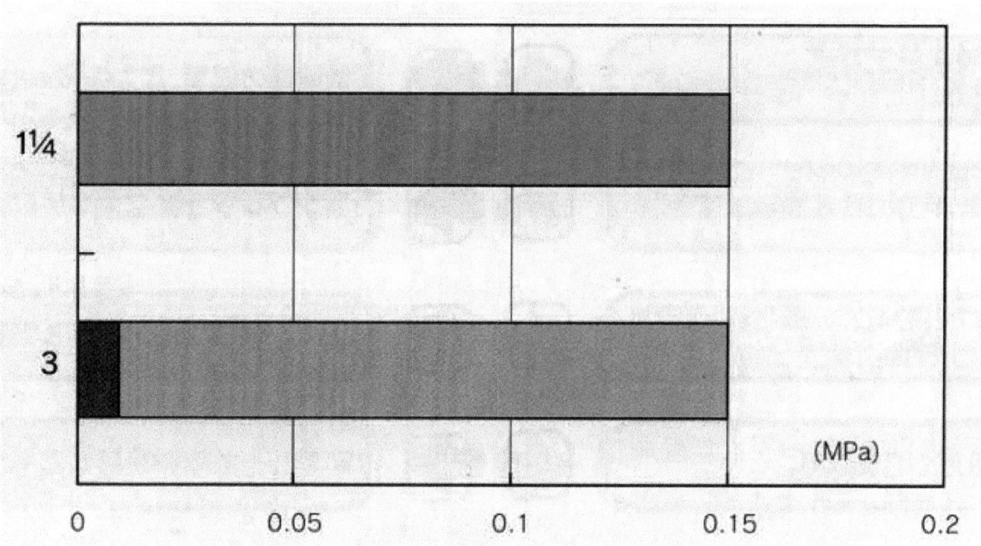

- 상기의 그래프는 1차측압력 0.74MPa, 공기량 8㎥/min때의 값입니다.
- 상기의 그래프 값은 직관시의 압손실과 기타 엘보등의 압손실도 포함하고 있습니다.
- 배관사이즈를 변경하면 색범위의 압력손실을 방지하게 되고, 동시에 COMPRESSOR 자체의 상용압력도 낮추는 일이 가능하게 됩니다.

배관 사이즈 변경에 의한 장점

☆ AIR COMPRESSOR 상용압력을 0.14MPa(1.4kg/㎠) 내리면
약 10%의 소비전력을 절약!!

국소적 분산설치에 의한 전력 절감

군마현 이세자키시 G사

25% OFF

집중설치 방식 → 국소적 분산설치 방식(인버터)········ 2008년6월 제안서제출

G사의 현상 파악 개시 및 목적

- AIR 소비가 많은 동에 전용으로 COMPRESSOR를 설치하여 공장 전체의 낭비를 해소 하고 싶다.
- ISO를 취득한 관련 환경 대상 제품을 사용하고 싶다.

동 별 AIR 소비량

B5		B3		A5		A6		B8	
월	분평균	월	분평균	월	분평균	월	분평균	월	분평균
16916.0	0.4195	182.00	0.0045	179.00	0.0044	101.00	0.0025	730.00	0.0181
	93.4%		1.0%		1.0%		0.6%		4.0%

동 별 압력 치 (평균)

	B5-P	B3-P	A5-P	A6-P	B6-P
압력평균	0.6892	0.6891	0.6863	0.6878	0.6892

COMPRESSOR 운전상태의 확인

측정 시간	전력 KW	모터 전력	부하율 (%)	공기량 m³/min	B5		B3		A5		A6	
					압력	압력 치이	압력	압력 치이	압력	압력 치이	압력	압력 치이
17:00	45.5	40.3	66%	6.0	0.672	0.0303	0.672	0.0277	0.668	0.0313	0.669	0.0308
18:00	46.1	40.9	67%	6.1	0.672	0.0277	0.674	0.0257	0.670	0.0300	0.671	0.0289
19:00	41.0	35.8	59%	5.3	0.678	0.0215	0.680	0.0197	0.676	0.0237	0.677	0.0226
20:00	38.5	33.3	54%	5.0	0.682	0.0180	0.683	0.0165	0.680	0.0195	0.681	0.0187
21:00	37.7	32.5	53%	4.8	0.679	0.0210	0.680	0.0195	0.677	0.0227	0.678	0.0219

조사결과

- AIR 소비의 90%가 B5동에서 소비되고 있다는 것이 파악되었습니다.
- 공장 내 배관 압력 손실은 적습니다.

⇩

타깃은 B5동으로 구성!! 국소적 분산 설치한 경우의 시뮬레이션 개시

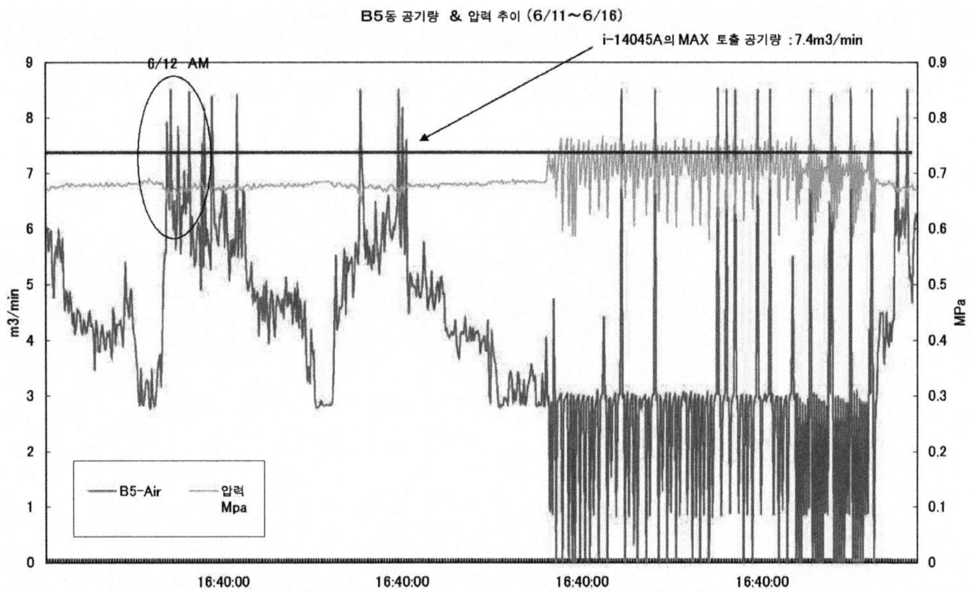

i - 14045A 도입에 의한 장점

- B5동에 분산화 하는 것으로, 기존 COMPRSSOR에 대한 부하를 경감 할 수 있는 가능성이 있다.
- 물 윤활 OIL FREE COMPRESSOR를 도입함으로써 환경에 공헌하고 있다는 기업 이미지를 만들 수 있다.
- 장래적으로 동마다 전력, 압력, 온도의 관리를 사무소의 컴퓨터로 할 수 있게 된다.

국소적인 부하를 보충 → 탱크 도입에 의한 피크시의 검증

RECEIVER TANK의 충전 및 방출에 관하여

사용 Compressor : i-14045A
Qn 흡입상태 공기량 : 0.8N㎥/min(흡입온도0℃, 습도0%, 절대압력 760mmHg)
V) Receive Tank 용량 : 1.25 ㎥
Qu) 공기 소비량 : 8.74 N㎥/min

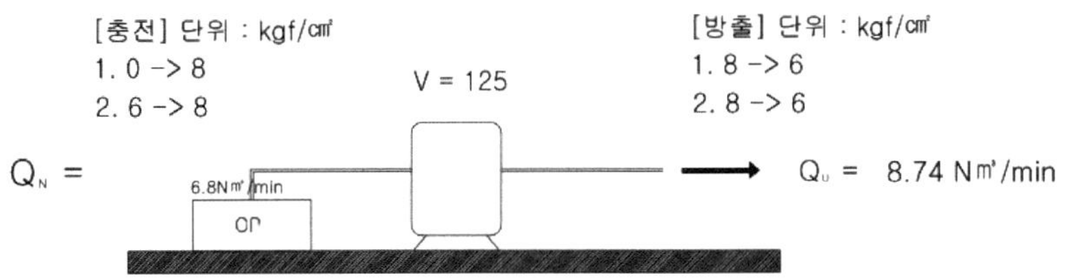

표 시	단 위	충전 1	충전 2	충전 3	충전 4
V Receiver Tank 용적	㎥	1.25	1.25	1.25	1.25
Qn Compressor 용량	N㎥/min	6.8	6.8	0	6.8
Qu 공기 소비량	N㎥/min	0.00	0.00	8.74	8.74
P1 Receive Tank 충전(또는 방출) 전의 압력	kgf/㎠	0.00	6.00	8.00	8.00
P2 Receive Tank 충전(또는 방출) 후의 압력	kgf/㎠	8.00	8.00	6.00	6.00
ϒ 표준 상태에서의 공기 비중량	1.29	1.29	1.29	1.29	1.29
R 공기의 가스 정수	29.27	29.27	29.27	29.27	29.27
T 공기온도(°k)	293.00	293.00	293.00	2993.00	293.00
= 약 20℃=293					
t 충전 또는 방출 시간 (초)		80	20	16	70

※ t의 값은, 소수 첫 번째 수를 반올림하여 계산

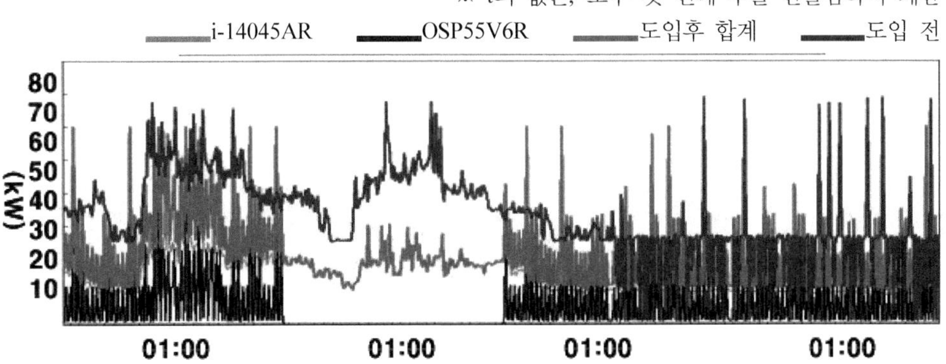

결과의 확인

개선 전 : 집중설치 55kw * 1대 가동 = 평균전력 33.0kwh

개선 후 : 분산설치 i-14045A * 1대 가동, 55kw * 1대 가동 = 평균전력 20.5kwh
연간 6,000시간의 운전시 : 12.5kwh * 6,000시간 * 60원 ≒ 7,615,000원의 절감 효과

61 AIR COMPRESSOR의 에너지 절약 · 환경도 점검

당신은 COMPRESSOR를 능숙하게 다룰 수 있습니까?

번호	질문	체크		조치
1	COMPRESSOR토출압력은 적절합니까?	□	⇨	COMPRESSOR의 설정압력을 확인
2	공장배관의 사이즈는 적절합니까?	□	⇨	공기사용량의 재확인
3	배관,크린기기의 압력손실은 크지않습니까?	□	⇨	배관,필터류의 눈막힘을 점검하여주십시요.
4	설비기기는 필요 최저압력으로 사용하고 있습니까?	□	⇨	기기마다 설정압력의 재확인
5	정기 점검정비는 충분히 행하고 있습니까?	□	⇨	COMPRESSOR 마다 정비계획표를 작성
6	배관,설비기기에서의 에어누출은 없습니까?	□	⇨	에어누출을 최소한으로 합시다.
7	국소별로 압력설정을 하고 있습니까?	□	⇨	배관루트를 재검토하여 주십시요.
8	필요공기량에 따른 운전 대수제어를 하고 있습니까?	□	⇨	부하변동에 대응하는 시스템으로 변경
9	COMPRESSOR는 중간부하로 운전하고 있지 않습니까?	□	⇨	COMPRESSOR의 크기,성능 확인.
10	COMPRESSOR의 년간 전기요금을 파악하고 있습니까?	□	⇨	전기요금은 공장전체의 몇 % 입니까?

NO가 6~10 Point

연애관계
당신의 에코지수는 70.
COMP'와 미래에 약속하는 깊은 관계에 있는 당신. 그 기분이 무척중요. 이제부터 식는 일없는 뜨거운 에너지 절약을 보내겠습니다.

NO가 5 Point 이하

생애의 반려
COMP' 에너지절약에 있어서 당신처럼 중요한 사람은 없겠죠. 이제부터도 새로운 에너지 절약으로 즐거운 미래를 이룩합시다.

당신은 환경에 적합한 COMPRESSOR를 사용하고 있습니까?

번호	질문	체크	설명
11	COMPRESSOR의 폐유의 삭감을 생각하고 있습니까?	☐	환경보호를 위하여 OIL FREE COMP' 도입
12	필터류(소모품)의 삭감을 생각하고 있습니까?	☐	COMPRESSOR의 주위공기, 환경개선으로 필터류의 조기 눈막힘을 방지
13	지구온난화 방지대책 에너지절약을 생각하고 있습니까?	☐	효율이 좋은 COMPRESSOR로 전력의 절감
14	COMPRESSOR의 흡입저항은 크지않습니까?	☐	650mmAg의 흡입저항으로 약6%의 공기량감소
15	드레인처리는 전용배관으로 처리하고 있습니까?	☐	드레인 분산장치로 청결한 배수를
16	COMPRESSOR ROOM의 환기는 충분합니까?	☐	주변공기온도가 높으면 COMP'효율은 저하됩니다. 20℃와40℃에서는 약10%의 공기량감소
17	에너지절약형 COMP'를 사용하고 있습니까?	☐	신형 COMPRESSOR의 도입, 인버터 타입
18	COMPRESSOR의 전기요금(월액)의 삭감을 생각하고 있습니까?	☐	대수제어장치의 도입 적절한 공기탱크의설치
19	COMPRESSOR의 전기요금(월액)의 삭감을 생각하고 있습니까?	☐	계획적인 메인터넌스로 긴급정지의 배제
20	공장의 공기사용량을 측정하고 COMP'의 효율을 파악하고 있습니까?	☐	COMPRESSOR는 무부하운전으로도 65%~70%의 전력을 소비합니다.

TOTAL POINT

NO가 16 Point

절교상태
(반복적인 장애)
당신의 에코지수는 20, 당신과 COMP'사이는 냉전 상태.
에너지 절약을 무시하면 큰 손실을 입게 될 거예요. 쉬운 에너지 절약부터 꼭 시작합시다.

NO가 11~15 Point

친구관계
(반복적인 장애를 없애는 관계)
당신의 에코지수는 50, 조금씩 노력하여 COMP'와 사이좋게 되가는 중입니다. 그래도 에너지 절약도는 아직도 낮습니다. 더욱 에너지절약을 높이기 위하여 당신이 할 수 있는 일부터 시작 합시다.

62 압축공기 에너지 절약 및 환경보호 제안 시스템

■ 귀사공장의 에너지 절약과 환경에 적합한 기종을 제안

공기압축기의 전기 소모는 기종, 메이커를 구분하지 않습니다.

컴프레셔는 생산에 없어서는 안 되는 기계입니다만, 일반 공장에서 전기 사용량이 가장 많은 것이 컴프레셔 라고도 말할 수 있습니다.

컴프레셔의 에너지 절약이 귀사의 에너지 절약에 의한 비용절감을 실현 합니다.

측정 장비는 사용중인 컴프레셔에 직접 설치하기 때문에 전기와 에어를 정지 시키는 일은 없습니다.

측정 당일을 기준으로 개선점을 찾을 수도 있지만 보통의 경우 3일~1주일간의 측정으로 최신기종 등을 포함한 최상의 제안을 하여 드릴 수 있습니다.

공장 설비의 개선에 가장 효과가 있는 것이 에어 컴프레셔를 포함하여 주변 설비의 개선입니다.

※ 전압에 의한 측정기의 제한은 없습니다만, 3000V이상의 고전압은 측정할 수 없습니다.

최신화된
진단기술

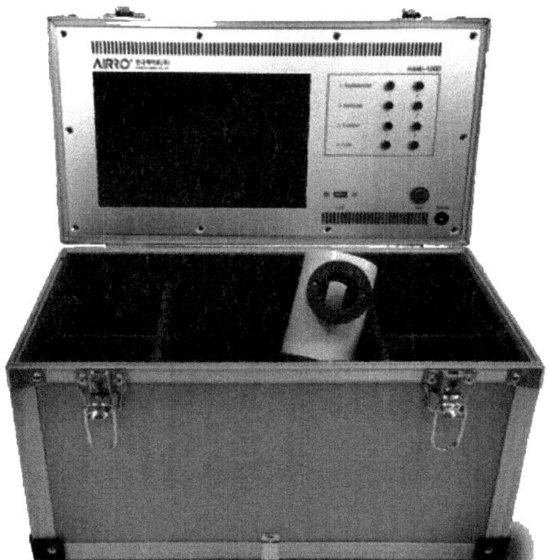

컴프레샤 종합진단기 (AIR MASTER)
(유량,압력,온도,전력량,진동) E-TECK 연구소개발

63 공기압축기의 에너지 절약 진단

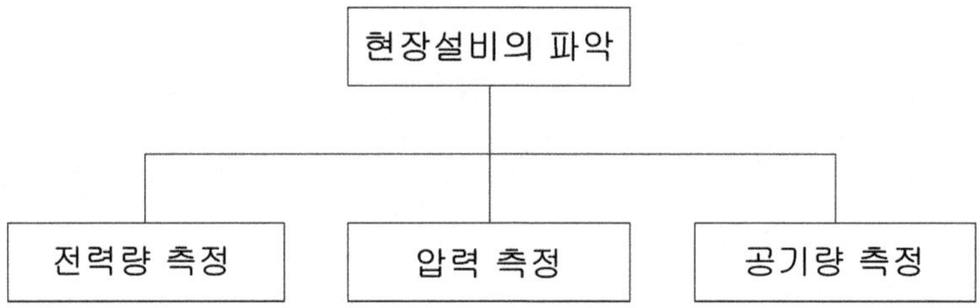

현장의 상황을 파악하기 위해서는 여러곳의 측정은 불가피 합니다.

1) 전력 측정

1-1) 주요 실시 목적

① 컴프레셔가 어느 정도의 전력을 사용하고 있는 것일까?

② 시기마다의 누적되는 전력을 파악하고 싶다.

③ 컴프레셔의 운전 부하상태를 확인하고 싶다.

1-2) 주요 전력 측정계의 소개

① 크램프온 파워 하이 테스터
3168, 3168-01(HIOKI제)

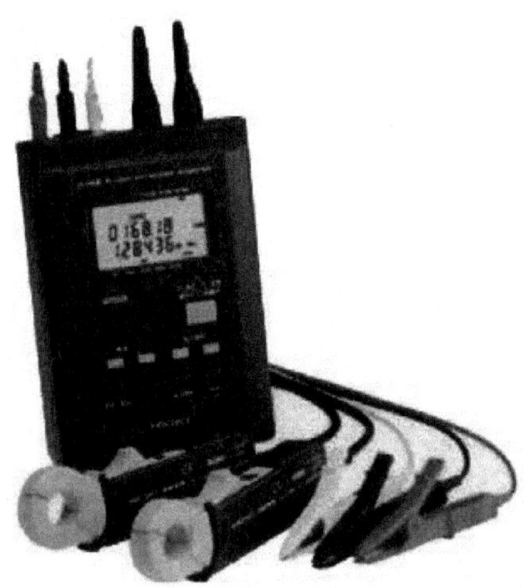

- 5A~500A/1KW(단상2선)~200KW(3상3선)와이드렌지
- 겨우 120(W)× 170(H)× 50(D)(mm)·600g의 컴팩트 사이즈
- 측정항목 데이터를 간격을 두고 PC카드로 자동보존.
- 측정과 측정데이터 전송에 편리한 전용 퍼스널 컴퓨터 부속
- 1대의 퍼스널 컴퓨터로 최대 31계통의 전력관리가 가능

당사의 E-TECH 연구소에서는 에너지 절약과 환경보호에 꾸준한 관심과 기술의 개발과 보급에 노력을 다하고 있으며 각각의 사업장별로 전력측정을 필요로 하는 경우 기술지원을 아끼지 않을 것을 약속드립니다.

② 크램프 전력계

CW140

- 1대로 2계통 부하의 측정
- LCD화면으로 보기쉬운 표시
- 충실한 데이터 관리
- 부하의 평준화
- 고주파 측정모드 표준장비

당사의 각 영업소에서 에너지 절약 제안에 사용하고 있는 전력계.
2대 동시에 측정하는 것이 가능. 또한, 순간・적산・누적 전력과 다채로운 사용이 가능

1-3) 컴프레셔와 전력계의 결선 방법

3상3선의 결선방법

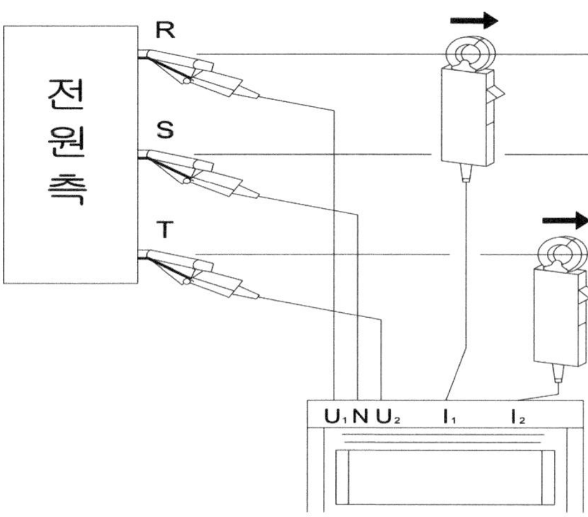

※ 결선 연결은 브레카 측에서도 가능합니다.

1-4) 전력계의 설정방법

① 전압・전류 레인지의 조정

200V or 400V의 확인, 전류(A)는 모터 출력 × 4로

※ 3000V이상의 측정은 기본적으로 불가능

② 측정 인터벌의 설정

부하측정이라면 1주일간으로 10분 간격이 최상 디맨드는 등등......

③ 측정시간의 설정

타이머 설정을 하는 편이 깨끗한 데이터를 얻을 수 있다.

1-5) 데이터의 해석

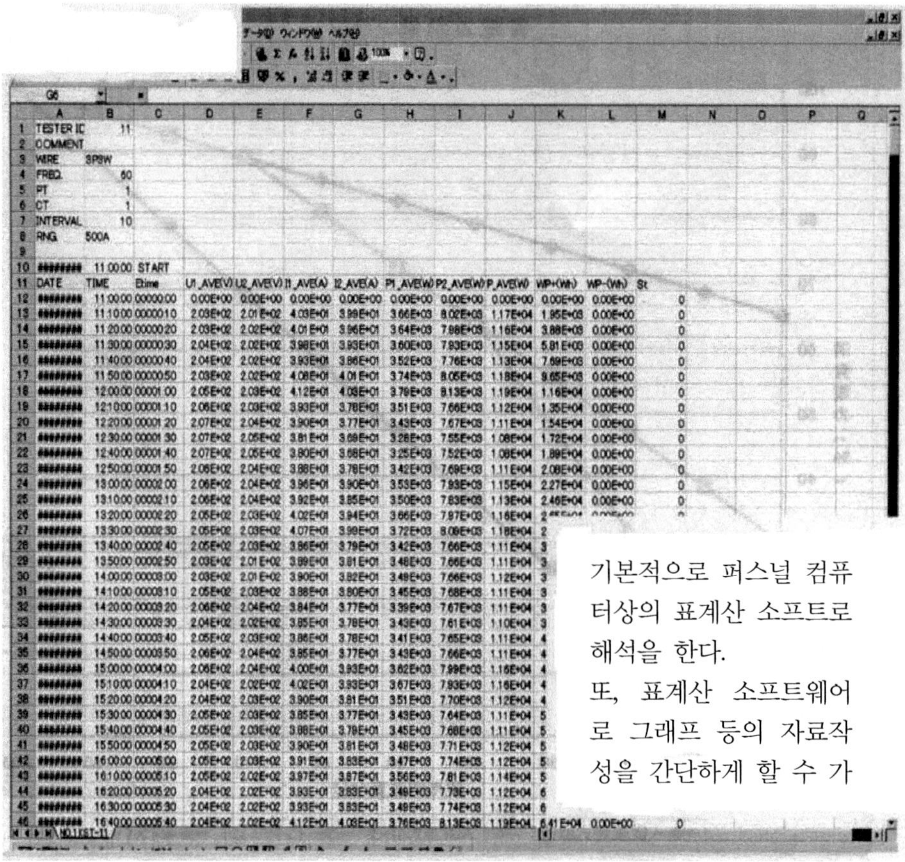

	A	B	C	D	E	F	G	H	I	J	K	L	M
1	TESTER ID	11											
2	COMMENT												
3	WIRE	3P3W											
4	FREQ.	60											
5	PT	1											
6	CT	1											
7	INTERVAL	10											
8	RNG.	500A											
9													
10	########	11:00:00	START										
11	DATE	TIME	Etime	U1_AVE(V)	U2_AVE(V)	I1_AVE(A)	I2_AVE(A)	P1_AVE(W)	P2_AVE(W)	P_AVE(W)	WP+(Wh)	WP-(Wh)	St
12	########	11:00:00	0000:00:00	0.00E+00	0.00E+00	0.00E+00	0.00E+00	0.00E+00	0.00E+00	0.00E+00	0.00E+00	0.00E+00	0
13	########	11:10:00	0000:00:10	2.03E+02	2.01E+02	4.03E+01	3.99E+01	3.66E+03	8.02E+03	1.17E+04	1.95E+03	0.00E+00	0
14	########	11:20:00	0000:00:20	2.03E+02	2.02E+02	4.01E+01	3.96E+01	3.64E+03	7.98E+03	1.16E+04	3.88E+03	0.00E+00	0
15	########	11:30:00	0000:00:30	2.04E+02	2.02E+02	3.98E+01	3.93E+01	3.60E+03	7.93E+03	1.15E+04	5.81E+03	0.00E+00	0
16	########	11:40:00	0000:00:40	2.04E+02	2.02E+02	3.93E+01	3.86E+01	3.52E+03	7.76E+03	1.13E+04	7.69E+03	0.00E+00	0
17	########	11:50:00	0000:00:50	2.03E+02	2.02E+02	4.08E+01	4.01E+01	3.74E+03	8.05E+03	1.18E+04	9.65E+03	0.00E+00	0
18	########	12:00:00	0000:01:00	2.05E+02	2.03E+02	4.12E+01	4.03E+01	3.79E+03	8.13E+03	1.19E+04	1.16E+04	0.00E+00	0
19	########	12:10:00	0000:01:10	2.06E+02	2.03E+02	3.93E+01	3.78E+01	3.51E+03	7.66E+03	1.12E+04	1.35E+04	0.00E+00	0
20	########	12:20:00	0000:01:20	2.07E+02	2.04E+02	3.90E+01	3.77E+01	3.43E+03	7.67E+03	1.11E+04	1.54E+04	0.00E+00	0
21	########	12:30:00	0000:01:30	2.07E+02	2.05E+02	3.81E+01	3.69E+01	3.28E+03	7.55E+03	1.08E+04	1.72E+04	0.00E+00	0
22	########	12:40:00	0000:01:40	2.07E+02	2.05E+02	3.80E+01	3.68E+01	3.25E+03	7.52E+03	1.08E+04	1.89E+04	0.00E+00	0
23	########	12:50:00	0000:01:50	2.06E+02	2.04E+02	3.88E+01	3.78E+01	3.42E+03	7.69E+03	1.11E+04	2.08E+04	0.00E+00	0
24	########	13:00:00	0000:02:00	2.06E+02	2.04E+02	3.96E+01	3.90E+01	3.53E+03	7.93E+03	1.15E+04	2.27E+04	0.00E+00	0
25	########	13:10:00	0000:02:10	2.06E+02	2.04E+02	3.92E+01	3.85E+01	3.50E+03	7.83E+03	1.13E+04	2.46E+04	0.00E+00	0
26	########	13:20:00	0000:02:20	2.05E+02	2.03E+02	4.02E+01	3.94E+01	3.66E+03	7.97E+03	1.16E+04	[illegible]	[illegible]	[illegible]
27	########	13:30:00	0000:02:30	2.05E+02	2.03E+02	4.07E+01	3.99E+01	3.72E+03	8.09E+03	1.18E+04	[illegible]		
28	########	13:40:00	0000:02:40	2.05E+02	2.03E+02	3.86E+01	3.79E+01	3.42E+03	7.66E+03	1.11E+04	[illegible]		
29	########	13:50:00	0000:02:50	2.03E+02	2.01E+02	3.89E+01	3.81E+01	3.48E+03	7.66E+03	1.11E+04	[illegible]		
30	########	14:00:00	0000:03:00	2.03E+02	2.01E+02	3.90E+01	3.82E+01	3.49E+03	7.66E+03	1.12E+04	[illegible]		
31	########	14:10:00	0000:03:10	2.05E+02	2.03E+02	3.88E+01	3.80E+01	3.45E+03	7.68E+03	1.11E+04	[illegible]		
32	########	14:20:00	0000:03:20	2.06E+02	2.04E+02	3.84E+01	3.77E+01	3.39E+03	7.67E+03	1.11E+04	[illegible]		
33	########	14:30:00	0000:03:30	2.04E+02	2.02E+02	3.85E+01	3.78E+01	3.43E+03	7.61E+03	1.10E+04	[illegible]		
34	########	14:40:00	0000:03:40	2.05E+02	2.03E+02	3.86E+01	3.78E+01	3.41E+03	7.65E+03	1.11E+04	[illegible]		
35	########	14:50:00	0000:03:50	2.06E+02	2.04E+02	3.85E+01	3.77E+01	3.43E+03	7.66E+03	1.11E+04	[illegible]		
36	########	15:00:00	0000:04:00	2.06E+02	2.04E+02	4.00E+01	3.93E+01	3.62E+03	7.99E+03	1.16E+04	[illegible]		
37	########	15:10:00	0000:04:10	2.04E+02	2.02E+02	4.02E+01	3.93E+01	3.67E+03	7.93E+03	1.16E+04	[illegible]		
38	########	15:20:00	0000:04:20	2.04E+02	2.03E+02	3.90E+01	3.81E+01	3.51E+03	7.70E+03	1.12E+04	[illegible]		
39	########	15:30:00	0000:04:30	2.05E+02	2.03E+02	3.85E+01	3.77E+01	3.43E+03	7.64E+03	1.11E+04	[illegible]		
40	########	15:40:00	0000:04:40	2.05E+02	2.03E+02	3.88E+01	3.79E+01	3.45E+03	7.68E+03	1.11E+04	[illegible]		
41	########	15:50:00	0000:04:50	2.05E+02	2.03E+02	3.90E+01	3.81E+01	3.48E+03	7.71E+03	1.12E+04	[illegible]		
42	########	16:00:00	0000:05:00	2.05E+02	2.03E+02	3.91E+01	3.83E+01	3.47E+03	7.74E+03	1.12E+04	[illegible]		
43	########	16:10:00	0000:05:10	2.05E+02	2.02E+02	3.97E+01	3.87E+01	3.56E+03	7.81E+03	1.14E+04	[illegible]		
44	########	16:20:00	0000:05:20	2.04E+02	2.02E+02	3.93E+01	3.83E+01	3.49E+03	7.73E+03	1.12E+04	[illegible]		
45	########	16:30:00	0000:05:30	2.04E+02	2.02E+02	3.93E+01	3.83E+01	3.49E+03	7.74E+03	1.12E+04	[illegible]		
46	########	16:40:00	0000:05:40	2.04E+02	2.02E+02	4.12E+01	4.03E+01	3.76E+03	8.13E+03	1.19E+04	6.41E+04	0.00E+00	0

기본적으로 퍼스널 컴퓨터상의 표계산 소프트로 해석을 한다.
또, 표계산 소프트웨어로 그래프 등의 자료작성을 간단하게 할 수 가

1-6) 기타

전류치에서 계산하여 공기량을 산출하는 방법

실측전류치 ÷ 정격 전류치 = 모터 부하율

모터 부하율에 의해 공기량을 구한다.

예) 부하경감 장치 부착

◉ 모터 부하율이 90%이상의 경우 : 에어 부하율 = ((모터부하율−65)/0.36)

◉ 모터 부하율이 30%이상의 경우 : 에어 부하율 = ((모터부하율−30)/0.86)

◉ 모터 부하율이 30%미만의 경우 : 0

모터 부하율 50%의 경우

에어부하율 = ((50−30)/0.86) = 23.2%

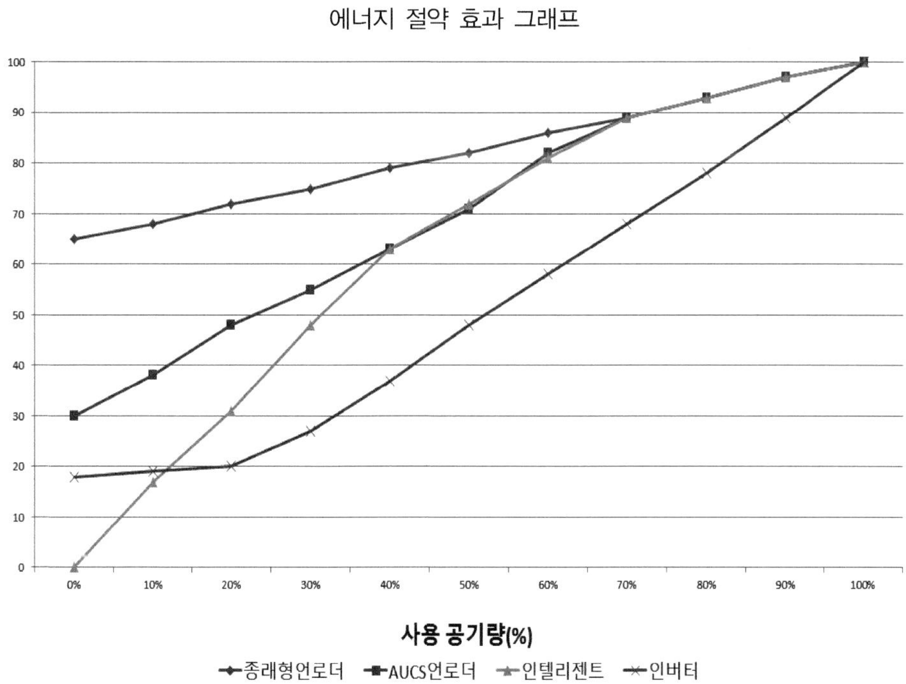

2) 입력 측징

2-1) 중요한 압력 측정 장소

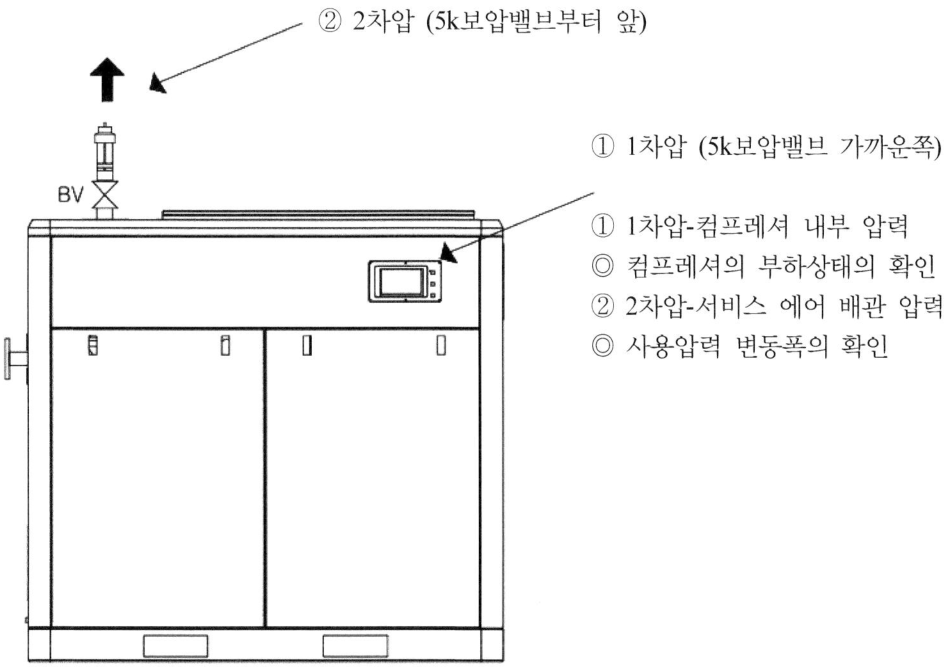

① 1차압-컴프레셔 내부 압력
◎ 컴프레셔의 부하상태의 확인
② 2차압-서비스 에어 배관 압력
◎ 사용압력 변동폭의 확인

2-2) 사용할 압력 센서

출력신호

- 전압(1~5V)
  - • 내 노이즈에 뛰어나다
  - 사용실시 예 : ZV시리즈로 사용
- 전류(4~20mA)
  - • 원거리 측정에 뛰어나다.
  - 사용실시 예 : Z-6형에서 사용

2-3) 중요 데이터 로그의 소개

전압로그

3635-04 / -05 / -06

- 16,000개의 대량 데이터를 기록 할 수 있습니다.
- 본체 메모리의 데이터를 PC로 전송, 데이터 처리가 용이 (옵션의 3911을 사용)
- 3911부속의 전용 소프트웨어로 현재 시각, 기록간격, 기록개시, 기록종료, 기록방법, 코멘트 등의 설정가능.

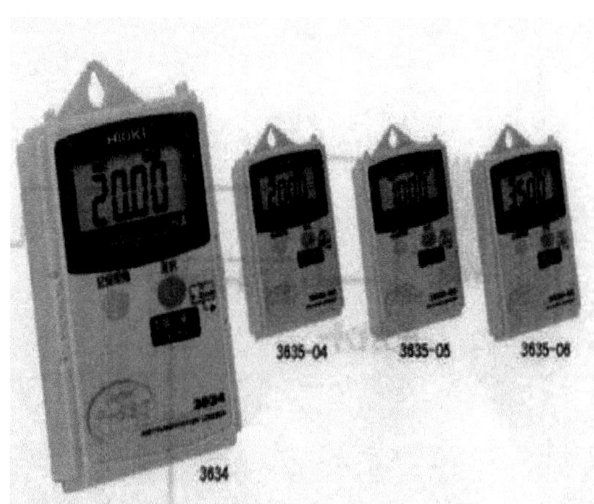

2-4) 컴프레셔와 (압력센서+데이터 로그)의 결선방법

① 1~5V의 압력센서를 사용할 경우

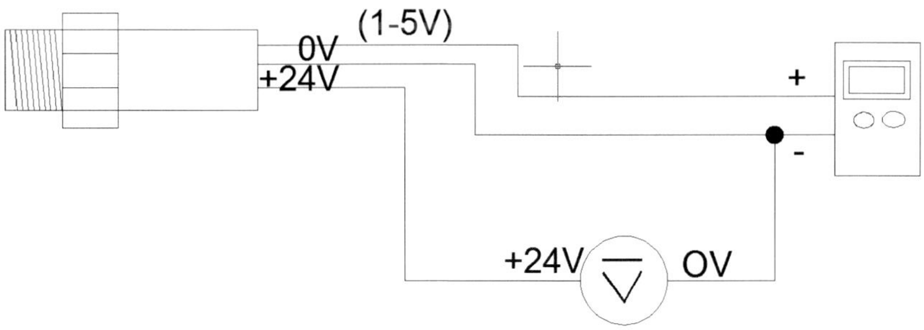

2-5) 데이터의 확인

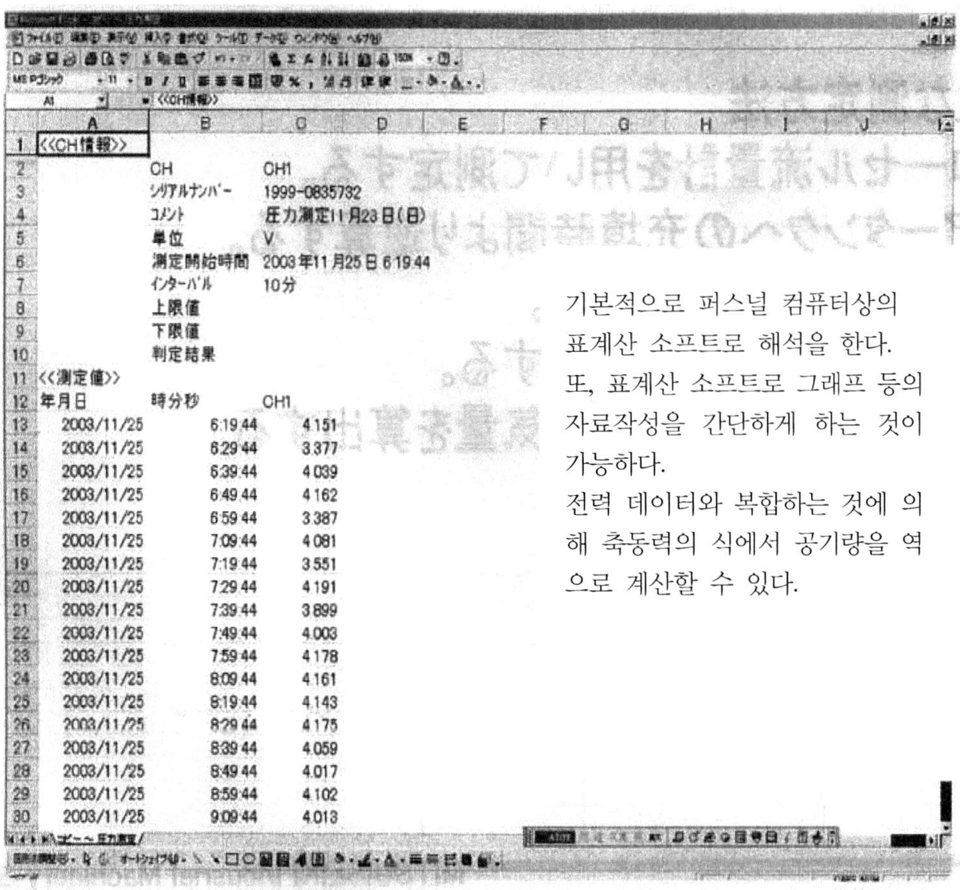

	A	B	C
1	<<CH情報>>		
2		CH	CH1
3		シリアルナンバー	1999-0835732
4		コメント	圧力測定11月23日(日)
5		単位	V
6		測定開始時間	2003年11月25日 6:19:44
7		インターバル	10分
8		上限値	
9		下限値	
10		判定結果	
11	<<測定値>>		
12	年月日	時分秒	CH1
13	2003/11/25	6:19:44	4.151
14	2003/11/25	6:29:44	3.377
15	2003/11/25	6:39:44	4.039
16	2003/11/25	6:49:44	4.162
17	2003/11/25	6:59:44	3.387
18	2003/11/25	7:09:44	4.081
19	2003/11/25	7:19:44	3.551
20	2003/11/25	7:29:44	4.191
21	2003/11/25	7:39:44	3.899
22	2003/11/25	7:49:44	4.003
23	2003/11/25	7:59:44	4.178
24	2003/11/25	8:09:44	4.161
25	2003/11/25	8:19:44	4.143
26	2003/11/25	8:29:44	4.175
27	2003/11/25	8:39:44	4.059
28	2003/11/25	8:49:44	4.017
29	2003/11/25	8:59:44	4.102
30	2003/11/25	9:09:44	4.013

기본적으로 퍼스널 컴퓨터상의 표계산 소프트로 해석을 한다.

또, 표계산 소프트로 그래프 등의 자료작성을 간단하게 하는 것이 가능하다.

전력 데이터와 복합하는 것에 의해 축동력의 식에서 공기량을 역으로 계산할 수 있다.

또한, 센서로 읽는 값은 실측치와 같게 하기 위하여 압력값을 변환할 필요가 있다.

압력센서(4~20mA) 특성

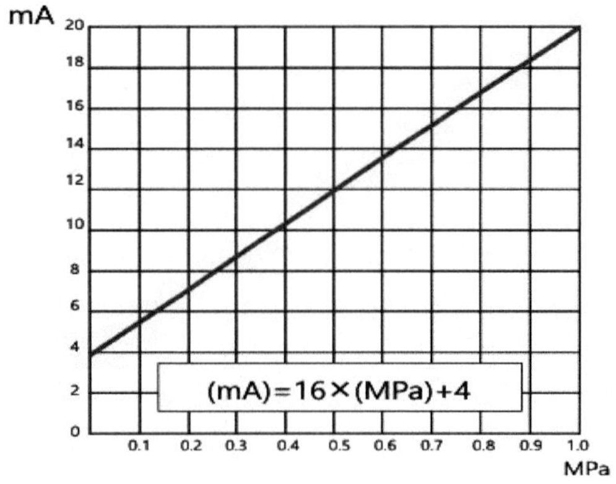

압력센서(1~5V) 특성

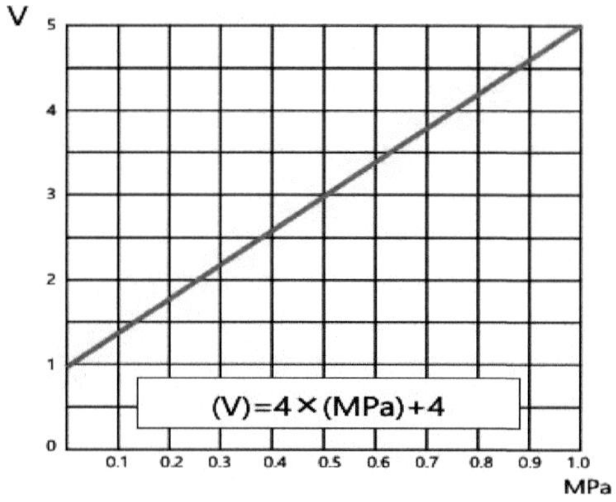

3) 공기량 측정

3-1) 주요 측정 방법

공기압축기의 성능과 효율은 단위 전력당 생산되는 압축공기 유량입니다. 초기 설치 공기압축기의 압축공기 생산량은 운전 조건, 운전에 따른공기 압축기의 노후 정도, 고장으로 인한 가동 상태 등에 따라 달라지며, 이는 전기요금의 낭비는 물론 즉시 조치하지 않거나 장시간 방치 할 경우 공기 압축기의 가동정지 및 파손으로 이어집니다.

이를 수시로 체크한다는 것은 공기압축기 관리의 기본 중에 한 가지인 것이다.

그러나 유량을 측정하는 방법과 시스템이 복잡하거나 배관 라인을수정 해야 하는 불편이 있어서 잘 시행되지 못하고 있는 실정이다. 가장 중요 한관리항목 임에도 불구하고 현실적인 작업 수행의 어려움으로 실행되지 못하니공기압축기 시스템의 에너지 절약 및 보수 유지가 자체시행이 어려운 것이다.

이점에 착안하여 한국에어로(주)에서 개발한 유량측정기 AIR MASTER 는 첨단 센서를 응용한 제품으로 공기 압축기의 흡입 필터 입구에 연결하여 유량을간편 하게 측정할 수 있도록 하였다. 공기압축기 성능이 불안하거나 이상 발생에 의한 염려가 있을 때에 수시로 측정할 수가 있는 것이다.

AIR MASTER 유량계에 의한 측정 방법

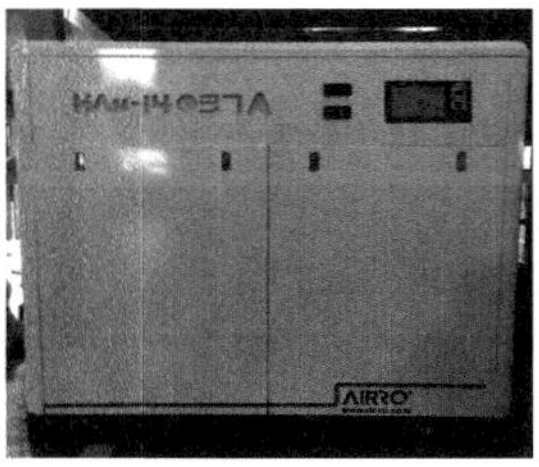	① 측정예정인 컴프레셔를 찾는다.		② 문을 열고 흡입 필터를 찾는다.
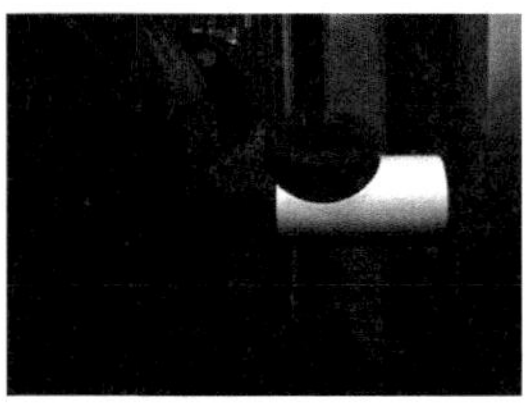	③ 흡입필터를 찾은 후 필터 입구에 센서홀더를끼운다.		④ 유량센서를 흡입구에 설치된 센서홀더에 방향을 선택하여 끼운다
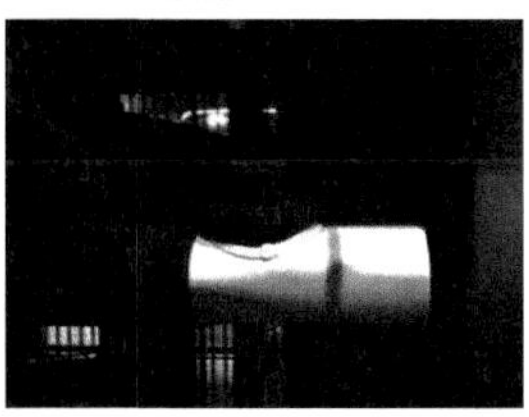	⑤ 센서홀더구멍에 유량센서를 설치한다.	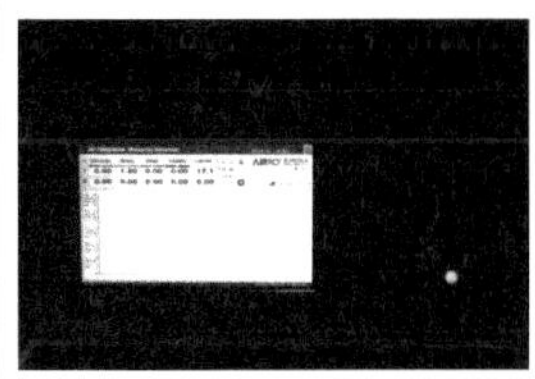	⑥ 측정을 시작한다.

주의 : 흡입필터의 경우 제품에 따라 흡입 구성이 다르기 때문에 주의해주시기 바랍니다.
압력 센서 , 온도센서 , 전류센서 (옵션센서)의 경우 측정부분에 작업이 필요합니다.

3-2) 기타 측정방법

① 후로셀 유량계를 사용하여 측정한다.
② 에어탱크에서의 충진 시간에 의해 역으로 환산한다.
③ 노즐을 사용하여 측정한다.
④ 흡입 압력을 측정하고, 산출한다.
⑤ 압력과 전력의 값에서 공기량을 산출한다.

① 후로셀 유량계를 사용하여 측정한다.

후로셀 유량계는 오리피스 유량계와 면적식 유량계의 각각의 특성을 살려서 개발되어진 것으로 구조 및 취급이 용이하여 면적식 유량계와 똑같은 정밀도를 유지하고, 게다가 가격도 적당한 획기적인 유량계입니다.

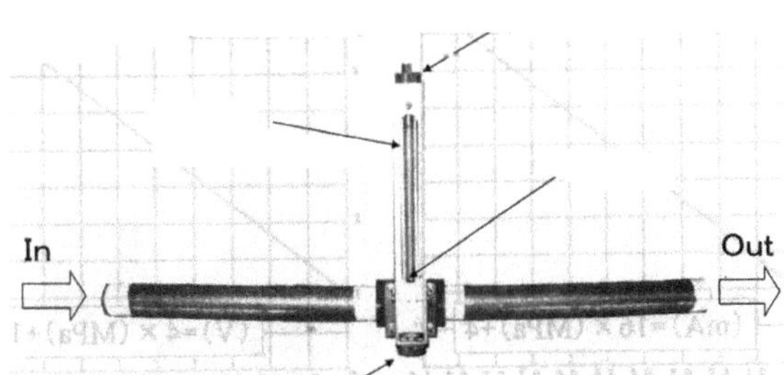

후로셀 유량계 설치 및 사용상의 주의

~ 사용상의 주의 ~

1) 기체에 사용할 경우 급격하게 밸브를 개폐 하면 플루트가 헌팅을 일으켜 테이퍼관, 플루트, 스토퍼 등의 부품을 손상하기도 하고, 성능에 악영향을 미칠 수도 있기 때문에 주의하여 주십시오.
2) 테이퍼관에 급격한 온도변화를 주면 파손 될 우려가 있기 때문에 주의하여 주십시오.
3) 동결의 우려가 있는 장소에서 가 동하지 않을 경우 액체의 동결에 의한 테이퍼관 등의 파손 사고를 막기 위하여 유량 지시부 내의 액체를 배출하여 주십시오.

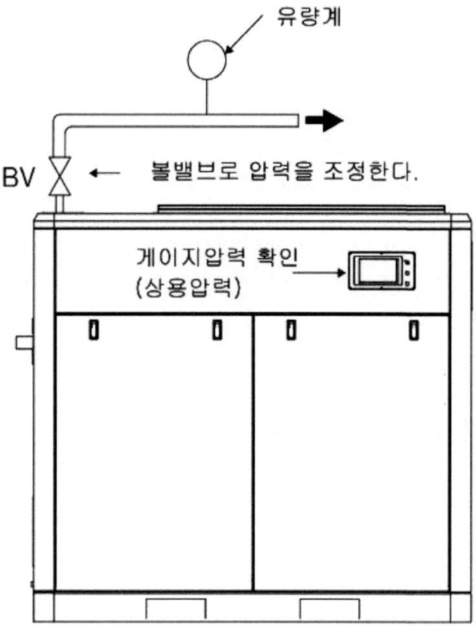

※ 볼밸브는 2차측(대기개방측)이 아닌 1차측에 설치를 부탁합니다. 플루트가 올라가지 않습니다.

② 에어탱크의 충진 시간으로부터 역으로 계산한다.

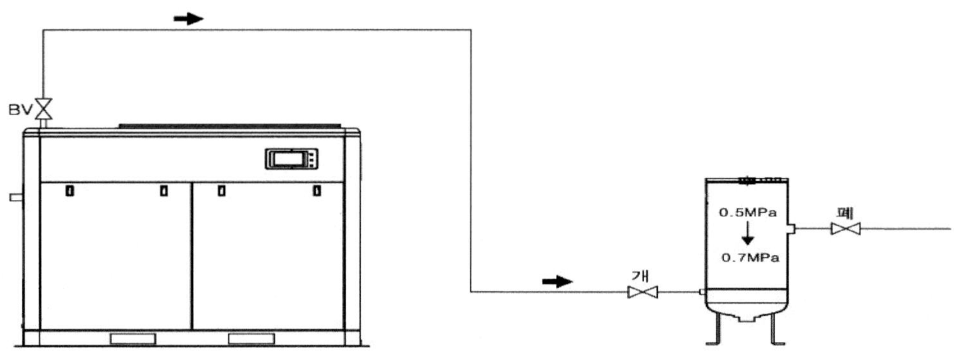

탱크 충진에 의한 간이 계산식

(에어탱크 용량× (승압폭+1)) ÷ 충진 시간(분) = 컴프레셔 공기량

예) 3㎥의 탱크를 5k→7k 승압했을 때 시간이 약50초 걸린다.

이때의 컴프레셔의 공기량은 얼마일까?

3 × (2+1) ÷ 0.83 = 10.8㎥/min 가 된다.

③ 노즐을 사용하여 측정한다.

(1) 아래그림의 요령에 따라 오리피스를 설치하여 주십시오.

(2) 볼밸브를 완전히 열어 주십시오.

(3) 컴프레셔를 운전하여 주십시오.

(4) 볼밸브를 한번 닫고, 다시 완전히 개폐 하여 주십시오.

(5) 이 상태에서 컴프레셔의 게이지 압력이 거의 상용압력 이상으로 되어 있는지 확인하시기 바랍니다. 상용압력 이상이라면 공기량을 확보하고 있다고 판단할 수 있습니다. (아래 계산식 참조) 또, 상용압력을 대폭 하회한다면 공기량을 확보할 수 없다고 판단할 수 있습니다.

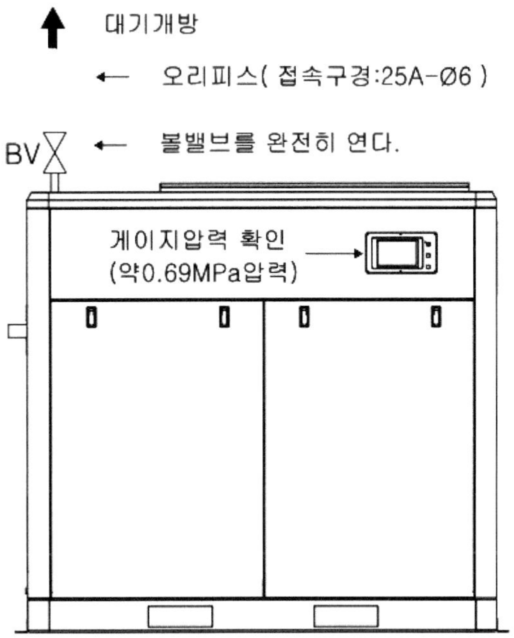

공기량 계산식』

$Q = 7.6 \times d^2 \times (P + 1)$

Q : 공기소비량 (기준공기상태)

P : 공급 공기압력

d : 노즐 직경

④ 흡입압력을 측정하고, 산출한다.

<u>기존에 설치된 컴프레셔의 실제 기계운전에 의한 확인방법.</u>

실제기계운전에 사용할 컴프레셔의 흡입조정밸브 다음의 흡입관에 진공압력 계기를 연결하여 주십시오.

컴프레셔를 단독운전 실시하고, 에어라인에 토출 공기를 토출하여 주십시오.

컴프레셔는 에어량에 맞는 운전을 계속.

언로드 운전시의 흡입 압력(진공도)를 계측하고, 아래의 계산식에 의하여 부하율을 구하고, 공기량을 산출한다.

부하율(%)= [Ps(무부하시)−Ps(측정값)] ÷ [Ps(무부하시)−Ps(전부하시)]

※ Ps : 흡입압력(진공압)mmHg 또는, KPa

※ Ps(무부하시)완전 무부하(0%)운전시의 흡입압력

※ Ps(전부하시)전부하(100%)운전시의 흡입압력

※ Ps(측정값)운전시의 흡입압력

공기량 = 정격 토출 공기량 × 부하율

(계산예) Z375AS로의 실제 기계운전에 의한 공기량 진단 조사예

Ps(무부하시) : −700mmHg(−93.4KPa)

Ps(전부하시) : −30mmHg(−4KPa)

Ps(측정값) : −500mmHg(66.5KPa)

※ 부하율 = [(−700)−(−500)] ÷ [(−700)−(−30)] = 0.30 (약30%)

※ 공기량 = 정격 토출 공기량 : 6.1㎥/min × 0.3 = 1.83㎥/min

흡입압력(진공도)부하율과의 관계에 대하여

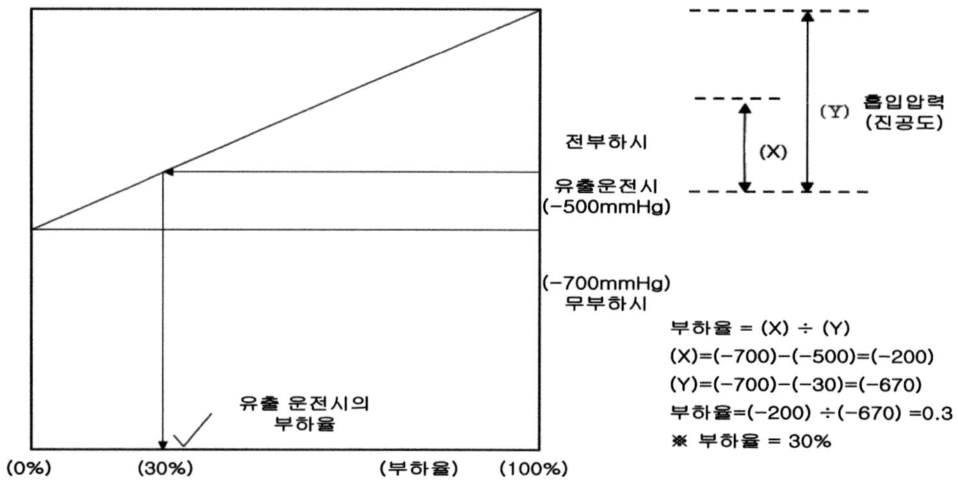

기존에 설치된 컴프레셔를 사용하여 실제기계운전에 의한 에어누출 조사에 대한 중요 포인트

1) 컴프레셔의 기종 선택에 대하여

   ※ 용량 조정방식은 흡입 및 조리개 방식(무단계 제어방식)을 선택하여 주십시오. ON/OFF방식 (전부하/무부하 방식)에서는 부하율의 정도가 낮기 때문

2) 용량 조정 밸브의 설정에 대하여

   ※ 압력 조정 밸브 및 고진공 방지용 PC밸브 등의 설정치를 재조정할 필요는 없습니다. 현 상태대로 운전하여 주십시오.

3) 흡입 및 압력의 측정 방법에 대하여

   ※ 측정 계기는 디지털식 진공압력계의 사용이 바람직하다.

예) 코팔 전자제 : 핸디마노메타(MODEL : PG-100)
※ 측정기 부착 장소는 환기 조정 밸브의 흡입 압력을 측정할 수 있는 장소에 설치하여 주십시오.

⑤ 압력과 전력의 값에서 공기량을 산출한다.

$$L = \frac{k}{k-1} \times \frac{Ps \times Qs}{0.612} \times \left\{ \left(\frac{Pd}{Ps} \right)^{\frac{k-1}{k}} - 1 \right\} \times \frac{\Phi}{\eta}$$

「여유율」
오일식 : 1.1
오일프리식 : 1.15

「전단열효율」
기종마다 다르다.

L 축동력(이론공기동력)	(KW)	←	압력측정으로 확인
k 단열압축지수	(-)	→	1.4
Ps 흡입압력	(kgf/㎠ abs)	→	1.033
Qs 토출시 공기량(흡입상태)	(㎥/min)		**※ 이 값을 산출한다.**
Pd 토출압력(절대압력)	(kgf/㎠ abs)	←	압력측정으로 확인

4) 기타
에너지 절약 진단 · 해석 소프트의 소개
누구든지 간단하게 진단 해석할 수가 있다.

『에너지절약 진단 · 해석 소프트』

에너지 절약 제안을 하고싶다 !

··그렇게 생각하여도 일상의 일을 하면서 작성하는 것은 굉장히 시간이 걸립니다.
그러한, 고민을 해소하여 주는 것이 에너지 절약 제안 소프트입니다.
이 소프트가 하나 있으면, 범용기로부터 인버터기 까지의 제안과, 복수대수의 범용기를 사용하는 대수제어의 도입제안을 단시간에 작성 할 수가 있습니다.

예) 범용기에서 인버터기를 제안할 경우

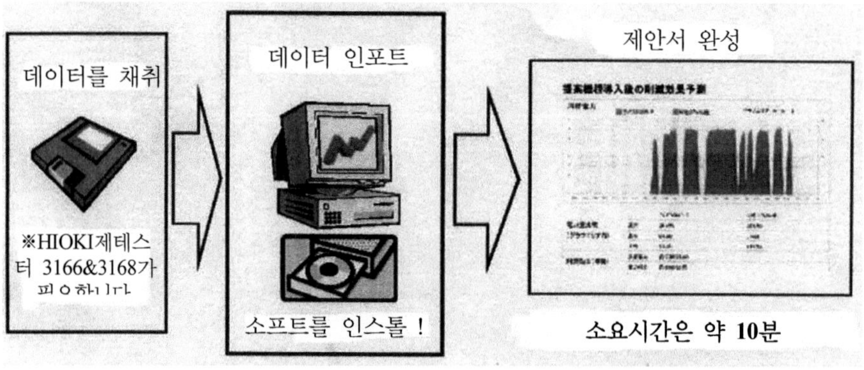

64 대수제어반

부하 변동에 대응한 COMPRESSOR의 운전에 의해 불필요한 UNLOAD기를 정지 시켜 에너지를 절약 합니다.

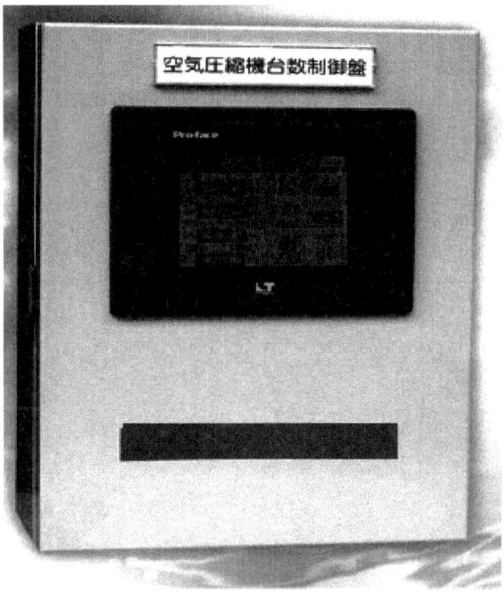

대수 제어반 이란?

■ AIR COMPRESSOR용 제어시스템

■ 필요공기량에 대응하여 다수의 콤프레셔 중에서 최소 운전대수를 제어하는 시스템

대수 제어 시스템의 개요

■ 컬러액정 TOUCH PANEL 탑재로 조작성이 향상되었습니다.

■ 화면으로 출력되어 간단하게 설정할 수 있습니다.

■ 카렌다 기능에 의한 스케쥴 운전이 가능합니다.

■ 타 메이커의 AIR COMPRESSOR가 같이 있어도 OK.

■ 인버터기에서의 대응으로 에너지절약이 증대 됩니다.

AIR COMPRESSOR 최적의 대수제어로

■ 뛰어난 에너지 절약효과

■ 안정된 토출압력

■ 보수기간의 연장

■ 전력요금의 대폭 절감

■ 시스템 구성

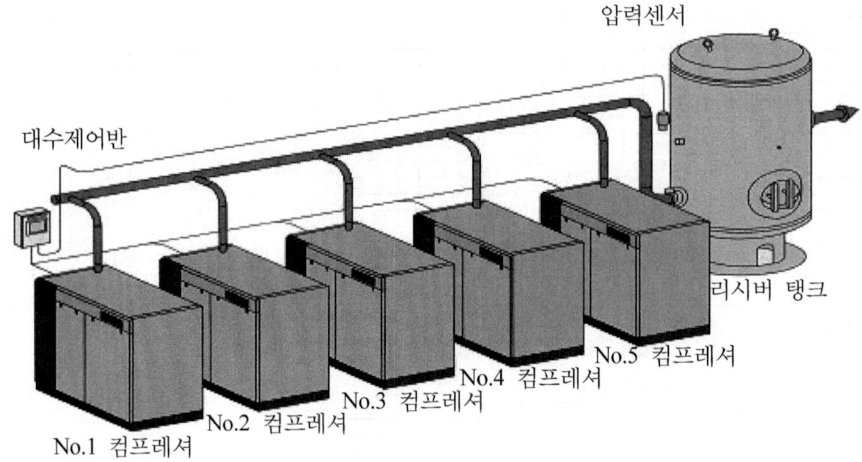

■ 대수 제어에 의한 에너지 절약 효과

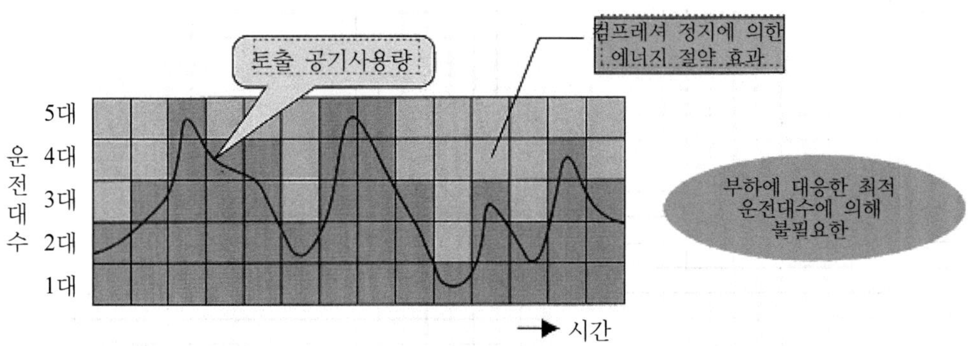

■ 대수 제어에 의한 에너지 절약 효과

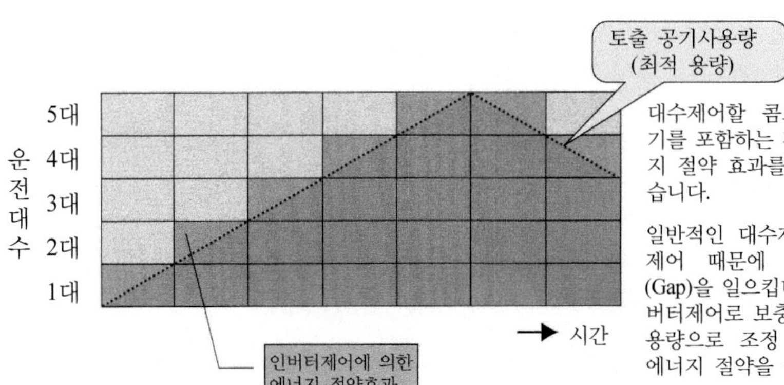

대수제어할 콤프레셔에 인버터기를 포함하는 것으로 보다 에너지 절약 효과를 상승시킬 수 있습니다.

일반적인 대수제어는 단계적인 제어 때문에 용량제어에 갭(Gap)을 일으킵니다. 이 갭을 인버터제어로 보충하여 항상 최적 용량으로 조정 하여 최대한의 에너지 절약을 실현 합니다.

외형 치수

■ 대수제어반

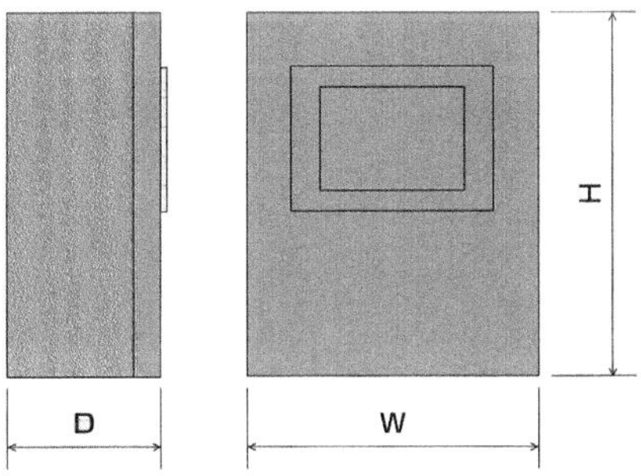

	W	H	D
SGT-A(5대용)	300	400	160
SGT-A2(10대용 세로형)	400	500	160
SGT-A2(10대용 가로형)	500	400	160

■ REMOTE CONTROL 단자대
(컴프레셔와 대수제어반과의 신호를 받습니다.)

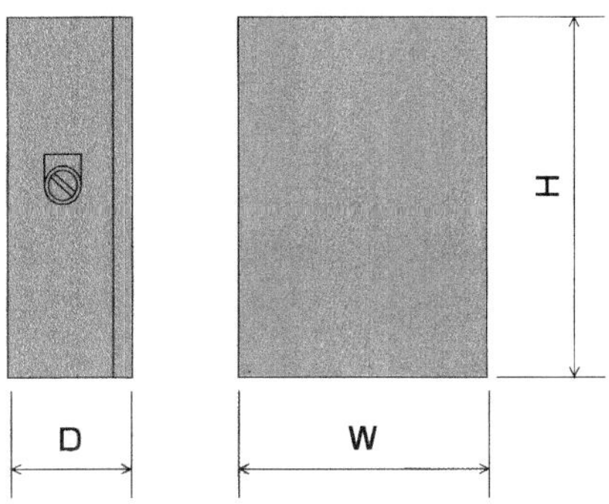

	W	H	D
REMOTE CONTROL반-1	200	300	100
REMOTE CONTROL반-2	250	300	100
REMOTE CONTROL반-3	300	300	100
REMOTE CONTROL 단자대	160	80	100

■ REMOTE CONTROL 단자대

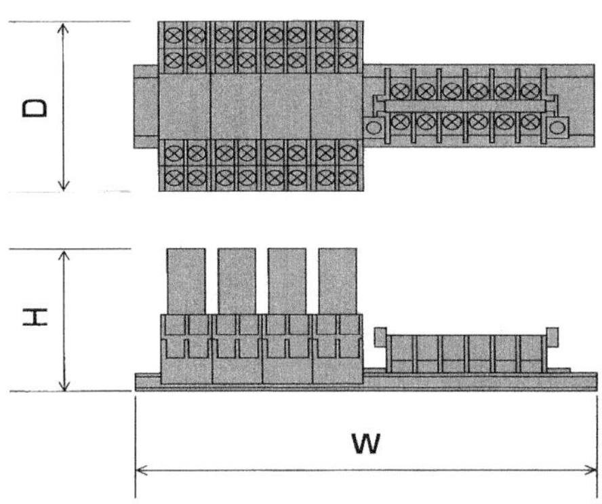

사양

제 어 대 수	최대 5대(SGT-A), 최대 10대(SGT-A2)
제 어 기 능	先기동先정지 : 설정한 컴프레셔부터 순차적으로 기동하고, 규정압력에 도달하면 먼저 기동한 컴프레셔가 정지하게 되어 운전시간의 평균화를 이룹니다. 先기동後정지 : 나중에 운전된 컴프레셔를 먼저 정지하게 합니다. 특정기계를 우선적으로 운전합니다. 운전고정 : 특정 컴프레셔를 상시 운전하고, 압력 변동을 완화시킵니다. 제외 운전 : 특정 컴프레셔 또는, 고장인 컴프레셔를 제어에서 제외시킵니다. 인버터기로의 대응 : 인버터기를 포함시키는 것으로 에너지 절약을 상승시킵니다. 정지연장 : 운전 사이클을 원활하게 할 수 있도록 차후에 정지될 컴프레셔의 정지를 늦출 수 있습니다. 기동연장 : 여러대의 컴프레셔가 동시에 기동하는 것을 방지합니다.
타이머 운전기능	주간 타이머 : 대수제어반의 『ON-OFF』를 1주일 단위로 설정할 수 있습니다.
컴프레셔의 보호	최저 운전시간 : 컴프레셔의 보호를 위하여 최저 운전시간을 설정합니다. 인터벌(Interval)시간 : 컴프레셔의 보호를 위하여 재가동 안전시간을 설정합니다.
REMOTE CONTROL반	컴프레셔와 대수제어반과의 신호를 받습니다.
외 부 신 호	일괄 이상신호, 원격 운전신호
전 원	AC100 ~ 220V(단상자유 전원)
치 수 · 중 량	300(W)×400(H)×160(D) · 10kg(SGT-A) 400(W)×500(H)×160(D) · 500(W)×400(H)×160(D) · 15kg(SGT-A2)
옵 션	각 컴프레셔에 대하여 카렌다 타이머 설정 각 컴프레셔의 운전시간을 등록하고, 운전시간이 적은 기계를 먼저 운전 각 컴프레셔의 운전순서를 등록하고, 등록순서로 운전하고, 등록순서로 정지합니다.

관련 장치

■ 드레인 처리 장치

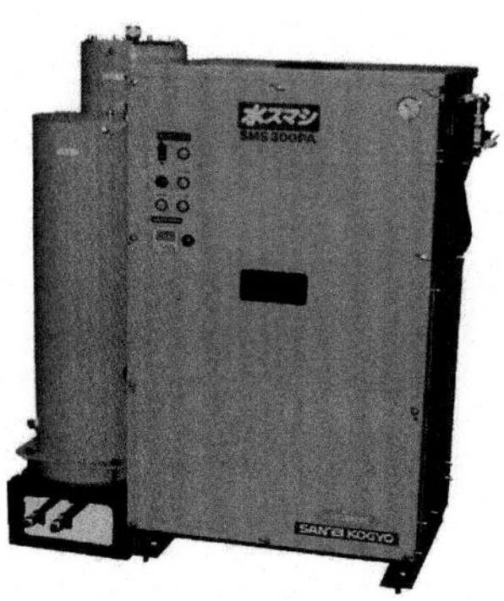

■ 리시버 탱크

PART IV

유지보수 및 안전관리

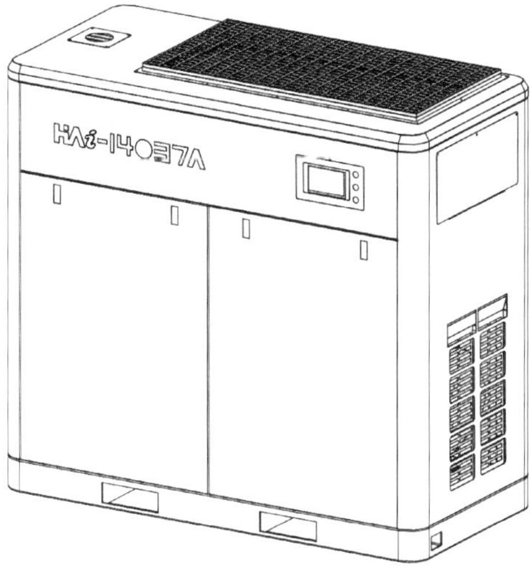

65 공기압축기 정기점검의 개요

공기압축기 · 정기점검의 개요

공기압축기를 안전하게 유지하며, 지장 없이 사용하기 위해서는 정기적인 점검이 필요 합니다. 또, 사업자에 대하여 정기점검을 의무적으로 지켜야하는 법률도 몇 가지가 있습니다. 점검의 실시에 대해서는 취급 설명서를 자주 읽어 주십시오.

공기압축기 · 정기점검 기록부

압축기 본체

- 에어 필터는 깨끗합니까?
- 급유식의 경우 윤활유는 있습니까? 윤활유의 점검은 하시고 계십니까?
- 급유식의 경우, 카본(윤활유의 탄화물)이 축적 되어 있지 않습니까? 오일 세퍼레이터 엘레멘트의 정기교환, 배관 정기점검을 하여 주십시오.

스위치, 모터 등

- 구동 벨트가 느슨해져 있지 않습니까?
- 모터에 과부하가 걸려 있지 않습니까?
- 어스(earth)는 접지 되어 있습니까?

왕복동식 압축기 　　 회전식 압축기

공기 압축기

- 사용환경은 적절합니까?
- 이상 음, 진동은 없습니까?
- 볼트, 너트는 느슨해져 있지 않습니까?
- 마찰부의 마모는 없습니까?

공기 탱크

- 드레인(수분·유분의 찌꺼기)은 고여 있지 않습니까?
- 파손은 없습니까?
- 녹 등으로 내부는 더러워지지 않았습니까?

66 공기압축기도 유지보수를 원한다!

AIR COMPRESSOR는 공장을 지탱하는 중요한 설비

의외로 높은(비싼) 전기료

● 공장 소비전력의 20 ~ 50% 를 차지하고 있습니다.

가혹한 운전

● 평균 4000시간/년 이상 운전합니다. 이것을 차로 환산하면 년간 운행거리 16만Km/시속 40Km에 해당됩니다.

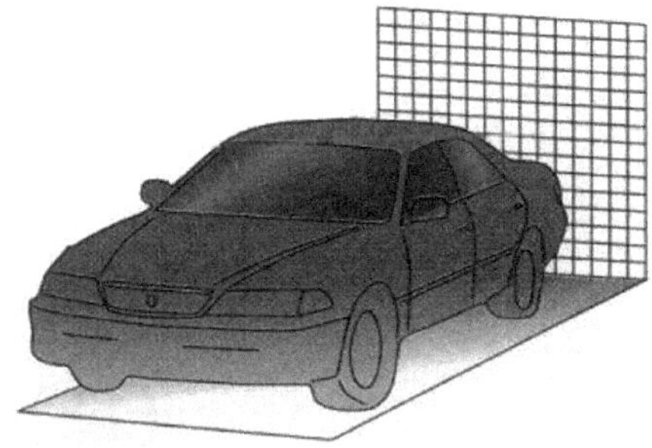

유지보수를 소홀히 하면

불필요한 전기료를 지불하게 됩니다.

● 흡기 · 토출 밸브등의 마모, 로터등의 오염, 녹에 의한 효율저하

신품필터

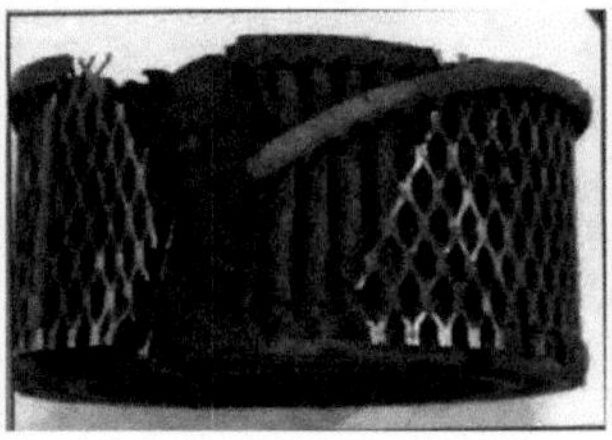

오염된 필터

오염된 필터

● 필터류의 눈막힘 등에 의한 압력손실

A : 흡입필터가 막혔을 때

필터가 오염으로 400mmH2O의 압력손실이 발생하면, 4%의 동력이 불필요하게 소비됩니다.

B : 토출측의 필터가 막혔을 때

토출측의 필터가 오염으로 0.02MPa의 압력손실이 발생하면, 2.2%의 동력이 불필요하게 소비됩니다.

생각지도 않게 공장을 정지하게 됩니다.

또한, 잇따른 중대 사고를 유발합니다.

● 카본(윤활유의 열화, 탄화물) 퇴적 등에 의한 발화 · 폭발
● 쇼트, 발열에 의한 화재
● 보호커버, 누전차단기, 어스 불량에 의한 감전 · 화재

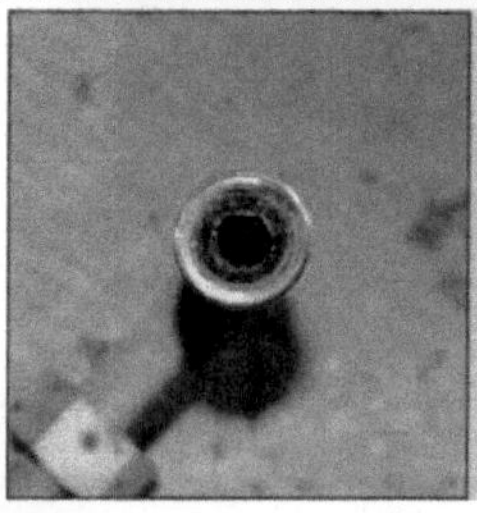

카본이 퇴적된 배관

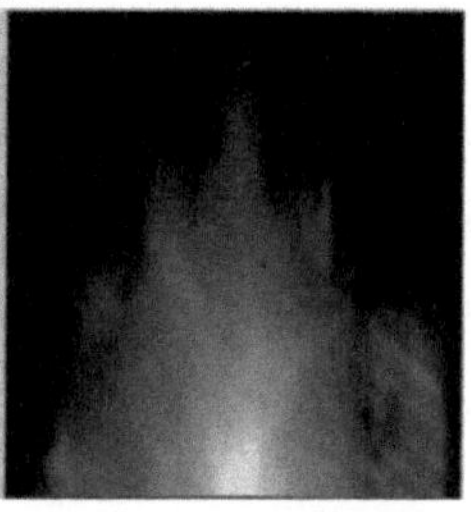

발화 · 폭발

환경을 파괴하게 됩니다

● 정비 불량에 의한 누유, 소음은 공장 주위의 환경에 악영향을 끼친다.

급유식 AIR COMPRESSOR에 있어서 카본(윤활유의 열화, 탄화물) 퇴적물에 의한 발화·폭발의 메카니즘(구조)

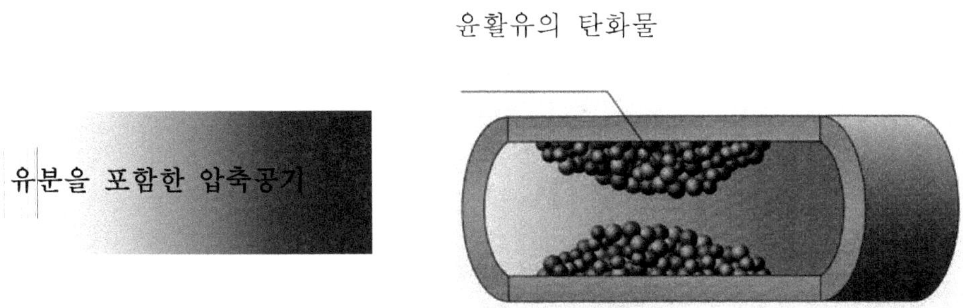

윤활유가 압력하에서 온도 상승에 의하여 분해한 미립상의 카본(윤활유의 열화, 탄화물)이 발생하고, 오일세퍼레이터 엘레멘드 등이 배관 내부에 퇴적됩니다.

퇴적된 카본에 압축 공기중의 유분이 스며들어 산화 반응열을 발생합니다.
그 반응열이 카본내에 축적되어 갑니다.

이것이 악화되면...

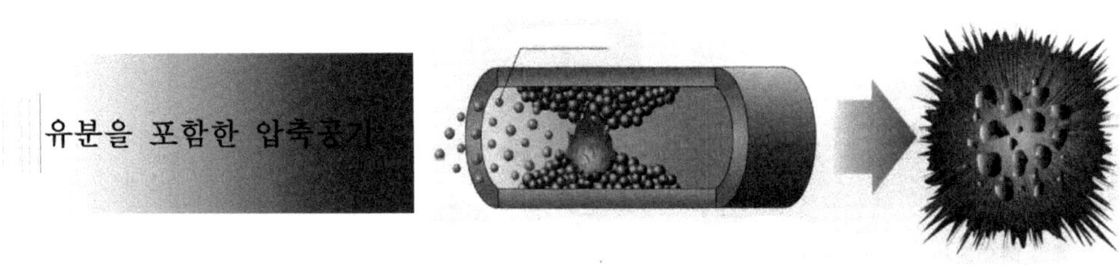

압축공기내의 분무화된 유분이 축적된 열로 발화, 혹은 폭발을 일으킬 수가 있습니다.

이러한 때에는 유지보수가 필요합니다

『이상한 소음, 진동』 있다고 느낄때

● 평상시 콤프레셔의 소음 및 진동을 느끼고 있습니까?

『열』 발생이 있다고 느낄때

● 평상시 열은 어느정도 입니까?

『불쾌한 냄새』 가 난다고 느낄때

● 이상한 냄새가 나지 않습니까?

『오일의 감소』 가 있다고 느낄때

● 오일양의 관리를 하고 있습니까?

『능력의 감소』 가 있다고 느낄때

● 말단의 공기 사용압력이 떨어져 있지 않습니까?

『언제 점검했을까』 라고 느낄때

● 점검기록은 붙어 있습니까?

『전기의 많은 소모』 가 있다고 느낄때

● 평상시의 전류치를 알고 있습니까?

『물(드레인)이 많이 나온다고 느낄때

● 물 처리계통과 트랩 관리를 하시고 있습니까?

67 점검하지 않으면 최악의 위험한 일이 발생 됩니다

카본(CARBON; 윤활유의 탄화물) 축적에 의한 발화·폭발

쇼트(SHORT)의 발열에 의한 화재

보호 커버, 누전 차단기, 어스(Earth) 미비에 의한 감전

68 발화·폭발은 어떻게 하면 막을 수 있을까요?

Q.  발화·폭발은 어떻게 하면 막을까요?

A.

1. 환경상황의 관리가 필요합니다.
   - 가까이에 인화성, 폭발성 가스등의 가연물이 없을 것.

2. 안전벨트의 작동확인을 합시다.

3. 급유식의 경우 오일의 관리가 필요합니다.
   - 각각 압축기에 적합한 오일을 사용합시다.
   - 지정된 시기에 오일 교환, 오일 세퍼레이터 엘레멘트 교환(회전식)을 합시다. (발화·폭발을 막는데 있어서 매우 중요합니다.)
   - 유량감소가 없는지 유량의 관리를 매일 합시다. (기종에 따라 유량을 관리할 수 있는 옵션이 준비되어 있으므로, 메이커에 상담하여 주십시오.)

4. 정기적으로 청소합시다.
   - 공기탱크의 청소, 점검은 보일러 및 압력용기 안전규칙 88조에 의무조항으로 되어 있습니다.
   - 급유식 압축기는 압축기로부터 공기 탱크 또는, 애프터 쿨러까지의 배관을 정기적으로 청소하여 주십시오.
   - 드레인(수분·유분)은 매일 빼내어 주십시오. (기종에 따라 드레인(수분·유분)을 자동적으로 배출하는 옵션이 준비되어 있으므로, 메이커에 상담하여 주십시오.)

5. 토출공기 온도의 관리가 필요합니다.
 · 토출공기 온도 릴레이의 부착을 권합니다.
 (부착할 때에는 메이커에 상담하여 주십시오.)
6. 보호장치의 제거등, 개조는 절대로 하지 않도록 합시다.
7. 발화·폭발사고를 일으켰을 경우, 일산화탄소가 발생하여 위험합니다.
 호흡기용으로는 절대로 사용하지 말아주십시오.
 (호흡기용으로는 전용 압축장치를 사용하여 주십시오.)

급유식의 압축기에 의한 카본(윤활유탄화물) 축적물에 의한 발화·폭발의 매카니즘

윤활유가 압력 하에서의 온도상승에 의하여 분해된 미립상의 카본(윤활유의 탄화물)이 발생하여, 오일 세퍼레이터 엘레멘트의 배관내부에 축적됩니다.

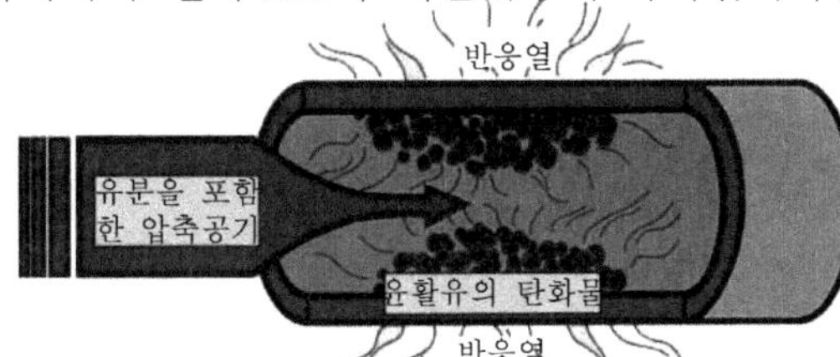

축적된 카본(윤활유의 탄화물)에 압축공기의 유분이 스며들어 산화반응을 일으킵니다. 그 반응열이 카본(윤활유의 탄화물)내에 축적되어 갑니다.

압축공기내의 기화된 유분이 축적된 열로 발화, 잘못하면 폭발을 일으킬 수가 있습니다.

69 화재는 어떻게 하면 막을 수 있을까요?

Q.  화재는 어떻게 하면 막을 수 있을까요?

B.

1. 역시 환경상황의 관리가 필요합니다. 물기가 많거나, 습기가 많은 곳에서의 사용은 피하여 주십시오. 쇼트(Short)로 화재가 일어날 가능성이 있습니다.

2. 누전차단기를 설치하면 보다 안전합니다.

※ 모터에 이상이 일어났을 경우, 반드시 전문업자에게 점검을 의뢰합니다.

생각지 않은 부상  을 당하지 않기 위한

요령 A B C

◎ 회전 부에는 손을 대지 말아주십시오.

70 감전은 어떻게 하면 막을 수 있을까요?

Q.  감전은 어떻게 하면 막을 수 있을까요?

C.

1. 어스(Earth)를 반드시 접지 합니다.
2. 누전 차단기를 설치하면 보다 안전합니다.
3. 배선 등의 충전 부에는 반드시 보호커버를 설치하여 주십시오.

☆ 점검·정비 시에는 반드시 메인 전원을 끕니다.

◎ 운전 중 또는, 운전직후에는 배관, 실린더 헤드(Cylinder head)등의 고온부에는 접촉하지 않도록 합니다. 화상을 입기 쉽습니다.

☆ 점검·정비 시에는 반드시 메인 전원을 끕니다.

71 유지보수를 시행할 때는

메인터넌스를 시행할 때는

메이커에 직접 또는, 메이커의 지정한 메인터넌스 업자에게 의뢰하여 주십시오.

- 메이커의 지정업자 또는, 메이커 정규의 메인터넌스 교육을 받은 자격이 있는 사람이 해야 합니다.

메이커의 순정부품을 사용하십시오.

- 메이커 순정부품 이외의 것을 사용하면, 올바르게 작동하지 않을 수도 있고, 본래의 능력을 발휘하지 않을 수도 있습니다.

일상점검 및 사용상의 주의

- **안전장치 (온도스위치, 안전밸브 등)는 절대로 제거하지 마십시오.**
- **급유 할 때나, 게이지류를 점검할 때에는 콤프레셔의 잔류압력에 주의하십시오.**
- **콤프레셔의 압축공기를 직접 흡입하지 마십시오.**
  반드시 압축공기를 흡입할 때는 전용의 공기 청정장치 등을 사용하십시오.
  공기에 충진할 때도 마찬가지입니다.

72 AIR COMPRESSOR 정기점검의 개요

AIR COMPRESSOR를 안전에 지장없이 사용하기 위해서는 정기적인 점검이 필요 합니다. 또한, 사업자(사용자)에 대하여 정기점검을 의무화하고 있는 법률도 몇 가지가 있습니다. 점검의 실시에 대해서는 취급설명서를 잘 읽고 시행하여 주십시요.

AIR COMPRESSOR 정기점검 카드

COMPRESSOR 본체

	OK	NG
● 에어필터(흡입필터)눈막힘	☐	☐
● 오일필터의 정기교환	☐	☐
● 오일세퍼레이터 · 엘레멘트 교환	☐	☐
● 윤활유의 열화	☐	☐
● 윤활유의 탄화	☐	☐
● 배관의 정기점검	☐	☐
● 이상음	☐	☐
● 이상 진동	☐	☐
● 볼트 · 너트의 풀림	☐	☐
● 습동부의 마모	☐	☐

스위치, 모터등

	OK	NG
● 구동벨트의 느슨함	☐	☐
● 모터의 과부하	☐	☐
● 어스	☐	☐
● 스위치의 작동확인	☐	☐

왕복식 콤프레셔

공기탱크

	OK	NG
● 드레인(수분, 유분)의 고임	☐	☐
● 변형, 균열, 파손	☐	☐
● 내부의 녹, 오염	☐	☐
● 안전변의 정기점검	☐	☐

설치환경

	OK	NG

회전식 콤프레셔

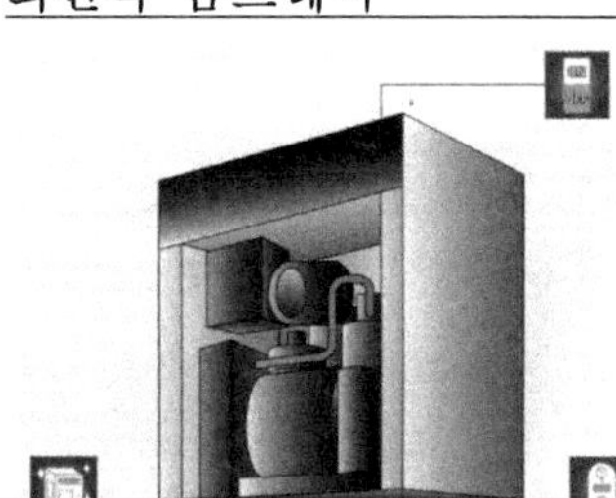

73 AIR COMPRESSOR와 환경에 관한 법률

메인터넌스 후에 발생한 폐기물은 「폐기물처리법」 ※1 에 근거하여 사용자가 책임지고, 처리하는 것이 의무화되어 있습니다.

구체적인 폐기물

폐 유　　　세정제　　　폐철

각각의 역할

「폐기물처리법」 ※1 에 근거한 처리

- 사용하지 않는 콤프레셔의 처분
- 수리시에 발생한 사용이 끝난 오링, V-belt, 폐유등의 처분

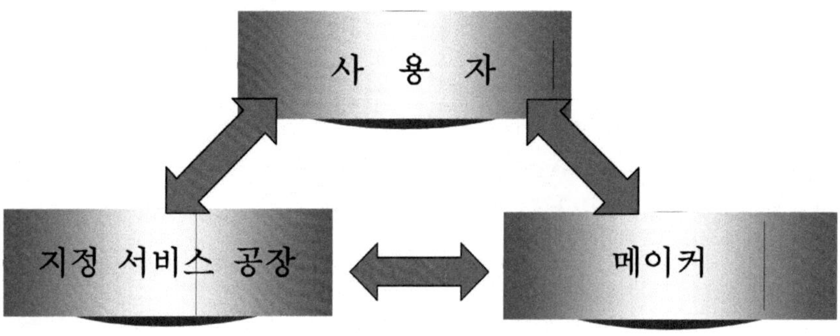

- 전문적 서비스 기술의 제공
- 수리를 위하여 반입한 소모품의 회수관리

- 친환경적인 제품 개발

※1「폐기물의 관리 및 처리에 관한 법률」, 「응축수 배출기준 (환경법령)」
관련된 대표적인 폐기물에는 아래와 같은 것이 있습니다.

폐유	폐고무	폐지	폐섬유	폐산화물
폐철	폐유기용제	폐석면	폐토사	폐알카리

※ 폐기물이 관리 및 처리에 관한 법률 : 폐기물 관리법 제12조, 제60조 제 1호
위 반 시 : 영업정지와 함께 1억원 이하의 벌금에 처한다.
- 폐 산 : 액체 상태의 폐기물로서 수소이온 농도 지수가 2.0이하인 것에 한함.
- 폐알칼리 : 액체상태의 폐기물로서 수소이온 농도지수가 12.5이상인 것에 한함.
- 폐 유 : 기름성분을 5%이상 함유한 것을 포함.

※ 응축수 배출기준 (환경법령)
위 반 시 : 5년 이하 징역 또는, 5천만원 이하의 벌금에 처한다.(수질환경 보전법)

폐놀류 등 오염 물질(개정 92.8.8)

항목 / 지역구분	수소이온농도	노말헥산 추출물질 함유량		페놀류 함유량 mg/ℓ	시안 함유량 mg/ℓ	크롬 함유량 mg/ℓ	용해성철 함유량 mg/ℓ	아연 함유량 mg/ℓ	구리(동) 함유량 mg/ℓ	카드aba 함유량 mg/ℓ	수은 함유량 mg/ℓ	유기인 함유량 mg/ℓ	비소 함유량 mg/ℓ	납(연) 함유량 mg/ℓ	6가크롬 함유량 mg/ℓ	용해성망간 함유량 mg/ℓ	플루오르(불소) 함유량 mg/ℓ	PCB 함유량 mg/ℓ
		광유류 mg/ℓ	동식물유지류 mg/ℓ															
청정	5.8 ~ 8.6	1 이하	5 이하	1 이하	0.2 이하	0.5 이하	2 이하	1 이하	0.5 이하	0.02 이하	불검출	0.2 이하	0.1 이하	0.2 이하	0.1 이하	2 이하	3 이하	불검출
가	5.8 ~ 8.6	5 이하	30 이하	3 이하	1 이하	2 이하	10 이하	5 이하	3 이하	0.1 이하	0.005 이하	1 이하	0.5 이하	1 이하	0.5 이하	10 이하	15 이하	0.003 이하
나	5 이하	30 이하	3 이하	1 이하	2 이하	10 이하	5 이하	3 이하	0.1 이하	0.005 이하	1 이하	0.5 이하	1 이하	0.5 이하	10 이하	15 이하	0.003 이하	불검출	
특례	5 이하	30 이하	5 이하	1 이하	2 이하	10 이하	5 이하	3 이하	0.1 이하	0.005 이하	1 이하	0.5 이하	1 이하	0.5 이하	10 이하	15 이하	0.003 이하	불검출	

비고 : 1. 노말 핵산 추출물질 함유량 란의 광유류와 동식물 유지류는 두 항목을 동시에 배출할 경우 에는 광유류란에 규정된 기준을 적용한다.(개정 92.8.8)

찾아보기

편집 후기

본 자료는 당사가 30여 년 동안 공기압축기 시장에서 사업화를 통하여 얻은 기술들을 기록하였고 또한 일본 MITSUI SEIKI 사의 기술들을 공유하여 우리 실정에 맞도록 편집보완 하였습니다. 특히 정부 R&D사업의 일환으로 사업화 과정에서 지원된 내용들을 종합 정리 하도록 격려해주신 경북지역 사업단에도 감사를 드리는 바이며 본 공기아카데미 도서가 산업현장에서 널리 참고가 되고 활용해 나아가기를 희망합니다. 또한 미진한 부분은 더욱더 연구개발을 통하여 보완해 나아가겠습니다.

인용 및 참고문헌

(1) 하세가와 카즈미츠(長谷川和三)

: [바로 도움이 되는 생산 현장의 에너지 절약 기술 공기 압축기 편]

(2) MITSUISEIKI社 : 공기압축기 시스템 매뉴얼

(3) 마츠쿠마 마사키(松隈正樹): [공기압축기 - 에너지 절약 기술 실천 시리즈]

저자 약력

대표이사 : 김왕환

1987년 02월 세양상사 창업
2004년 10월 중소기업 융합 중앙회 이사(6년)
2008년 11월 대전 충청 CTO 포럼 명예회장
2013년 02월 배재대학교 대학원 컨설팅학 박사
2014년 09월 표창장 수상(국가산업발전 기여상)국무총리
2016년 02월 기술경영인 상(중소기업 최고 경영자)
2016년 06월 전국 과학기술정보 협의회 수석 부회장, 회장 역임
2016년 09월 2016한빛 대상(지역경제발전 공로상)
2016년 12월 대전시경제과학 대상(벤처기업부문 공로상)

연구소장 : 박진성

1987년 건설기계기사 1급등 국가기술자격증 다수보유 검정공단
1998년 우리별 인공위성 1,2,3호 구조체 제작 KAIST
2004년 유압식 하수관거 로봇개발로 사업자원부 장관상 수상 산업자원부
2005년 해군 MTU 엔진 노즐 국산화 개발 방위사업청
현재~ 한국에어로 E테크 연구소 연구소장, 우송정보대 기계공학과 겸임교수

최고의 공기압축기 시스템
효율, 에너지절약, 환경보호, 안전관리

2018년 5월 23일 1판 인쇄
2018년 5월 31일 1판 발행

저　자 • 김왕환·박진성
발행자 • 이영애
발행처 • 공감북스
주　소 • 02011 서울시 중랑구 중랑천로 256
전　화 • 02-971-9683
팩　스 • 02-972-9683
등　록 • 제 25100-2015-18호
등록일 • 2015년 7월 15일
e-mail • sympathybook@naver.com

ISBN 979-11-86898-36-9 (93500)
정　가 28,000원

※ 낙장 및 파본은 구입처나 본사에서 교환하여 드립니다.
※ 이 책의 전체 내용이나 일부를 무단으로 인쇄-복사-제본은 저작권법에 저촉됩니다.

인지는 저자와의 협의하에 생략합니다.